犬破伤风：病犬肢体强直，牙关紧闭，呈木马样姿势

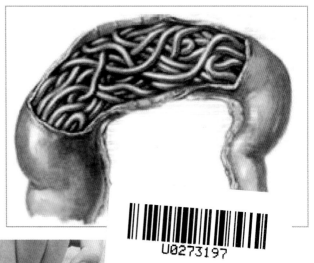

犬蛔虫病：肠管内充塞蛔虫

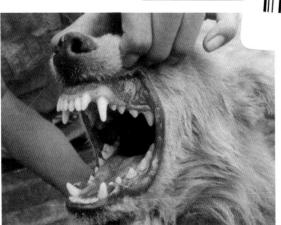

犬口炎：病犬口腔黏膜潮红、糜烂

U0273197

1

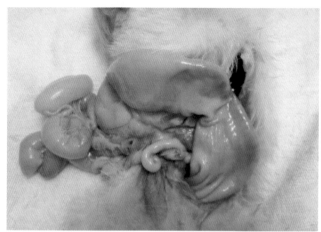

犬便秘：病犬长期便秘
导致的巨大结肠症

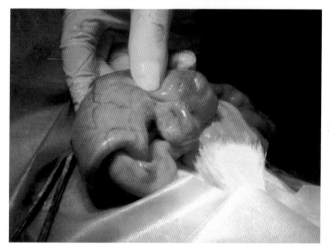

犬肠套叠：套叠的肠管

犬肛门囊炎：肛门囊破溃

2

宠物疾病诊治一本通

主　编

李庆国　席克奇

编著者

于伏国　吕　冬

陈丽娟　张　宇

金盾出版社

内 容 提 要

本书主要介绍了宠物疾病诊疗技术、宠物传染病的诊断与防治、宠物寄生虫病的诊断与防治、宠物内科疾病的诊断与防治、宠物外科疾病的诊断与防治、宠物产科疾病的诊断与防治、宠物皮肤病的诊断与防治及宠物常用外科保健手术等方面内容，文字通俗易懂，简明扼要，注重实际操作，可供广大宠物爱好者和宠物医师参考。

图书在版编目(CIP)数据

宠物疾病诊治一本通/李庆国，席克奇主编；于伏国等编著 . —北京:金盾出版社,2018.6
ISBN 978-7-5186-0404-3

Ⅰ.①宠… Ⅱ.①李…②席…③于… Ⅲ.①宠物—动物疾病—诊疗 Ⅳ.①S858.93

中国版本图书馆 CIP 数据核字(2017)第 267339 号

金盾出版社出版、总发行

北京太平路 5 号(地铁万寿路站往南)
邮政编码:100036　电话:68214039　83219215
传真:68276683　网址:www.jdcbs.cn
双峰印刷装订有限公司印刷、装订
各地新华书店经销

开本:850×1168 1/32　印张:9.625　彩页:4　字数:228 千字
2018 年 6 月第 1 版第 1 次印刷
印数:1～6 000 册　定价:28.00 元

(凡购买金盾出版社的图书,如有缺页、
倒页、脱页者,本社发行部负责调换)

前　言

在我国，虽然犬、猫的养殖具有几千年的历史，但在过去很长一段时期只是作为看家护院、捕捉老鼠、获取猎物的一种工具，其养殖环境、生老病死完全依靠自然选择，在人们的意识中也没有宠物观念。历史在进步，社会在发展，人们的生活水平也在不断提高，城乡居民追求精神生活的方式在不断地发生变化，尤其是常年生活在城镇的居民把饲养宠物视为一种时尚，同时也把饲养宠物作为追求精神生活的一种形式，而且这种现象在近些年来不断升温，饲养宠物的人群不断扩大，饲养宠物的数量不断增加，宠物饲养技术，尤其是宠物的疫病防治日益受到人们的关注。为了更好地为广大宠物医师和宠物爱好者服务，笔者总结目前国内外宠物疾病防治的最新技术，借鉴多家宠物医院的临床经验，并结合自己多年的工作体会，编写了这本《宠物疾病诊治一本通》。

本书所指宠物主要是犬、猫，内容涉及宠物疾病诊疗技术、宠物传染病的诊断与防治、宠物寄生虫病的诊断与防治、宠物内科疾病的诊断与防治、宠物外科疾病的诊断与防治、宠物产科疾病的诊断与防治、宠物皮肤病的诊断与防治和宠物常用外科保健手术等方面内容。本书在写作上力求文字通俗易懂，简明扼要，注重实际操作，可供广大宠物爱好者和宠物医师参考。

本书在编写过程中，虽然笔者已尽最大努力，但由于自身知识水平有限，临床经验不足，难免有诸多疏漏之处，恳请广大读者批评指正。

本书在编写过程中，曾参考一些专家、学者撰写的文献资料，在此向原作者表示深深的谢意。

编 著 者

目 录

第一章　宠物疾病诊疗技术

一、宠物疾病的临床诊断技术

诊断是对患病动物所患疾病本质的判断。宠物临床诊断是以宠物为对象,应用临床基本检查方法,对宠物进行全面细致的现存症状检查,并分析、判断宠物疾病的本质,为防治疾病提供重要依据。

(一)临床诊断的基本方法

临床诊断的基本方法主要包括问诊、视诊、触诊、叩诊、听诊和嗅诊。这些方法简单易行,可应用于所有疾病的临床诊断之中。

1. 问诊　问诊是宠物医生向宠物主人询问宠物生活史、既往病史和现病史等所有与疾病相关的信息,为诊断提供线索的一种检查方法。诊断中可以随时向主人询问。同时,注意采用宠物主人容易接受的交流方式,寻找恰当的询问时机。

2. 视诊　视诊是在宠物自然的状态下,医生用肉眼对宠物整体和局部进行客观观察的一种检查方法。视诊内容包括精神状态、营养状况、发育状况、躯体结构、体质强弱、姿势、运动行为、被毛皮肤状态、可视黏膜状态、分泌物、排泄物的状态和生理活动是否正常等。视诊时要仔细,按照一定的顺序进行观察。

3. 触诊　触诊是通过手的感觉进行诊断的一种检查方法。通过触诊能够感知宠物的疼痛、温度、湿度、弹性、硬度、游动性等,从而判断病变的位置、形态、大小、性质、器官的生理功能状态等。

触诊是宠物临床诊断中十分重要的诊断方法。在触诊时注意触诊的目的不同,触诊的部位不同,采用不同的触诊方法。

4. 叩诊 叩诊是用手指或叩诊板在宠物体表的某一部位进行叩击,根据产生的音响判断被检查的器官、组织的病理状态的一种检查方法。叩诊检查的目的主要是检查组织器官含气量的多少。叩诊音有清音、浊音、半浊音和鼓音等。叩诊时注意正确判断叩诊音的性质。

5. 听诊 听诊是利用听觉去辨别来自体内深部器官活动所发出的声音,以推断该器官有无异常变化的一种检查方法。听诊最常用的方法是采用听诊器对心脏、肺、胃肠、胎儿进行听诊,也可以直接将耳紧贴听诊部位进行听诊。听诊时注意对心音、呼吸音、胃肠蠕动音和胎儿心音的辨别。

6. 嗅诊 嗅诊是利用嗅觉对宠物的口腔、呼吸、排泄物和分泌物散发出的气味进行辨别,并以此诊断疾病的一种检查方法。

(二)整体性一般检查

主要包括容态、被毛和皮肤、可视黏膜、耳朵的检查及体温、呼吸、脉搏次数的测定等。

1. 容态检查 容态是指宠物的容貌及全身状态。着重观察其精神状态、体格发育、营养及姿势等。

(1)精神状态 健康犬、猫行动灵活,反应敏锐,眼睛明亮,亲近主人;幼犬、幼猫活泼好动,非常可爱。精神状态异常可表现为抑制或兴奋。

①抑制 轻则表现沉郁,重则嗜睡或昏迷。沉郁时可见病犬、病猫双目无神,耳聋头低,不愿活动,对刺激反应迟钝,不听呼唤。精神沉郁多由于脑组织受毒素作用、一定程度上缺氧和血糖过低所致。嗜睡时则重度萎靡、闭眼似睡,强烈的刺激才引起轻微的反应,可见于重剧的脑炎或中毒性疾病等。昏迷是重度的意识障碍,

病犬、病猫卧地不起,呼唤不应,昏迷不醒,意识完全丧失,各种反射均消失,心律失常,呼吸节律不齐,甚至瞳孔散大,粪尿失禁。重度昏迷常为预后不良的征兆。

②兴奋　是大脑兴奋性增高的表现。轻者惊恐不安,重者则不顾障碍地前冲、转圈、乱吠、啃咬物体,甚至攻击人或其他动物。常见于脑炎、狂犬病及某些中毒性疾病等。

(2) 体躯发育　主要根据骨骼的发育程度及躯体的结构而定,必要时应测量体长、体高、胸围等体尺。若躯体矮小,结构不匀称,提示营养不良或慢性消耗性疾病(如慢性传染病、寄生虫病或长期的消化功能紊乱等),如幼龄犬、猫患佝偻病时,则表现为体格矮小,并且躯体结构呈明显改变,如头大颈短、关节粗大、肢体弯曲或脊柱凹凸等特征性状。

(3) 营养状态　主要根据被毛光泽和肌肉的丰满程度判断其营养状况。营养状态分为良好、中等、不良及肥胖 4 级。营养良好的犬、猫,肌肉发达,轮廓丰圆,骨不显露,皮肤富有弹性,毛短而有光泽。营养不良的犬、猫,则骨骼显露,皮肤缺乏弹性,毛长而粗糙、缺乏光泽。短期内急剧消瘦,应考虑急性热性病或由于急性胃肠炎频繁下痢而大量脱水的结果;病程发展缓慢,常为寄生虫病、皮肤病、慢性消化道疾病、某些慢性传染病或代谢障碍性疾病(肾上腺皮质功能减退及甲状腺功能亢进症等)的表现。

肥胖在宠物犬、猫中比较常见,持续肥胖往往并发糖尿病、肝胆疾病(脂肪肝)及循环障碍。见于饲养水平过高(饲喂高碳水化合物及高脂肪食物)或运动不足引起的外源性肥胖(单纯性、食物性肥胖)和内分泌性肥胖(甲状腺功能减退、肾上腺皮质功能亢进、性腺功能障碍等)。

(4) 姿势检查　健康犬、猫姿势自然,动作灵活而协调,有人接近时立即起立,步态轻快、敏捷、迅速。若中枢神经系统功能紊乱、外周神经损伤或麻痹、骨骼关节病变、腹痛等,常常出现一些特异的不正常姿势,如强迫姿势、不稳姿势、强迫运动和共济失调等。

①强迫姿势　指犬、猫被迫采取的异常姿势。如患破伤风时的木马姿势,患咽喉炎时的头颈伸展姿势等。

②不稳姿势　指犬、猫在站立时姿势不稳,如单肢疼痛出现患肢免重或提起;瘦弱老龄犬、猫及四肢疾病(如骨软症、风湿症等)时表现站立或运步时软弱无力,四肢频频交替负重;患尿潴留的病犬、病猫,常做排尿姿势,但无尿液排出。

③强迫运动　通常是脑病的特殊症状,常见有盲目运动、转圈运动、猛进猛退等,见于脑炎、脑肿瘤、中枢兴奋药(如士的宁)中毒。

④共济失调　指病犬、病猫在运动中四肢配合不协调而呈醉酒状,行走欲跌,走路摇晃,可见于脑脊髓炎症、肿瘤、外伤、狂犬病、犬瘟热、药物中毒(链霉素、庆大霉素等)、低血糖、急性脑缺血等。

⑤瘫痪　又称运动麻痹。四肢瘫痪见于脊椎炎、脑炎、弓形虫病、多发性肌炎、多发性神经炎、重症肌无力等;后肢瘫痪见于犬瘟热、椎间盘突出、变形性脊椎炎、脊椎损伤(骨折、挫伤)、血孢子虫病;不特定瘫痪见于脑水肿、脑肿瘤及其他脑损伤。

⑥痉挛　又称抽搐或惊厥。强直性痉挛见于破伤风、中毒(士的宁、有机磷农药、鼠药、马钱子碱、氰化物等中毒)、脑膜炎、脊髓膜炎、低氧血症、癫痫。症状性痉挛见于脑炎、犬瘟热、弓形虫病、寄生虫病(幼犬)、低血糖、低钙血症(犬)及尿毒症等。此外,热射病、甲状腺功能减退亦可引起抽搐。

⑦跛行　幼龄犬、猫多见于佝偻病、骨软症、营养性甲状旁腺功能亢进;成年犬、猫多见于变形性脊椎炎、类风湿性关节炎、骨关节病等。此外,骨折、关节脱位、韧带断裂、咬伤、挫伤等均可引起跛行的发生。

2. 被毛和皮肤检查

(1) 被毛检查　健康犬、猫被毛平顺,富有光泽,不易脱落。患病后往往被毛粗乱,失去光泽。慢性疾病或长期消化障碍时,往往换毛迟缓。在疥癣、湿疹、皮肤真菌病或甲状腺功能减退时,患部被毛容易脱落。

犬生理性换毛有3种情况:①经常性换毛,即旧毛不断脱落又不断长出新毛;②年龄性换毛(幼犬胎毛脱落);③季节性换毛,即春、秋两季换毛。

在许多疾病情况下出现病理性脱毛。①原发性脱毛,其特点是弥漫性或泛发性脱毛,无痒感和皮损。内分泌性脱毛,为两侧对称性脱毛,见于甲状腺功能减退、肾上腺功能亢进、垂体功能不全、性腺功能失调等;营养代谢障碍性脱毛,见于含硫氨基酸缺乏,微量元素铁、铜、钴、锌、碘等缺乏,维生素 A、维生素 B_{12} 缺乏、脂肪酸缺乏;中毒性脱毛,见于汞、钼、硒、铊、铋、甲醛、肝素、香豆素及一些抗肿瘤药(环磷酰胺、甲氨蝶呤)中毒等。②继发性脱毛,其特点为有明显的特征性皮损和瘙痒,由皮肤真菌和外寄生虫感染引起的可检出病原体。见于螨病(疥癣)、皮虱、蚤等外寄生虫感染;皮肤的真菌感染(以小孢子菌感染为主,多为圆形癣斑及鳞屑);脓皮病、急性湿性皮炎、变应性皮炎(犬特异性皮炎、饲料疹、接触性皮炎、昆虫叮咬性皮炎)等创伤及皮损(瘙痒摩擦所致)。

(2) 皮肤检查　包括皮肤的温度、湿度、颜色、弹性、肿胀、气味、有无疱疹和损伤等。

①皮肤温度　检查皮肤温度通常用手背感觉,或用体温计测定。犬、猫适于触诊皮温的部位为鼻端、耳根和腹部。局部皮温增高,常见于局部炎症。皮温降低,可见于衰竭、大失血等。皮温分布不均,见于发热病的初期等。

②皮肤湿度　皮肤湿度因发汗多少而不同。犬的汗腺不发达,主要分布于蹄球、中趾球、鼻端等处皮肤,其汗腺的分泌物中含

有多量脂肪。犬、猫的鼻端有特殊的分泌结构,经常呈湿润状,但睡眠和刚睡醒时鼻端干燥。发汗增多,常见于追捕猎物之后,或见于热性病、内脏破裂等。发汗减少,表现鼻端干燥,多见于体液过度丧失的疾病,如高热性疾病、严重腹泻及代谢紊乱等。

③皮肤颜色　白色皮肤犬、猫,皮肤颜色变化容易辨认。皮肤的颜色呈灰色或黑色,是色素沉着所引起,见于内分泌失调引起的皮肤疾病、蠕形螨病、慢性皮炎、黑色棘皮症及雄犬雌性化等。皮肤发红、发痒,见于过敏性皮炎、荨麻疹、疥癣等。因阳光刺激发生的光敏症,在鼻端、鼻梁、眼睑等处引起皮炎,鼻端皮肤脱色,以牧羊犬多发。小型犬的黑色鼻端会逐渐变成咖啡色,其原因还不清楚。其他病理变化及意义类似于眼结膜检查。

④皮肤弹性　健康犬、猫皮肤柔软,可捏成皱褶,松手则立即恢复原位。如恢复很慢,是皮肤弹性降低的标志,见于营养不良、严重脱水或慢性皮肤病等。老龄犬的皮肤弹性降低,是自然现象。

⑤皮肤肿胀　常见的有水肿、气肿、血肿、脓肿、淋巴外渗及炎性肿胀等。皮下水肿,又称浮肿。触诊水肿部位呈捏粉样,指压留痕,见于慢性心脏衰弱、衰竭症及肾脏疾病等。皮下气肿,触诊呈捻发音,边缘轮廓不清,常见于肘后、胸侧、腹壁等处皮肤的损伤(空气机械性窜入皮下)、产气细菌感染。血肿、脓肿、淋巴外渗,呈局限性肿胀,触诊有明显的波动感,须穿刺抽取内容物才能鉴别。炎性肿胀,常伴有红、肿、热、痛等特征,可见于炭疽、创伤及化脓菌感染等。此外,还有湿疹、荨麻疹、水疱、脓疱、溃疡、糜烂、痂皮、瘢痕、肿瘤和损伤等。

⑥气味　饲养管理良好的健康犬、猫无体臭味,发出体臭的原因是齿垢、齿槽脓漏及肛门脓肿、胃肠疾病、外耳炎、全身性皮炎等。特别是全身型的脓疱型毛囊炎、湿疹等,渗出脓液,散发出恶臭的气味。

3. 可视黏膜检查　可视黏膜包括眼结膜、鼻黏膜、口黏膜、外阴部及阴道黏膜等。临床检查主要是检查眼结膜。

（1）眼睑及分泌物 眼睑肿胀，常见于眼睑受到机械性刺激、结膜炎、眼睑腺炎或花粉过敏等。淀粉样白色眼分泌物，多见于肠内寄生虫或其他慢性胃肠病等。黄色、黏稠性眼分泌物，是化脓性角膜炎和结膜炎的症状，见于倒睫、机械性刺激、犬瘟热、传染性肝炎、疱疹及发热等。眼睛刺痛流泪，常见于角膜炎、传染性肝炎及因花粉或植物过敏而引起的结膜炎等。

（2）眼结膜颜色变化 健康犬、猫的眼结膜呈粉红色。结膜颜色的改变，可表现为潮红、苍白、发绀、黄染、有无出血斑点等。

①潮红 是眼结膜下毛细血管充血的征象，可分为弥漫性充血和树枝状充血。前者是结膜普遍地呈红色，见于各种热性病；后者是结膜血管高度扩张，如同树枝状，常见于脑炎及伴有高度血液回流障碍的心脏病。

②苍白 眼结膜色淡，甚至呈灰白色，是各型贫血的特征。急速发生苍白的，见于大失血及肝、脾破裂等；逐渐苍白的，见于心丝虫病等。

③发绀 结膜呈蓝紫色，是血液内还原血红蛋白增多的结果，主要见于肺呼吸面积减小和大循环淤血的疾病（如肺炎、心脏衰弱等）。

④黄染 结膜呈不同程度的黄色，是血液内胆红素增多的结果，见于肝炎、梨形虫病等。

⑤出血点或出血斑 结膜呈点状或块状出血，是因血管壁通透性增大所致，常见于梨形虫病、出血性紫癜、血友病等。

（3）眼球、角膜及瞳孔的变化 在检查眼结膜时，尚应注意眼球、角膜的情况及瞳孔的状态。

①眼球增大而突出 见于青光眼或突眼性甲状腺肿。

②晶状体变小，晶体带蓝白色或灰色，具有珍珠色光泽 见于先天性、老龄性或糖尿病所引起的白内障。

③角膜混浊　见于角膜炎、各种眼病、传染性肝炎等。

④瞳孔缩小　一般见于颅内压中等程度升高时,如慢性脑积液、脑膜炎等。

⑤瞳孔扩大　见于严重的脑膜炎、脑肿瘤时,由于动眼神经麻痹,瞳孔扩大而不再缩回,并且对光反射消失。

4. 耳朵的检查

(1)犬、猫抓耳　耳根部患皮炎、耳疥癣、外耳炎或被跳蚤叮咬时,因局部发痒犬常用后肢去抓耳后。

(2)耳内有臭味　外耳炎,特别是细菌性外耳炎常可闻到耳内有恶臭味(耳朵下垂的犬更臭),压迫耳根部有时会听到"咕咕"的声音,有时会压出脓性分泌物。耳疥螨寄生在外耳道时,会排出特征性的干燥耳垢,严重发炎或二次细菌感染就会变得潮湿,色泽也会发生改变。

(3)耳膜剧痛　严重的外耳炎,耳道黏膜变得肥厚而引起溃疡或中耳炎时,用手轻压耳根部会因剧痛发出悲鸣。耳肿胀、外伤及血肿时,疼痛剧烈。

5. 体温、呼吸数、脉搏数测定　健康犬、猫的体温、呼吸数、脉搏数正常参考值见附表1。被检犬、猫兴奋、紧张、运动、环境过热及妊娠等可使体温、呼吸数、脉搏数暂时轻度升高。

(1)体温测定　犬、猫的体温通常用体温计测其股内侧皮肤或直肠温度来表示。电子检温器只需10秒钟左右即可正确地检温。犬、猫体温通常晚上高,早晨低,日差为 0.2℃～0.5℃。在多数传染病,呼吸道、消化道及其他器官的炎症,日射病和热射病时体温升高。其中,双相热见于犬瘟热;弛张热见于支气管肺炎、败血症等;间歇热见于犬梨形虫病、锥虫病等;而在中毒、重度衰竭、营养不良、贫血等疾病时体温常降低。

(2)呼吸数测定　呼吸数增多,见于发热性疾病、各种肺脏病、严重心脏病及贫血等;呼吸数减少,有时见于某些脑病(脑炎、脑肿瘤、脑水肿)、上呼吸道狭窄和尿毒症等。

(3)脉搏数测定　脉搏数通常在股动脉处测定,临床多以心跳次数代替。脉搏数增多见于热性病、贫血、心脏疾病及疼痛等;脉搏数减少主要见于某些脑病、药物中毒、心脏传导阻滞、阻塞性心动过缓等;脉搏数明显减少,提示预后不良。

一般来说,体温、呼吸数、脉搏数的变化在许多疾病大体是平行一致的,即体温升高时,脉搏数及呼吸数也随之增加,而当体温下降时,脉搏数和呼吸数也相应减少。若三者平行上升,表示病情加重,三者逐渐平行下降,表示病情趋向好转。若高热骤退,而脉搏数及呼吸数反而上升,则反映心脏功能或中枢神经系统的调节功能衰竭,为预后不良之征。

(三)系统临床检查

1. 消化系统的检查　消化系统疾病是犬、猫最常见多发的疾病,因此应特别注意消化系统的检查。

(1)饮食状况的检查

①食欲检查　食物的低劣、外界温度的变化、过劳、环境变化及异常刺激等可引起暂时性食欲不振或减退,在检查时应加以区别。

食欲减退是许多疾病的共同表现,见于消化器官的疾病,特别是肠道疾病(伴有呕吐、便秘或腹泻),以及发热性疾病、中毒性疾病、疼痛性疾病、代谢性疾病、神经系统疾病等。

食欲废绝见于急性胃肠道疾病或其他重症疾病等。

食欲亢进见于肠道寄生虫病、内分泌代谢障碍性疾病(如甲状腺功能亢进、糖尿病等)及疾病的恢复期。

异嗜多提示营养代谢障碍,常为矿物质、维生素、微量元素缺乏性疾病的先兆。此外,亦见于神经功能紊乱(狂犬病等)。

②饮欲检查　饮欲减退见于伴有昏迷的脑病和某些胃肠疾

病等。

饮欲亢进见于发热性疾病、腹泻、剧烈呕吐、大出汗、多尿（如慢性肾炎、犬的糖尿病等）、渗出性病理过程（如腹膜炎、胸膜炎、子宫蓄脓）等。

（2）口腔、咽和食道检查 当发现犬、猫饮食欲减退、吞咽或咽下困难时，应对口腔、咽和食道进行详细的检查。

①口腔检查 利用视、触、嗅等方法。主要检查流涎、口唇、气味、口腔黏膜的温度和颜色，舌、齿龈及牙齿等。

②咽和食道检查 主要用视诊、触诊，观察吞咽动作是否正常，咽和食道的外形变化及敏感性。

（3）呕吐检查 犬、猫是容易发生呕吐的动物，并有生理性呕吐。据统计，因各种原因所致呕吐的门诊率可达65%。呕吐通常是一种复杂的反射过程，应根据呕吐发生的时间、次数、呕吐的数量、性质、成分等加以鉴别，这在犬、猫疾病临床诊断中具有重要意义。

①呕吐的病理类型 呕吐不是一种独立的疾病，而是多种疾病的临床症候，按呕吐产生的基本机制，可分为反射性呕吐和中枢性呕吐。

反射性呕吐：是由于呕吐中枢所在的延脑以外的器官受到刺激，反射性地引起呕吐中枢兴奋而发生呕吐。主要见于消化道异常，如胃肠炎、咽痉挛、胃扩张、胃肠内异物、幽门狭窄、肠阻塞、肠扭转等，是临床上引起犬呕吐最多的疾病。传染病中的犬瘟热、犬细小病毒病、犬传染性肝炎，由于常伴发胃肠炎，因此多出现呕吐症状。内脏器官疾病，如胰腺炎、肝炎、子宫蓄脓、腹膜炎、腹腔肿瘤等疾病可伴有呕吐症状。另外，酸中毒、碱中毒，血液中钙、镁离子失常，以及肾上腺皮质功能不全也常常导致犬发生呕吐。

中枢性呕吐：是由于延脑中的呕吐中枢直接受到刺激而引

起,一般多见于毒物或毒素刺激(如各种中毒、尿毒素、药物、蛔虫、旋毛虫等寄生虫病等)、过敏反应、放射线照射、精神因素(疼痛、兴奋、恐惧等导致的精神紧张,运输中引发的晕车、晕船,以及夏、秋季的中暑)、神经系统疾病(如脑肿瘤、脑内出血、脑震荡)等。

②呕吐的病因类型

传染性呕吐:病毒感染多见犬瘟热、犬冠状病毒病、犬细小病毒病、犬传染性肝炎、犬传染性气管支气管炎、犬疱疹等疾病。细菌或立克次体感染可见犬钩端螺旋体病、沙门氏菌病、立克次体病、犬沙门氏菌病、胃肠炎等。

侵袭性呕吐:特别是蛔虫病、绦虫病易发生呕吐。临床上常见于2月龄左右的幼犬,有时可呕吐出虫体。

中毒性呕吐:见于药物和毒素中毒(氯化汞、砷制剂、铊、硫酸铜、铅等重金属中毒);治疗药品中毒(如阿扑吗啡、洋地黄糖苷、氨茶碱、雌性激素、肾上腺素、氯化铊、水杨酸钠、林可霉素、红霉素、四环素、呋喃妥因、吐根、生物碱等);溶剂中毒(如乙醇、异丙醇、苯、丙酮、硝基苯、苯酚等);杀虫(鼠)剂中毒(如安妥、氟乙酸、有机磷等中毒);其他中毒(如组胺、葡萄球菌肠毒素、六氯酚、萘、草酸盐、甲基溴化物等)。

代谢性呕吐:见于机体代谢功能紊乱,如酸中毒、碱中毒、尿毒症、肾上腺功能低下。

消化道异常性呕吐:见于咽、食道异常,如咽痉挛、食道梗阻、食道痉挛、食道狭窄、食道憩室、胃食道套叠症;胃肠异常,胃扩张、胃扭转、肠套叠、胃内异物、胃肿瘤、幽门狭窄、幽门痉挛、肠绞窄。

炎症性呕吐:常见犬胰腺炎、子宫蓄脓、胃溃疡、肥大细胞症、严重肝炎、尿素性胃炎、犬佐林格埃利森综合征、腹膜炎、脓毒症、胆管破裂、尿道破裂、出血性胃肠炎等。

神经性呕吐:见于自主性癫痫病、小脑或前庭疾病;颅内压增高、头部损伤、脑瘤、脑积水；呕吐中枢低氧血症、严重贫血、严重缺血。

另外，如过食、食入腐败物等，均可引起呕吐。

③呕吐的鉴别诊断　犬、猫单纯性的呕吐容易诊断，而呕吐症状的原发病却较难判定。犬、猫的呕吐物往往与原发病的病因和病程有关，所以在临床诊断中，常常是先根据呕吐与采食时间、呕吐物的性状、呕吐持续时间等，进行初步鉴别诊断。然后再根据临床综合症状及实验室诊断，对原发病进行最终的鉴别诊断。

呕吐与采食时间：若犬采食后马上呕吐，多见于食道阻塞或急性胃炎；采食半小时后即呕吐，可怀疑为中毒、代谢性疾病、过食、兴奋等原因；呕吐发生于胃排空（6～8小时）之后，常见于胃排空功能障碍，如幽门阻塞等。

呕吐物的性状：吐出多量粥状带酸味呕吐物，为刚咽下食物或未消化食物，属一次性呕吐；呕吐物呈黏稠状或混有胆汁、血液，且呕吐频繁，多见于急性出血性胃炎，以及犬瘟热、细小病毒病、传染性肝炎等传染病；呕吐物呈碱性反应的液状食糜，为小肠闭塞；呕吐物外观、气味与粪便相似，为大肠阻塞；干呕、无呕吐物且腹部膨大，可怀疑胃扩张或胃内有异物等。

呕吐与持续时间：呕吐发生急，持续时间较短，且与采食时间有直接关联，多见于过敏、中毒、兴奋以及食物的不耐受；若呕吐反复发作，症状不太严重，并伴发有昏睡、食欲不振、流涎和腹部不适等症状，可怀疑慢性胃炎、肠炎、慢性胰腺炎或寄生虫感染的可能。

呕吐与腹泻：犬、猫的呕吐多伴有腹泻，腹泻先于呕吐，则病因往往在肠道，而胃病的可能性较小；呕吐先于腹泻，则说明犬、猫已摄入异物、毒物或患严重性传染病（如犬瘟热、细小病毒病等）。

呕吐与饮食欲：食欲正常或稍减，但食后不久即呕吐，再吃又吐，且喜食呕吐物，多见于蛔虫病、贲门异常；若废食且喜喝水，喝足时即呕吐,尿量少,可怀疑急性肾炎、尿中毒、钩端螺旋体病;呕吐与饮食欲无关,多表明非胃肠道疾病,而机体中毒、神经系统损伤的可能性较大。

(4)腹部检查

①腹部视诊　观察腹围大小及局限性肿胀。正常情况下,犬腹部卷缩形成特有的"狗肚皮"。

腹围增大:见于母犬、猫妊娠、肥胖;急性胃扩张(积食、积气、积液)、肠臌气、结肠便秘、腹腔积液(腹膜炎、内脏血管破裂、膀胱破裂等);膀胱高度充盈、子宫蓄脓、腹腔肿瘤等。

腹围缩小:见于急性腹泻、长期发热、慢性消耗性疾病,破伤风或腹膜炎时腹肌紧张可引起腹围轻度卷缩。

局限性膨大:多见于腹壁疝,犬的脐疝在临床多见。

②腹部触诊　犬、猫的腹壁薄软,腹腔浅显,便于触诊。如将犬、猫前后躯轮流高举,几乎可触知全部腹腔脏器。开始触压时腹壁紧张,但触压几次后腹壁便弛缓。腹部触诊对犬、猫胃肠道疾病、腹膜腔疾病及泌尿生殖道疾病的诊断十分重要,是犬、猫疾病诊断中重要的技术。

胃的触诊:在左前腹部,肋骨弓下方,往前上方触压,可感知胃内容物的多少、性质、有无异物及敏感性,对判断胃扩张、胃内异物、胃炎及胃溃疡等具有重要价值。

当采食大量干燥食物而不能呕吐引起的急性胃扩张,触诊时可在两侧肋下部摸到胀满、坚实的胃。当胃内有异物时,胃部触诊有疼痛反应,有时在肋下部可摸到胃内的异物。胃扭转时,腹部触诊可摸到一个紧张的环状囊袋。在急性胃卡他、胃炎、胃溃疡时,胃部触诊有疼痛反应。

肝区触诊:正常的肝位于肋弓之内,不易摸到。检查时,在右侧肋骨弓下方,往前上方触压。肝脏肿大、敏感,多提示肝炎。肝脏质地变硬、萎缩,提示中毒性肝病或肝炎的后期。

肠道触诊:对于检查肠便秘、肠套叠、肠扭转、肠内异物等具有重要意义,犬以肠套叠和肠内异物较多见。肠秘结,触摸到肠道内有一串坚实或坚硬的粪块。肠内异物,可以摸到肠管内的坚实异物团块,前段肠道臌气。肠扭转,可以发现局部的触痛和臌气的肠管,有时可以摸到扭转的肠管或扭转的肠系膜。肠套叠,可以触摸到一段质地如鲜香肠样有弹性、弯曲的圆柱形肠段,触压剧痛,有时可以摸到套入部的圆形末端及鞘部的卷折处。

腹膜炎:腹壁紧张度增高,触压腹壁有疼痛反应;在腹腔积液时,进行冲击式触诊可感到回击波,而同时用听诊器置于对侧腹壁听诊,可听到拍水音。

通过腹部触诊可判断肾脏、膀胱、子宫等泌尿生殖器官的疾患,可确定腹壁及腹腔脏器的肿瘤或疼痛性疾病以及有无腹腔积液,并有助于早期妊娠诊断。

③腹部听诊 根据胃肠音的强弱、频率、持续时间和音质,可以判定胃肠的运动功能和内容物的性状。健康犬、猫肠音似捻发音。异常现象有肠音增强(见于肠臌气初期、胃肠卡他及胃肠炎的初期)、减弱或消失(见于严重胃肠炎的后期、便秘、肠麻痹及肠变位的后期),肠音不整(见于慢性胃肠卡他,由于腹泻与排粪迟滞交替出现,肠音数日强、数日弱),以及金属性肠音(见于肠臌气初期)。

④直肠检查 检查肛门、肛门腺及会阴部时,应戴手套并涂以润滑剂。里急后重,排粪困难,多为直肠和肛门疾患的症状。将手指伸入肛门可检查直肠或经直肠触诊深部器官,如直肠内粪便的颜色、硬度和数量,直肠的宽窄,骨盆的大小,骨盆骨折,肛门腺癌,直肠内肿瘤,膀胱、子宫以及雄性前列腺的情况等。

⑤排粪动作及粪便检查

排粪动作:犬、猫排粪近乎蹲坐姿势,排粪后有用四肢扒土掩粪的习惯。便秘见于一般热性病、肠便秘、肠变位等。腹泻,是犬、猫常见的病理现象,引起犬腹泻的原因见表1-1所示。排粪失禁是由于肛门括约肌弛缓或麻痹所致,见于持续性腹泻及荐脊髓损伤等。排粪带痛见于直肠炎、腹膜炎、肛门腺囊肿等。里急后重见于直肠炎、顽固性腹泻、肛门腺炎等。

表 1-1　犬腹泻的常见原因

病因分类	常见病因
细菌性腹泻	沙门氏菌病、大肠杆菌病、弯杆菌病
病毒性腹泻	细小病毒性肠炎、犬瘟热、传染性肝炎、冠状病毒性肠炎
寄生虫性腹泻	球虫病、弓形虫病等原虫病,以及蛔虫病、钩虫病、毛首线虫病(鞭虫病)、旋毛虫病、肝片吸虫病、蠕虫病、绦虫病等
中毒性腹泻	腐败变质食物中毒,铅、铜等重金属中毒,有机磷农药中毒
其他腹泻	滥用抗生素导致肠道菌群失调
	饲喂冰冷食物、饮水不洁;乳制品浓稠;过食;突然变换食物
	应激因素(如犬舍卫生不良、长途运输等)

粪便检查:注意粪便的数量、形状、硬度、颜色、气味及异常混杂物(黏液、假膜、血液、脓液、寄生虫、异物残渣等),犬、猫的正常粪便呈圆柱状,有一定的硬固感,一般为褐色,因采食肉类和脂肪,粪便多有特殊的恶臭味。若粪便呈暗褐色甚至黑色,多为前部肠管或胃出血;呈红色,血液附着在粪便表面,见于后段肠道出血等;呈淡黏土色(灰白色),见于阻塞性黄疸;呈灰色,软如油膏,带特殊的脂肪闪光,混有大量脂肪团及未消化的肉类纤维,见于胰腺炎;呈黄绿色,常见于钩端螺旋体病。粪便带黏液,表明肠道炎症或肠变位(肠阻塞、肠套叠等);若未采食肉类食物而粪便有腐败臭味,是肠卡他的特征;异常恶臭(腥臭味),呈番茄酱样,见于出血性胃肠炎如犬细小病毒病;粪便中混有脓液,是化脓性炎症的标志,如

直肠脓肿等;混有寄生虫,多见于蛔虫、绦虫感染;混有破布、被毛等,是由于营养代谢障碍发生异嗜所致。

2. 心血管系统的检查

(1)心脏听诊 临床对心血管系统的检查以心脏听诊为主。检查心音的频率、强度、性质、节律及有无杂音。

①犬的心音最强听取点

二尖瓣口第一心音:左侧第五肋间,胸廓下 1/3 的中央水平线上。

三尖瓣口第一心音:右侧第四肋间,肋软骨固着部上方。

主动脉口第二心音:左侧第四肋间,肩关节水平线直下方。

肺动脉口第二心音:左侧第三肋间,靠胸骨的边缘处。

②常见心音病理性改变

心音增强:两心音同时增强,多见于热性病的初期、剧痛性疾病、贫血、心脏肥大、心脏病的代偿亢进时,亦见于兴奋、恐惧、消瘦等生理情况。第一心音增强,见于心脏肥大、贫血及二尖瓣口狭窄等。第二心音增强,见于急性肾炎、左心室肥大、肺淤血、慢性肺泡气肿及二尖瓣闭锁不全等。

心音减弱:两心音同时减弱,多见于心脏衰弱的后期、其他疾病的濒死期、心音传导不良的疾病(渗出性心包炎、胸膜炎和慢性肺泡气肿)。第一心音减弱,临床比较少见,见于心肌梗死或心肌炎的末期,以及房室瓣钙化等。第二心音减弱,多见于大失血、严重脱水、休克、主动脉瓣闭锁不全及主动脉瓣口狭窄等。

心音混浊:见于心肌变性(某些高热性疾病、严重贫血、高度衰竭等)或心瓣膜疾病。

心律失常:见于先天性或后天性心脏疾病、电解质紊乱等。

心脏杂音:应注意区分心内杂音与心外杂音,器质性心内杂音与功能性心内杂音,并结合心音最强听取点寻找杂音产生部位。对于心脏瓣膜疾病的诊断具有重要意义。

（2）**与心血管系统有关的其他检查**　心脏病多为慢性经过，最容易发现的临床症状是咳嗽。心病性咳嗽的音调低沉洪亮，并具阵发性。使用洋地黄制剂、利尿剂和氨茶碱等药物治疗，或给予低钠饲料或令其安静休息，如果咳嗽明显减轻，则证明为心病性咳嗽。有轻微的呼吸困难，运动之后明显加剧，站立时肘部外展，表示为左心疾病。右心疾病表现有颈静脉扩张，颈静脉波动升至下部 1/3 以上处（正常的颈静脉波动仅在下部 1/3 处）；也可表现可视黏膜发绀、慢性消化不良等症状。

3. 呼吸系统的检查

（1）**呼吸动作检查**　包括呼吸数、呼吸式、呼吸节律、呼吸困难的检查。

①**呼吸式检查**　犬的正常呼吸式较为特殊，为胸式呼吸。胸腹式呼吸和腹式呼吸多见于胸膜炎、胸腔积液和肋骨骨折。

②**呼吸困难检查**　呼吸困难是呼吸系统疾病的共同症状之一，可分为以下几种。

吸气性呼吸困难：表现为张嘴、头颈伸直、肋骨向背前方移位和肘部外展，还有吸气时胸廓前口凹陷。如伴有噪声，多见于肿瘤和异物引起的上呼吸道狭窄。如呼吸浅表频数，表明肺不能完全扩张，见于肋骨骨折、肺炎、气胸或胸膜炎。

呼气性呼吸困难：表现为呼气时间延长、费力、收腹和肛门外突，见于慢性肺气肿（肺泡弹性高度减退）和细支气管炎（细支气管管腔狭窄）。

混合性呼吸困难：肺源性呼吸困难（严重的肺炎、肺水肿）、胸腹源性呼吸困难（气胸或胸腔积液、腹压增大性疾病）、心源性呼吸困难（心力衰竭、心内膜炎）、血源性呼吸困难（重症贫血或血红蛋白变性疾病）、中毒性呼吸困难（尿毒症、巴比妥类药物中毒等）、中枢性呼吸困难（脑炎、脑出血、脑水肿）及发热性疾病均可引起混合性呼吸困难。

③呼吸节律检查　正常犬、猫的呼吸呈节律性运动,吸气与呼气的时间比例为1:1.6。呼吸节律的病理变化有吸气延长、呼气延长、间断性呼吸(慢性肺泡气肿、细支气管炎及伴有疼痛性的胸腹部疾病等)及呼吸中枢衰竭引起的潮式呼吸(脑炎、心力衰竭、尿毒症及中毒病等)、间歇呼吸(重症脑炎、尿毒症等)、深长呼吸(代谢性碱中毒)。

(2)咳嗽及鼻液检查　咳嗽、流鼻液是呼吸系统疾病的共同症状。

①咳嗽检查　动物低头张嘴短促呼吸即发生咳嗽,可采用人工诱咳观察咳嗽情况。常见病理性咳嗽分为:干咳,见于喉和气管内有异物、慢性支气管炎、胸膜炎等。湿咳,往往随咳嗽从鼻孔喷出多量分泌物,当咳嗽后有吞咽动作时亦为湿咳,见于咽喉炎、支气管肺炎、肺脓肿等。痛咳,见于急性喉炎、喉水肿等。咯血,多见于肺癌、并殖吸虫病或犬恶丝虫病。此外,项圈压迫、急剧运动或寒凉、污浊空气的刺激,也能引起咳嗽。

②鼻液检查　呼吸道疾病鼻液的变化特点是浆液性→黏液性→黏液脓性→康复或恶化。水样鼻液,常见于鼻炎、感冒、犬瘟热初期等。脓性鼻液,见于化脓性细菌感染、鼻窦炎、上颌窦炎、犬瘟热的中后期。血性鼻液,多见于外伤、鼻腔异物、鼻黏膜溃疡、鼻腔肿瘤等。

(3)肺部听诊

①正常呼吸音　分为肺泡呼吸音和支气管呼吸音两种。肺泡呼吸音是气体通过细支气管和肺泡时产生的声音,类似"夫"的声音,吸气时比呼气时清晰。犬、猫的肺泡呼吸音,整个肺区均可听到,比其他动物音响强而高朗。支气管呼吸音是气体通过大支气管和小支气管时产生的声音,呼气时支气管音比较清晰,正常时仅在第三至第四肋间肩关节水平线上下(即肺门区)可听到类似"赫"的支气管呼吸音。因此,健康犬、猫在肺门区随呼吸可以听到"夫、

赫"的混合性呼吸音,其他肺区多只听到肺泡呼吸音。

②常见病理性呼吸音 犬、猫常见病理性呼吸音及其临床意义见表1-2所示。

表1-2 犬、猫常见病理性呼吸音及其临床意义

呼吸音		特 点	原 因	临床意义
肺泡呼吸音	普遍性增强	左、右肺区均出现重度的"夫"音	呼吸中枢兴奋性增强	发热、代谢亢进、非肺部疾病引起的呼吸困难
	局部增强	局部肺泡呼吸音增强	病变区弱,周围代偿性增强	肺炎、慢性肺泡气肿、渗出性胸膜炎等
	减弱或消失	肺泡呼吸音减弱	病变区渗出或实变,肺弹性减弱	肺炎、慢性肺泡气肿等病
病理性支气管音		肺门区以外出现明显的"赫"音	肺实变	肺炎(实变)
干性啰音		口哨声、飞箭声、鼾声,呼气时最明显	支气管狭窄,分泌物黏稠	支气管炎
湿性啰音		水泡破裂音,吸气时明显	大量稀薄液体	支气管炎和肺炎渗出期、肺水肿、肺出血
捻发音		均匀一致的水泡音,只在吸气时可听到	肺泡内有黏稠分泌物	肺 炎
胸膜摩擦音		皮革摩擦、踏雪的声音	纤维素渗出	胸膜炎初期和后期
胸腔拍水音		液体震荡声	胸腔积液	胸腔积液、胸膜炎中期

4. 泌尿生殖系统的检查

(1) 排尿状态检查 雄犬的排尿姿势是抬举并外展某一后肢,向身体的侧方排射,且有排尿于其他物体上的习惯。雌犬的排尿姿势是后肢稍向前踏,略微下蹲,拱背举尾。健康的成年犬,每昼夜排尿 2～4 次,总量 0.5～1.5 升。

①尿失禁 见于脊髓或支配膀胱的神经损伤或麻痹。

②排尿疼痛 排尿时表现不安、呻吟及较长时间保持着排尿姿势,往往伴有尿淋,常见于膀胱炎、尿道炎或泌尿系统的结石。

③尿频 见于肾虚、膀胱炎、膀胱结石、膀胱肿瘤、膀胱受压、尿道炎及尿道结石。

④多尿 见于大量饮水之后、慢性肾炎、糖尿病及渗出性胸膜炎的吸收期。

⑤少尿 排尿次数减少,尿量亦少,膀胱多空虚,见于急性肾炎、剧烈腹泻等脱水、休克和心力衰竭。

⑥尿潴留 尿道肌痉挛或尿道阻塞、膀胱括约肌痉挛引起的少尿或无尿,称为尿潴留,尿潴留时,膀胱极度膨胀,沿腹底壁延伸至脐。

⑦膀胱破裂 表现无尿、腹部膨大和腹腔积尿,直肠检查膀胱空虚。

(2) 泌尿器官的检查 主要以腹部触诊结合 X 线、超声波进行检查。

①肾脏的检查 犬、猫肾呈蚕豆形,表面光滑,针对个体而言体积较大。由于右肾稍靠前,临床多不易触及,若提举前躯更易触及肾脏。通过触诊,可感知肾的大小、质地、敏感性、表面状态,以判定肾脏疾病。当急性肾小球肾炎、肾盂肾炎及钩端螺旋体病时,肾区敏感。

②膀胱检查 犬、猫的膀胱空虚时位于骨盆腔内耻骨联合前方的腹腔底部,成年犬为鸡蛋大小的肉团状。充满尿液时膀胱进

入腹腔,极度充盈时可达脐部,呈球形,紧张有波动感。通过腹部触诊或膀胱直肠检查(令助手提举病犬的前躯,检查者用一只手的食指伸入直肠,另一只手触摸腹壁后部,内外结合地进行膀胱触诊),可感知膀胱的充盈度、敏感性以及肿瘤和结石的有无。该方法亦适用于子宫、前列腺和尿生殖骨盆部的直肠触诊。

若膀胱空虚,但膀胱壁粗糙增厚,有压痛,多提示膀胱炎。

若发现膀胱内有较坚实的团块,提示膀胱结石或肿瘤。若团块在膀胱内游离性大,与膀胱壁无紧密联系为膀胱结石;若团块与膀胱壁相连,为膀胱肿瘤。

若触及膀胱为高度充盈而富有弹性的球形光滑体,挤压有波动感和压痛,提示膀胱积尿,但严重积尿时波动感并不明显。根据膀胱的大小及前达部位而判定积尿的严重程度,提示膀胱平滑肌麻痹(挤压排尿,停止按压不见排尿,无压痛)或膀胱颈痉挛、膀胱扭转、膀胱颈结石、尿道结石(均挤压不见排尿,有明显压痛)等。

(3) 生殖器官的检查

①子宫检查　犬、猫子宫属双角子宫,子宫大部分位于腹腔内,小部分位于骨盆腔内,在直肠腹侧、膀胱背侧。

妊娠诊断:最好空腹进行,双手紧抱母犬腹部,向腰棘突方向轻轻施加压力,然后手指并拢,用滑动来感觉妊娠与否。小型犬或猫可用手掌托住后腹部,手指向腹内轻轻按压,切忌用力挤压。根据子宫及其胎儿的变化判断其妊娠日期。犬妊娠 20~22 天时,子宫明显膨大,直径约 2 厘米;28 天之后,直径约 3 厘米,这时为最易触诊期(猫在妊娠 18~24 天时最易触诊,30 天以后则触摸不清);至 35 天以后,子宫角膨大融合,反而不容易触摸辨认;接近产期,可经腹壁或直肠触摸胎儿;妊娠 35 天,可见乳头增大及乳头丰满;初产雌犬乳头的颜色特红,临产前一周,能挤出乳汁;妊娠 43 天后,X 线检查可见胎儿骨骼轮廓。

子宫疾病的诊断:通过触诊,可感知子宫的质地、子宫内增生性病变以及子宫积液。非妊娠情况下,若感觉子宫壁增厚、敏感,多提示子宫炎;若子宫明显增大,紧张而有波动感,多提示子宫蓄脓;若子宫内有与子宫壁联系紧密的团块,提示子宫肿瘤。

②阴茎、尿生殖道的检查 检查有无肿瘤、粘连、龟头炎和包皮炎。犬、猫用的导尿管可用于雌、雄犬、猫的尿道探测和导尿,检查有无狭窄或结石。用导尿管可收集被检验尿液,或注入空气,还有助于膀胱破裂、膀胱容量和神经源性疾病的诊断。

5. 神经系统的检查 通过视诊检查犬、猫的行为、容态、姿势及步样等,再用触诊或压诊以了解感觉神经的敏感性和各种反射功能。

(1)精神状态检查 见"容态检查"内容。

(2)运动功能检查 见"姿势检查"内容。

(3)感觉功能检查

①表面感觉 用针头以不同的力量针刺皮肤,观察犬、猫的反应。

感觉减退:见于脊髓损伤、外周神经麻痹或意识障碍。

感觉过敏:除局部炎症外,见于脊髓膜炎。

②深部感觉 人为强制运动或屈曲关节等,根据躯体调节功能以了解深部感觉障碍的程度。深部感觉障碍见于脊髓损伤、脑炎或慢性脑水肿等。

(4)反射检查 包括皮肤反射(耳反射、腹壁反射、肛门反射)、黏膜反射(咳嗽反射、角膜反射)、膝反射、跟腱反射、眼部反射(睫毛、眼睑、结膜、角膜及瞳孔反射等)、排泄反射(排尿及排粪反射)。

①反射增强 多由于神经系统兴奋性普遍增高所致,但腿反射增强或亢进则见于上位运动神经元损伤,脊髓反射弧失去高位中枢制约时。

②反射减弱或消失 多数为反射弧的感觉部分、运动部分或

反射中枢的损伤,也可能是中枢神经系统高度抑制的结果。

(四)实验室化验

实验室化验是运用适宜的方法对患病宠物的血液、尿液、粪便等样本进行形态、物理性质、化学成分的检验,并对检验结果进行分析的一种诊断方法。同时,结合临床症状,综合分析,确诊疾病。

(五)特殊检查

目前,宠物临床常见特殊检查手段主要包括 X 线检查、B 型超声波检查、心电图检查等。由于经济条件和技术力量的限制,计算机体层摄影(CT)检查、磁共振成像(MRI)等非常规检查手段在国内宠物临床很少出现。

二、宠物疾病的治疗技术

(一)犬、猫的保定

1. 犬的保定　保定犬是指用人力或用器械来控制犬的反抗,限制其挣扎活动,借以保证诊断或治疗顺利进行的方法。其基本原则是安全、迅速、简单、确实。犬对主人有很强的依恋性,保定通常由主人完成为好。保定犬的方法很多,常用的有以下几种。

(1)站立保定法　即令犬站立而限制其自由运动的简便方法,适用于一般检查。多对一些温驯的犬采用此法保定。实施方法是:保定人员站在犬的左侧,面向犬的头部,用友善的态度,温和的声调,并不时呼叫犬的名字,用稳妥的举动,消除犬的惊恐而接近犬。接近犬后,可用手轻拍犬的颈部和胸下方或挠痒,取得犬的好感。然后用牵引带套住犬嘴,予以适当固定即可。

(2)口笼保定法　即选择大小合适的口笼套在犬的嘴上,防止其咬人的保定方法。如无口笼,也可用 1 条长度 1 米左右的绷带,在其中间打一活结圈套,并将上、下颌用绷带固定好,绷带头系于颈部即可(图 1-1)。也可直接用牵引带将犬嘴套住,由犬主固定好(图 1-2)。

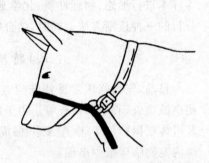

图 1-1 短嘴犬套嘴保定法　　　图 1-2 犬牵引带套嘴保定法

　　(3)颈圈保定法　颈圈有圆锥形、圆盘形两种,可以用硬质塑料、硬纸壳、X 线胶片或塑料板制作,市场有售,有多种型号,根据犬的体型大小选择相应型号(图 1-3)。这种方法适宜在临床中使用,如临床检查、药物注射、外科处置和术后护理防舔咬搔抓等,所以使用广泛。

　　(4)手术台保定法　多用于犬的静脉注射或局部外伤的处理等。其方法是:先将犬侧卧在手术台上,并用细绳将前后肢固定在手术台上,助手按住犬头部,防止其骚动。保定妥当后即可进行诊疗工作。

　　(5)颈钳保定法　此法主要用于凶猛咬人或处于兴奋状态的病犬,颈钳系由铁杆制成,包括钳柄和钳嘴两部分。通常钳柄长90～100 厘米;钳嘴为 20～25 厘米的半圆形结构,钳嘴合拢时呈圆形。保定时,保定人员手持颈钳,张开钳嘴将犬的颈部套入,合拢钳嘴后手持钳柄即可将犬牢固地予以保定。

图 1-3　犬颈圈保定法

（6）窗台站立保定法　此法适用于小型观赏犬。由一人提起犬的两前肢，使其站立在窗台上，面向窗户，另一人给犬施行检查或药物注射，此法简便易行。

2. 猫的保定

（1）布卷或布袋保定法　即用帆布、革制等厚质材料保定，根据猫体长度选择适当大小的布料，铺于诊疗台上，可让猫的主人将猫头部按于布的一端，提起左侧或右侧保定布，压住前肢，裹紧猫体，并顺势将猫、布一同翻滚，将猫卷成直筒状，使猫的四肢失去活动能力。还可以将布的两端缝上可抽动的带子，制成大小不同的猫袋，将猫装入猫袋时，猫头和两后肢从两端露出，收紧口袋，但颈部不能收得过紧,防止窒息。

图 1-4　猫套嘴保定法

（2）**套嘴保定法**　见图 1-4 所示,操作方法同犬的套嘴保定。

（3）**颈圈保定法**　颈圈保定法是临床中常用的保定法。猫的个体小,自行制作颈圈更为方便(图 1-5)。操作同犬的颈圈保定法。

猫的其他保定法可参照犬的保定法。无论是犬的保定,还是猫的保定,都是根据具体情况选择适当的方法,而且通常是 2 种或 2 种以上保定方法联合使用。

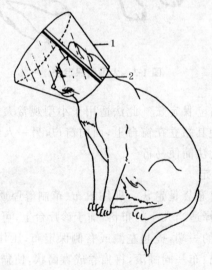

图 1-5　猫颈圈保定法
1. X 线胶片　2. 胶片边缘用胶带粘连

（二）消　毒

犬、猫的被毛及皮肤上存在着大量病原微生物,当犬、猫的体表发生创伤或施行手术时,病原微生物很易侵入创内而引起化脓性感染。因此,对术部及其邻近部位进行严格的消毒是非常重要的。消毒包括注射及穿刺部位的消毒和手术区的消毒2种。

1. 注射及穿刺部位的消毒　常用的消毒程序为:局部剪毛→涂擦5％碘酊→70％酒精脱碘→实施手术。

2. 手术区的消毒　目前临床上常采用以下两种方法,即5％碘酊两次涂擦消毒法和新洁尔灭或洗必泰溶液消毒法。

①5％碘酊两次涂擦消毒法　消毒的步骤是:局部剪毛→剃毛→1％～2％来苏儿溶液洗刷手术区及其周围皮肤,并用纱布擦干→涂擦70％酒精→第一次涂擦5％碘酊→局部麻醉→第二次涂擦5％碘酊→术部隔离→70％酒精脱碘实施手术。

②新洁尔灭或洗必泰溶液消毒法　消毒步骤为:剪毛→剃毛→温水洗刷、擦干→用0.5％新洁尔灭或洗必泰溶液洗涤2次、擦干→实施手术。

术部消毒应注意以下两点:一是术部消毒一般应从术区中心开始逐渐向周围涂擦,但在感染创或肛门等处手术时,则应自周围开始,再涂擦到感染创或肛门处。二是口腔、阴道等黏膜不能耐受碘酊的刺激,因此宜用刺激性较小的消毒剂,如2％红汞溶液、2％雷佛奴尔溶液或0.1％高锰酸钾溶液等来消毒。

（三）给药方法

1. 经口投药法　经口投药是最常用的一种治疗技术,可分为拌料给药法和口服给药法两种。

（1）拌料给药法　本法适用于尚有食欲的犬、猫和无异常气味、无刺激性、用量又少的药物。投药时,把药物与犬、猫最爱吃的食物(如鸡肝、牛肺、鱼肉等)拌匀,让犬、猫自行吃下去。为使犬、猫能顺利吃完拌药的食物,最好吃药前先让犬、猫饿一顿。

(2)口服给药法

①片剂、丸剂、胶囊剂给药 犬以坐姿或站立保定。投药者一手掌心横过鼻梁,以食指和拇指分别从两侧口角打开口腔,一手将药物送至舌根部,然后快速将手抽出来,并将犬嘴合上,待其自行咽下。当犬把舌尖少许伸向牙齿间,出现吞咽动作,说明药已吞下。如犬含药不咽,可通过刺激咽部或将犬的鼻孔捏住,促使其将药物吞下。猫也用同样的方法打开口腔,但因猫口腔小,可用止血钳或镊子钳住药丸送至舌根部,迅速闭合口腔,如有舌头舔鼻动作,说明已将药物咽下。

②水剂、油剂给药

胃导管给药:此方法适用于投入大量水剂、油剂或可溶于水的流质药物。方法简单,安全可靠,不浪费药物。给药时对犬、猫以坐姿保定,打开口腔,先置入钻有圆孔的木棒于口腔中,选择大小适合的胃导管,用胃导管测量犬、猫鼻端到第八肋骨的距离后,做好记号。用润滑剂涂布胃导管前端,插入口腔从舌上面缓缓地向咽部推进,待犬、猫出现吞咽动作时,顺势将胃导管推入食管至胃内(判定插入胃内的标志是从胃导管末端吸气成负压,并且犬、猫无咳嗽表现),然后连接漏斗,将药液灌入。灌药完毕,除去漏斗,压扁漏斗末端,缓缓拔出胃导管。

药瓶或注射器给药:犬、猫以站立姿势保定,助手将犬、猫头部固定,投药者一手持药瓶,一手将一侧口角打开,然后从口角缓缓倒进药液,或用注射器将药液沿口角注入,待其咽下再灌,直至灌完。

2. 注射给药法

(1)皮内注射 皮内注射是将少量药物(一般不超过0.5毫升)注射于皮肤的表皮与真皮之间的方法,常用于结核等病的诊断、药物敏感试验和预防接种。注射时应选择犬、猫不易摩擦及舔咬的部位,如耳根和颈侧等部。注射的方法是:令犬、猫站立,确实保定(因皮内注射时疼痛强烈),局部剪毛消毒,以左手将皮肤捏起呈皱囊状,右手持注射器使针头与皮肤呈30°角刺入皮内,然后缓缓地推入药液。正确的皮内注射,推药时感到费力,同时可见针刺部隆起一个小丘疹。注射完毕,拔出针头,用酒精棉球轻轻压迫针孔,以免药液外溢。

(2)皮下注射　皮下注射的部位通常选择皮肤较薄、皮下组织疏松而血管较少的部位,如颈部、背部或股内侧皮下为较佳的部位。凡是易溶解、无刺激性的药物以及疫苗,都可皮下注射。注射时,助手将犬、猫保定好,局部剪毛后用70%酒精棉球消毒,以左手拇指和中指将皮肤轻轻捏起,形成一个凹陷,右手将注射针头刺入凹陷处皮下,深1.5~2厘米,药液注完后,用酒精棉球按住进针部皮肤,拔出针头,轻轻按压进针部皮肤即可。

(3)肌内注射　一般刺激性较轻的药液和较难吸收的药液,均可做肌内注射,但刺激性较强的药物,如氯化钙、高渗盐水等不能用于肌内注射。

肌内注射时,应选择肌肉丰满无大血管的部位,如臀部、背部肌肉。助手将犬、猫保定好,消毒后,术者用左手拇指和食指将注射部皮肤绷紧,右手持注射器,使针头与皮肤成60°角迅速刺入,深2~2.5厘米,回抽针管内芯,无血液回流,即可将药液推入肌肉内。注射完毕后,局部应再次消毒。

(4)静脉注射　静脉注射是将药液直接注入静脉血管内的方法。其特点是药物奏效快,但排泄也快,作用时间短。主要适用于大量补液、输血或刺激性较强的药液等。静脉注射多选择易保定、便于操作的部位,如前肢的正中静脉(背内侧部)、前外侧静脉(腕关节上方的外侧部)和后肢的隐静脉(后肢的外侧)。注射方法是:令犬、猫侧卧,并适当保定,注射部剪毛消毒后,用橡皮筋捆扎注射部上方或用手紧紧压迫静脉,使之怒张,便于观察。然后,右手用医用头皮针或注射器,沿静脉管使针头与皮肤呈 $30°\sim45°$ 角刺入皮肤和血管内,接着按压输液管或轻轻抽拔活塞,观察是否回血。如见回血,则证明刺入血管,再将针头与血管平行向血管内伸入,然后解除压迫,固定好针头进行滴注或缓慢注射药物。若不见回血,应将针头退至皮下找准静脉再刺入,不可在皮下乱刺,以免引起血肿。注射完毕,拔出针头,用碘酊棉球消毒并轻压针孔片刻,防止出血或血液渗入皮下而导致皮下血肿。静脉注射时应注意以下几点:一是扎针要准确,避免多次扎针,引起血肿和静脉炎。二是当针确实进入血管,并见回血后须排净注射器和胶管内的气泡,方可进行注射。三是注入大量药液时,注入速度不宜过快,一般以每分钟注射 $15\sim30$ 毫升为宜。冬季天气寒冷时,注射的药液须加温。四是注射氯化钙等刺激性较强的药物时,应防止其漏于血管外的组织而引起组织发炎和坏死等。当发现有少量药液外漏时,可用 5% 硫酸镁溶液进行局部热敷,促使其循环旺盛、疼痛缓解及外漏药液的吸收。如果有大量药液外漏时,应尽早切开,用高渗溶液进行温敷,除去药液,防止更严重的组织损伤发生。

(5)腹腔注射 有些危重病例常因血液循环障碍,静脉注射十分困难,而腹膜的吸收速度很快,且可大剂量注射。在这种情况下,可采用腹腔注射。

腹腔注射是指把药液直接注入腹腔的方法,注射部位是耻骨前缘 $2\sim5$ 厘米腹白线的侧方。其方法是将犬、猫两后肢提起,侧立确实保定,局部常规消毒后,用左手固定注射部位,右手将针头垂直刺入腹腔 $2\sim3$ 厘米,当针头有落空感时,接上注射器抽动活塞,看有无气泡、血液或脏器内容物,如没有,证明针头进入腹腔,即将药液注入腹腔。注射完毕,拔出针头,局部用碘酊消毒。

腹腔注射时的药液必须加温至 $37℃\sim38℃$,温度过低会刺激肠管,引起痉挛性腹痛。为利于吸收,注射的药液一般选用等渗或低渗液。如发现膀胱内积尿时,应轻压腹部,促其排尿,待排空后再注射。注射剂量:犬一次可注入 200～1 500 毫升;猫按体型大小确定用量。

3. 直肠给药　经直肠给药,可直接用于治疗犬、猫的便秘或结肠炎。灌入的药量少时,只要用手将犬、猫的后躯抬高,保定好,灌药者将吸好药液的注射器接上细胶管插入犬、猫的肛门内推入即可。若药量较多时,在注射器针头上安装一个 14 号人用导尿管,涂以液状石蜡或植物油后,先插入肛门 3～5 厘米深,此时,助手用手捏紧肛门周围皮肤与胶管,灌药者用注射器将药液灌入,直到灌完为止。注意灌入量不要过多。

4. 穿刺技术

(1)腹腔穿刺　腹腔穿刺的目的是:根据腹腔穿刺液的数量和性状来诊断腹腔内某些器官的疾病,如肠变位时,由于肠管及肠系膜扭结、嵌闭、套叠而发生血液循环障碍,血管壁通透性增大,使大量血液成分漏入腹腔,故穿刺液呈红色。胃破裂时穿刺液一般带酸味,并可见胃肠内容物。肠破裂时穿刺液混浊,有腐臭气味,并见大量肠内容物。膀胱破裂时,穿刺液有尿臭气味。肝、脾及大血管破裂时,穿刺液为大量血液。其次,腹腔穿刺可用于治疗疾病,如发生腹膜炎、胸膜炎时,可先放出腹腔积液或胸腔积液,然后再注入抗菌消炎药。另外,通过腹腔穿刺可进行腹腔内补液。

腹腔穿刺的部位在脐与耻骨前缘连线的中间,在腹正中线上或其侧方刺入。穿刺的方法是:多取侧卧姿势,进行适当保定,并将其两前肢向前伸张,两后肢向后伸展,借以充分暴露腹部,术部剪毛、消毒后,用注射针头或套管针与腹壁垂直刺入 2～3 厘米,如果腹腔有渗出液、漏出液或血管、内脏破裂流入的血液时即可自然流出。若有大量腹腔积液时,应缓慢放出,并随时观察犬、猫心脏的活动。如渗出液等数量较少,不能自动流出,方可用注射器抽吸。术后,拔出针头,针孔用碘酊消毒。

（2）**胸腔穿刺**　胸腔穿刺的目的主要是确诊疾病和进行治疗，如通过胸腔穿刺，了解胸腔内渗出物或积液的性质是浆液性的、纤维素性的，还是出血性的或化脓性的，从而确诊疾病；当发生胸膜炎、血胸等疾病时，通过胸膜穿刺可排出胸腔内的病理性渗出物和血液，恢复胸腔负压，促进血液循环和呼吸功能的恢复；治疗化脓性胸膜炎、污染严重的开放性气胸等疾病时，通过胸腔穿刺可洗涤胸腔并注入药液。

胸腔的穿刺部位在犬、猫左侧胸壁第七肋间，右侧胸壁第六肋间，在胸外静脉的直上方，肋骨的前沿。穿刺的方法是：令犬、猫侧卧保定，术部剪毛消毒后，左手将术部皮肤稍向侧方移动，右手持带有胶管的 18～20 号注射针头或穿胸套管针，在紧靠肋骨前缘处垂直皮肤慢慢刺入。穿刺肋间肌时产生一定的阻力，当阻力消失，有空虚感时，则表明已刺入胸腔内。如果有大量积液时可自然流出。针孔如被堵塞，可用针芯疏通或用注射器抽吸。操作完成拔出针头，术部用碘酊消毒。

胸腔穿刺时应注意以下两点：一是放液时不要过快，应间歇放出，以免当胸腔内大量液体流出时，血液突然进入胸腔脏器，使脑一时性缺血，或引起胸腔脏器毛细血管破裂造成内出血，导致犬、猫病情加重或死亡。二是当胸腔积液少时，须用止血钳帮助抽吸胸腔积液，而且每次取下注射器前均应先夹住橡皮管，以免空气进入胸腔，造成人工气胸，而危急犬、猫的生命。

（3）**膀胱穿刺**　膀胱穿刺多作为应急措施而采用的，主要适用于膀胱极度膨满而病犬排尿困难、尿闭或尿道阻塞，以及导尿无效的犬、猫，是一种防止膀胱破裂而进行的应急性人工排尿方法。

膀胱穿刺的部位为：耻骨前缘 3～5 厘米处腹白线的一侧。操作方法是：令犬、猫侧卧并适当保定，术部剪毛、消毒，左手放在术部隔着腹壁固定膀胱，右手持 16～18 号带有胶管的针头，与皮肤呈 45°角向盆腔方向刺入，针头一旦刺入膀胱，尿液便会立即流出。此时,应注意排尿不应过快,以利于盆腔、腹腔器官和血液循环恢复平衡。排尿完毕,拔出针头,用碘酊棉球消毒。

(四)危症急救法

犬、猫由于原发性或继发性的原因在短时间内突然陷入病危状态,若不及时采取妥善处置方法,多以死亡转归。

1. 心跳停止的抢救　心跳停止的抢救成功与否,取决于 3.5 分钟时间内的努力。具体步骤可按以下方法实施。

气管插管,开人工气道。使呼气与吸气各占 1∶1 的时间,速度为每分钟 20~40 次呼吸。

胸外按压心脏,使犬仰卧保定,从上部按压胸骨,按压和放松时间各占 2/3 和 1/3,即按压时间为放松时间的 2 倍。每分钟要按压 60 次,按压到助手触摸股动脉出现明显的脉搏为止。

胸外按压心脏无效而心脏尚存在不全收缩时,可心脏内注射 0.1%肾上腺素注射液 0.1~0.55 毫升,继续按压。同时,静脉滴注加碳酸氢钠的乳酸林格氏液。

心脏内注入肾上腺素无效时,用 10%氯化钙或葡萄糖酸钙注射液,以每千克体重 10 毫升的剂量注入心脏内,继续按压。如果心搏动恢复,则可静脉滴注异丙肾上腺素,使心搏动维持在每分钟 80~140 次。

2. 休克的抢救　休克是急性循环功能不全综合征。临床上表现为四肢厥冷、口腔黏膜苍白或发绀、血压下降、脉搏快而弱、尿量减少或无尿、衰弱、昏睡。犬、猫常见的原因有出血、脱水、创伤等血液量减少,药物性、中枢性、过敏性的末梢血管抵抗异常及败血症等。

(1)低血容量性休克　主要原因有脱水、出血、创伤等,急救方法如下:①保证呼吸道畅通,必要时输氧。②颈静脉装置 14~16 号针头的输液管,迅速按每千克体重 30~50 毫升剂量注入乳酸林格氏液,同时每千克体重静脉注射地塞米松0.1毫克、氯丙嗪0.55毫克、青霉素100万单位和链霉素22毫克。③放置导尿管,监测尿量。正常尿量为每小时每千克体重1.1~1.2毫升。④注意保暖,使体温维持在35.5℃以上。⑤疑似心源性休克时,可考虑使用肾上腺素,以0.4%浓度静脉输液,使心率维持在每分钟80~140次。⑥重度休克时,可给予碳酸氢钠。根据病情反复使用上述药物。

(2)败血性休克 常见于各种休克的后期。主要表现为重度酸中毒、低氧分压、红细胞压积值增高和弥漫性血管内凝血的症候群,可静脉注射肝素1.1毫克/千克体重。

(3)过敏性休克 主要表现为衰弱、昏睡、速脉和弱脉,血管抵抗力降低,血管容积增大3~4倍。皮肤呈异常的桃红色,皮温增高。治疗方法如下:①直接静脉注射0.1%盐酸肾上腺素0.5~1毫升,根据情况,20~30分钟后可重复使用。②保证呼吸畅通或输氧。③静脉注射速效性类固醇和苯海拉明1.1~2毫克/千克体重。④按照上述方法处置后,注意观察病犬、猫,若5~10分钟内症状缓解,则预后良好。

(五)犬的麻醉技术

犬的麻醉分为局部麻醉和全身麻醉,全身麻醉又分为吸入麻醉和非吸入麻醉。吸入麻醉现已不常使用,非吸入麻醉应用较为广泛,主要以 α_2-肾上腺素受体激动剂隆朋和咪底托嘧啶为主。

1. 局部麻醉 利用某些药物有选择性地暂时阻断神经末梢、神经纤维以及神经干的冲动传导,从而使其分布或支配的相应局部组织暂时丧失痛觉的麻醉方法,称为局部麻醉(局麻)。

(1)表面麻醉 表面麻醉是利用麻醉药的渗透作用,使其透过黏膜而阻滞浅层的神经末梢。麻醉结膜和角膜时,可以选用0.5%丁卡因或2%利多卡因注射液;麻醉口、鼻、肛门黏膜时,可以选用 1%～2%丁卡因或 2%～4%利多卡因注射液。每隔 5 分钟用药 1 次,共用 2～3 次。

(2)浸润麻醉　沿手术切口皮下注射或深部分层注射麻醉药,阻滞神经末梢,称为局部浸润麻醉。常用 0.25%～1%盐酸普鲁卡因注射液。

注射时,为防药物直接注入血管中产生毒性反应,应该在注药前先回抽一下,无血液流入注射器内时再注射药物。

浸润麻醉时先将针头刺入所需深度,而后边抽边注入局麻药。局部麻醉有多种方式,如直线浸润、菱形浸润、扇形浸润、基部浸润和分层浸润。肌肉层厚时,可边浸润边切开。也可用于上、下眼睑封闭。

(3)传导麻醉　传导麻醉也叫神经阻滞,是在神经干周围注射局部麻醉药,使神经干所支配的区域失去痛觉。这种方法用药量少,可以产生较大区域的麻醉,临床上常用于椎旁麻醉、四肢传导麻醉和眼底封闭。常用药物为 2%盐酸利多卡因或 2%～5%盐酸普鲁卡因注射液。麻醉药的浓度、用量与麻醉神经的大小呈正比。

(4)硬膜外麻醉　硬膜外麻醉是脊髓麻醉的一种,将局麻药注入硬膜外腔中,注入点主要有 3 处:第一、第二尾椎间隙,荐骨与第一尾椎间隙,腰、荐间隙。多选择 3%盐酸普鲁卡因注射液 3～5毫升。

2. 全身麻醉

(1)846 合剂(速眠新)　临床上以每千克体重 0.1～0.2 毫升肌内注射,可使犬麻醉 1 小时左右,应用十分广泛,镇静效果良好。但 846 合剂在临床应用中偶尔可引起呕吐现象,有的犬出现短时抽搐,肌肉松弛效果不太理想(相对于复方氯胺酮)。

苏醒药为 1∶1 的苏醒灵 4 号(每毫升含 4-氨基吡啶 6 毫克、氨茶碱 90 毫克)。

(2)复方氯胺酮　复方氯胺酮又称噻胺酮注射液。由 15%的氯胺酮和 15％的隆朋为主，配成 15％的噻胺酮注射液。本药对犬、猫的麻醉效果确实而安全。犬肌内注射后 5 分钟内平稳地进入麻醉状态，无兴奋和挣扎，痛觉消失，肌肉松弛。每千克体重 5 毫克肌内注射，可达有效麻醉 60～80 分钟；每千克体重 7.5 毫克，可维持 60～100 分钟麻醉期；每千克体重 10 毫克剂量，可以维持 130～150 分钟的有效麻醉期。

在麻醉诱导期，未禁食的犬可能出现呕吐现象。催醒可用 0.5％育亨宾或苯噁唑溶液。临床上将 15％噻胺酮注射液配成 5％的浓度，以每千克体重 0.1 毫升肌内注射。

(3) 氯胺酮 氯胺酮是分离麻醉剂。在单独使用前，应先皮下注射硫酸阿托品预防流涎和腺体分泌。10～15 分钟后肌内注射氯胺酮，每千克体重 10～15 毫克，5 分钟后起效，可有 20～30 分钟的安定时间，能够完成小手术；以 20～25 毫克/千克体重的剂量肌内注射，可得到 30～60 分钟的安定时间。个别犬若出现强直性痉挛而一时不能自行停止时，可每千克体重肌内注射 1～2 毫克地西泮或苯巴比妥。

3. 麻醉并发症及处理方法 肌内注射麻醉药时常遇到以下症状：呕吐、舌回缩、呼吸停止和心搏停止，此为麻醉的并发症。

呕吐是非吸入麻醉药最常见的症状之一，多出现在肌内注射后 2～5 分钟时。为了减少呕吐的影响，手术前 24 小时应绝食（但不限制饮水），尤其是采用静松灵系列的药物（如 846 合剂）时更应注意。为防止呕吐出的食物进入气管，应将犬的头部放低一些。

舌回缩是因为麻醉药使肌肉松弛，舌根向会厌软骨方向移动，造成喉头通道狭窄或者被堵塞。当听到异常呼吸音或出现痉挛性呼吸并且发现有发病症状时，一定要检查犬的舌头状态，看是否露在口腔外。

舌回缩、呼吸被抑制、机体功能衰竭或用药过量等因素可造成呼吸困难，甚至呼吸停止。常用解救药有麻醉药的拮抗剂如尼可刹米(兴奋呼吸),必要时配合人工呼吸。

　　心搏停止多由犬、猫机体功能衰竭、药物过敏或麻醉药使用过量等因素引发。解救药有安钠咖、肾上腺素(兴奋心搏)、地塞米松(抗过敏)和麻醉药的拮抗剂。如使用静松灵、隆朋、咪底托嘧啶等 α_2-肾上腺素受体激动剂时,用 α_2-肾上腺素受体拮抗剂苯噁唑、育亨宾、妥拉唑林或者苏醒灵等,同时可进行人工呼吸和心脏按压。

第二章　宠物传染病的诊断与防治

一、宠物病毒性传染病的诊断与防治

犬　瘟　热

犬瘟热是由犬瘟热病毒引起犬科和鼬科动物的一种高度接触性传染病。其主要特征是呈双相热、白细胞减少、结膜炎、支气管炎、卡他性肺炎、胃肠炎、皮炎及神经症状,病犬的脚垫高度角质化。

【流行特点】　在自然条件下,犬科及浣熊科动物对本病均有易感性。患病动物是主要传染源,带毒期一般为5～6个月。通过眼鼻分泌物、唾液、尿液和粪便排出病毒,污染饲料、水源及用具等,经消化道感染,也可通过飞沫经呼吸道传播。若经胎盘感染,可引起流产和死胎。

本病一年四季均可发生,但多见于冬季。不同年龄、不同性别的易感动物均可感染,常呈周期性流行。

【临床症状】　犬自然感染的潜伏期通常为3～4天。最急性型病例常表现出突然高热,临床症状不明显,通常在1～2天内死亡。2～6月龄幼犬病死率达80%。

病犬倦怠,食欲不振,鼻和眼流出水样分泌物,鼻端干燥龟裂,体温升高至39℃～41℃,持续1～3天后降至接近常温(此时病犬似已好转),体温第二次升高的持续期在7天以上。若病情加重或继发感染,病犬出现鼻炎、结膜炎、包皮炎、卡他性喉炎、支气管炎或支气管肺炎、咽炎和胃卡他等。个别病例在下腹部、大腿内侧和外耳道发生水疱和脓性皮疹。若出现神经症状,病犬站立困难,共济失调,或做圆圈运动,全身呈强直性阵发痉挛、惊厥或昏迷,耐过病例常有站立困难,共济失调,或做圆圈运动,全身呈强直性阵发痉挛、惊厥或昏迷,耐过病例常有后遗症。

【病理变化】 犬瘟热病毒对上皮细胞和淋巴细胞均具有亲和力,病变广泛。典型病例可见水疱性和化脓性皮炎,皮屑脱落,鼻、唇、眼、肛门皮肤增厚,母犬外阴部等处肿胀,爪掌内部肿大坚硬。眼、鼻黏膜呈浆液性、黏液性及化脓性炎症。呼吸道黏膜有泡沫状的黏液性或化脓性分泌物。肺呈小叶性或大叶性肺炎;胃肠呈卡他性炎症;脑有非化脓性脑膜炎;在胃、肠、心外膜、肾包膜及膀胱黏膜有出血点或出血斑;脾微肿,如继发细菌感染则肿大;肾脂肪变性,呈局灶性坏死。有的病例有轻微间质性的附睾炎及睾丸炎。幼犬胸腺萎缩,呈胶冻样。

【鉴别诊断】

(1)犬瘟热与犬细小病毒病(肠炎型)的鉴别 二者均有发病急、体温升高、呕吐、腹泻等临床症状。但二者的区别在于:犬瘟热呈双相热型体温变化,有明显的神经症状及皮肤病症状。

(2)犬瘟热与狂犬病的鉴别 二者均有喜卧隐蔽处、呼吸加快、流涎等临床症状,并均出现神经症状。但二者的区别在于:犬患狂犬病发作时兴奋不安,攻击人、畜,并缺少皮肤病变化。此外,狂犬病病毒能凝集鹅红细胞,对其他动物和人的红细胞则无凝集特性。

(3)犬瘟热与犬传染性肝炎的鉴别 二者均有体温升高(40℃以上),精神沉郁,食欲不振,有时呕吐、腹泻,病初白细胞减少,眼、鼻有脓性分泌物等临床症状。但二者的区别在于:犬传染性肝炎病例无双相热,口腔黏膜呈点状出血,有时乳齿周围发生血肿或出血。饮欲增加,甚至出现嘴浸入水中狂饮现象。角膜水肿,即"蓝眼病",病犬眼睑痉挛,羞明和有浆液性分泌物,部分病犬出现一眼或双眼暂时性角膜混浊。剑状软骨部位(肝区)有压痛,肝实质损伤时,转氨酶、碱性磷酸酶、乳酸脱氢酶等血清酶活性增高。剖检可见肝肿大,表面有纤维素附着,胆囊壁水肿,胆囊浆膜被覆纤维素性渗出物。皮下水肿。腹腔积液常含血液,暴露空气中凝固。病理组织学检查,无核内包涵体,而犬瘟热病毒则有。

(4)犬瘟热与犬疱疹病毒感染的鉴别 二者均有精神沉郁、食欲减退、呼吸困难、呕吐、流鼻液、打喷嚏、咳嗽等上呼吸道症状,并均出现神经症状。但二者的区别在于:犬疱疹病毒感染病例体温一般不升高,神经症状多表现向一侧做圆圈运动。大于 5 周龄的幼犬或成年犬感染病毒后,一般不表现临床症状。公犬感染可见阴茎和包皮病变,包皮转折处有水疱,分泌物增多。妊娠母犬可造成流产和死胎,空怀母犬的生殖道感染以阴道黏膜弥漫性小疱疹为特征,通常无阴道分泌物流出。剖检可见实质脏器表面散在有多量灰白色小坏死灶和出血点,尤其是肾脏和肺脏的变化更加明显。

(5)犬瘟热与犬传染性支气管炎的鉴别 二者均有体温升高、咳嗽、流鼻液、精神委顿、食欲减少等临床症状。但二者的区别在于:犬瘟热病例呈双相热,有明显的眼睛病理变化及神经症状。犬传染性支气管炎传染性强,有阵发性干咳,运动和兴奋或气候变化时咳嗽加剧。X 线检查病变肺部纹理增强。

(6)犬瘟热与犬钩端螺旋体病的鉴别 二者均有体温升高、精神沉郁、食欲减退、有时呕吐、腹泻等临床症状。但二者的区别在于:犬钩端螺旋体病病例病初高热,不久降至常温以下,可视黏膜出现黄疸。尿量减少呈黄红色,粪便中有时混有血液。剖检以黄疸、各脏器出血、消化道黏膜坏死为特征。肾脏肿大,表面有灰白色坏死灶,有时可见出血点。用病料涂片,姬姆萨染液染色,于暗视野镜检可见呈"O"形、"C"形、"S"形等形状的钩端螺旋体。

(7)犬瘟热与犬副流感病毒感染的鉴别　　二者均有突然发病、体温升高,流浆液性、黏液性甚至脓性鼻液,咳嗽,精神沉郁,食欲减少等临床症状。但二者的区别在于:犬副流感病毒感染病例咳嗽剧烈,不出现双相热型,有后躯麻痹症状和出血性肠炎变化。剖检可见扁桃体、气管、支气管有炎性变化,肺部有出血点。

(8)犬瘟热与犬沙门氏菌病的鉴别　　二者均有发病突然、体温升高、精神沉郁、厌食、呕吐、腹泻、痉挛、抽搐等临床症状。但二者的区别在于:犬沙门氏菌病病例以剧烈腹泻、初泻粪水为特征,严重时粪便中带血,体温不降,黏膜苍白、脱水,休克,幼犬因菌血症和毒血症表现极度沉郁、虚弱及毛细血管充盈不良等症状。剖检可见尸僵不全,可视黏膜苍白、脱水。胃肠黏膜水肿、淤血和出血,甚至某些肠段坏死,肠系膜淋巴结肿大。急性型肝脏肿大 2～3倍,呈红色或淡黄色。脾脏肿大 6～8 倍(犬瘟热脾脏正常或稍肿),表面和实质有出血点(斑)和灰黄色坏死灶,被膜紧张,被膜下出血,切面多汁呈红色。肾、膀胱有出血点。尸体取脾脏、肝脏、肠系膜淋巴结做细菌学检查,易获得沙门氏菌的纯培养物,用荧光抗体检测,可获准确结果。

(9)犬瘟热与犬弓形虫病的鉴别　　二者均有精神不振、食欲减少、体温升高、咳嗽、腹泻、麻痹、痉挛、呼吸困难、意识障碍等临床症状。但二者的区别在于:犬弓形虫病多为隐性感染,仅少数症状明显,妊娠母犬常发生早产或流产,用病料(腹水、流产胎液等)做涂片或压片后用姬姆萨染液染色可观察到新月形虫体。

(10)犬瘟热与犬一般性支气管炎、支气管肺炎的鉴别　　二者均有体温升高、咳嗽、流鼻液等临床症状。但二者的区别在于:犬一般性支气管炎、支气管肺炎病例不具有传染性,支气管炎全身症状轻微,食欲、精神无异常,无眼部和神经症状;而支气管肺炎体温呈弛张热,眼结膜及舌发绀,肺部听诊有啰音,呼吸困难,两肋扇动,甚至张口呼吸。

【防治措施】 发现病犬,应及时隔离、确诊,采取有效防治措施。早期应用抗生素治疗继发感染,进行疫苗紧急预防接种。康复犬可终生获得免疫。

(1)预防 平时选择高效价的疫苗,对犬进行常规的、有计划的预防注射,可防止本病的发生,对宠物犬尤其重要。

宠物犬饲养场应及时清扫粪便,定期消毒。

犬场中严禁工作人员串岗,场外车辆和人员进入犬场时应严格消毒。

防止野犬、野鼠进入犬场,消灭犬场中的家鼠和昆虫。

(2)治疗 治疗原则是抗病毒、防止继发感染和对症治疗。

①抗病毒 可选用犬瘟热病毒单克隆抗体、犬用干扰素、利巴韦林、双黄连等。

②抗菌消炎 可选用氨苄西林、头孢唑啉钠、恩诺沙星等。

③清热解毒 可用柴胡注射液。止吐可用甲氧氯普胺(胃复安),缓解呼吸症状可用氨茶碱、喷托维林,镇静可用氯丙嗪、苯妥英钠、地西泮。

④补液 可选用林格氏液、5%糖盐水、生理盐水等。

犬细小病毒感染

犬细小病毒感染是一种由犬细小病毒引起的病毒性传染病。其主要特征是病犬表现出血性肠炎或非化脓性心肌炎。本病传播快,死亡率高。

【流行特点】 主要感染犬,尤其2～4月龄幼犬多发,小于2月龄或大于5周龄犬极少发生,但纯种犬比杂种犬及土种犬易感性高。成年犬发病较轻微。还可感染犬科动物中的野犬、郊狼、鬣狗、浣熊及狐狸等。

病犬及病愈后带毒犬是主要传染源。病犬和带毒犬通过分泌物和排泄物排出病毒,经消化道感染其他易感动物,也可能经胎盘垂直感染。人、苍蝇和蟑螂可成为本病毒的机械携带者。

本病一年四季均可发生,以春、秋季多发。天气变化、饲养条件不好以及继发感染和混合感染等,常使病情加重。

【临床症状】 本病在临床上主要表现肠炎和心肌炎两种类型,也有混合型病例。

(1)肠炎型 潜伏期7～14天。病犬突然发病,呕吐,精神沉郁,食欲废绝,体温升高至40℃～41℃,腹泻,粪便呈灰色或灰黄色,有多量黏液及假膜,呈酱油色或血样,气味恶臭。病犬迅速脱水。

在无继发感染时,白细胞数减少。一般病犬多在7～10天恢复,但幼犬发病常死亡。病死率通常随日龄的增长而降低。

(2)心肌炎型 主要发生于3～6周龄的幼犬。病犬常离群呆立,可视黏膜苍白,脉搏快而弱,呼吸困难,心区听诊有心内反流性杂音。死前心电图R波降低,S-T波升高。病犬常因心力衰竭而死亡。

【病理变化】

(1)肠炎型 肉眼变化主要表现小肠黏膜增厚,肠腔变窄,呈皱褶状或有溃疡灶。肠内容物呈红色粥样或混有紫黑色凝块,气味恶臭。空肠和回肠黏膜严重出血。肠系膜淋巴结肿大、充血。胃黏膜潮红,有蛋清样黏液。肝肿大呈红色,有淡黄色病灶,切面流出不凝固的血液。胆囊扩张,有多量黄绿色胆汁。脾肿大,表面有紫色斑点(出血性梗死)或有灰白色坏死灶。肾呈灰黄色,表面有灰白色斑点。膀胱颈部黏膜出血。

(2)心肌炎型 肉眼变化为心脏扩张,心肌和心内膜有非化脓性坏死灶。肺呈严重水肿实变。

【鉴别诊断】

(1)犬细小病毒感染与犬冠状病毒感染的鉴别 二者均有体温升高、呕吐、腹泻等临床症状和小肠黏膜充血、坏死、脱落,肠系膜淋巴结有肿大、出血等病理变化。但二者的区别在于:犬冠状病毒感染病例腹泻严重,粪便呈白色、黄色、绿色或褐色,有时呈喷射状,胃黏膜出血、脱落,脾脏、胆囊肿大。而犬细小病毒感染病例(心肌炎型)可见心肌或心内膜有非化脓性坏死,心肌柔软。

(2)**犬细小病毒感染与犬轮状病毒感染的鉴别** 二者均有体温升高、呕吐、腹泻等临床症状和小肠黏膜充血、坏死、脱落等病理变化。但二者的区别在于:犬轮状病毒感染病例多见于2～4月龄的幼犬,剖检可见胃黏膜出血、脱落,脾脏、胆囊肿大。

(3)**犬细小病毒感染与犬瘟热的鉴别** 二者均有体温升高、呕吐、腹泻等临床症状和小肠黏膜充血、出血等病理变化。但二者的区别在于:犬瘟热病例体温呈双向热型,有明显的神经症状。剖检可见胃肠黏膜充血、出血,胸腺萎缩,心脏、肝脏、脾脏、肾脏、肺脏充血、出血,脑膜充血、有积液。

(4)**犬细小病毒感染与犬弯杆菌病的鉴别** 二者均有体温升高、呕吐、腹泻、血样便、脱水等临床症状和小肠黏膜充血、出血等病理变化。但二者的区别在于:犬弯杆菌病病例剖检可见肝脏充血,有腹水。抗菌药物治疗效果明显。

(5)**犬细小病毒感染与犬沙门氏菌病的鉴别** 二者均有体温升高、呕吐、腹泻等临床症状和小肠黏膜充血、坏死、脱落,肠系膜淋巴结肿大、出血等病理变化。但二者的区别在于:犬沙门氏菌病病例剖检可见肝脏肿大2～3倍,脾脏肿大6～8倍,表面和实质密布出血点和灰黄色坏死灶。抗菌药物治疗效果明显。

【**防治措施**】

(1)**预防** 本病毒感染犬后能产生较好的免疫力。无论何种疫苗,对体内已有抗体的犬,免疫效果都不好,只有采取连续多次接种疫苗的方法来提高犬的免疫效果。

高免血清与抗生素联合应用,有一定的治疗效果。

(2)**治疗** 治疗原则是抗病毒、防止继发感染、对症治疗和支持疗法。

①抗病毒　可用犬细小病毒单克隆抗体、利巴韦林、双黄连等。

②抗菌消炎　可用氨苄西林、头孢唑啉钠、恩诺沙星、地塞米松等。

③止吐　可用甲氧氯普胺、爱茂尔。

④止血　可用酚磺乙酸、维生素 K。

⑤补液　可用三磷酸腺苷(ATP)、辅酶 A、维生素 C、5％糖盐水、乳酸林格氏液、5％葡萄糖注射液等。

犬传染性肝炎

犬传染性肝炎是由犬腺病毒Ⅰ型引起的一种急性、接触性、败血性传染病。其主要特征是病犬表现发热、黄疸、白细胞减少和出血性肝小叶中心坏死。

【流行特点】　犬不分品种、年龄和性别，可以全年发生，但以刚断奶至 1 岁以内的幼犬发病率和病死率较高。病犬及带毒犬是本病的传染源，通过分泌物和排泄物污染周围环境。特别是病后恢复的带毒犬，可在 6～9 个月内从尿液中排出病毒，成为本病的主要传染源。主要通过消化道感染，也可通过胎盘感染。

【临床症状】　本病的症状较为复杂，其症状的轻重与感染的轻重及感染器官的损伤程度有关。潜伏期 4～9 天。高热稽留，呈明显的双相热型，白细胞减少；眼结膜和鼻有浆液性分泌物；腹痛、皮下水肿和扁桃体肿大是常见的症状；一般无呼吸道症状，重症者在晚期可出现神经症状；凝血时间延长，出血后不易控制，广泛性血管内凝血是致病的关键。

愈后恢复期病犬可出现角膜混浊，形成蓝白色的角膜翳，俗称"蓝眼病"，常可自然消失。

【病理变化】　肝脏肿大或正常，肝细胞坏死使肝脏的颜色改变;胆囊壁因水肿而增厚;胸腺水肿;肾脏皮质呈灰白色坏死灶;因内皮细胞受损,使胃浆膜、皮下组织、淋巴结、胸腺和肝脏出血。

【鉴别诊断】

(1)犬传染性肝炎与犬瘟热的鉴别　二者均有体温升高、双相热、腹泻和神经症状,并均有淋巴结、胸腺和肝脏出血等病理变化。但二者的区别在于:犬瘟热病例多见于2～4月龄,病犬有明显的神经症状。剖检可见胃肠黏膜充血、出血,心脏、脾脏、肾脏、肺脏充血、出血,脑膜充血、有积液。

(2)犬传染性肝炎与犬细小病毒感染的鉴别　二者均有体温升高、白细胞减少、腹泻等临床症状。但二者的区别在于:犬细小病毒感染病例表现突然呕吐,腹泻,粪便腥臭,后期带血,顽固呕吐不止。剖检可见小肠黏膜出血,肠系膜淋巴结肿大,充血、出血,呈暗红色。心肌或心内膜有非化脓性坏死。

(3)犬传染性肝炎与犬沙门氏菌病的鉴别　二者均有精神沉郁、体温升高等临床症状,并均有肝脏肿大、出血等病理变化。但二者的区别在于:犬沙门氏菌病病例呕吐、腹泻严重。胃肠黏膜大面积水肿,部分肠段坏死,十二指肠上段发生溃疡,肠系膜淋巴结肿大、出血。脾脏肿大,表面有出血点(斑)和灰色坏死灶,心脏伴有浆液性或纤维蛋白性渗出物的心外膜炎和心肌炎。

(4)犬传染性肝炎与犬钩端螺旋体病的鉴别　二者均有精神沉郁,厌食,呕吐,体温升高,眼睛、口腔黏膜充血、出血等临床症状。但二者的区别在于:犬钩端螺旋体病病例的可视黏膜黄疸明显,血便,血尿(尿液呈豆油状),肌肉有疼痛性反应。

(5)犬传染性肝炎与犬急性肝炎的鉴别　二者均有体温升高、厌食、精神沉郁、腹泻、触诊肝区疼痛等临床症状。但二者的区别在于:犬急性肝炎单个发病,肝区叩诊浊音区扩大,有的有神经症状如兴奋、惊厥、昏迷,甚至嗜睡。肌肉震颤,皮肤发痒,可视黏膜黄染。病初尿液中尿胆红素含量明显增加,尿胆素原含量也明显增加,血清中的胆红素呈两相反应。

【防治措施】

(1)预防　用弱毒疫苗、混合疫苗定期免疫有良好的效果。宠物犬必须同时做好母犬和仔犬的计划免疫。犬痊愈后可使机体终生免疫。

紧急预防可使用同型或异型的双价或三价免疫血清或免疫丙种球蛋白,但保护期只限于 2 周之内。

(2)治疗　最初的发热期可用抗传染性肝炎血清进行特异治疗来抑制病毒的扩散。对严重病犬,每天应输血和静脉注射含 50% 蛋白水解物的 5% 糖盐水 250～500 毫升。此外,还应对症治疗及应用抗生素防止继发感染。治疗原则是抗病毒、防止继发感染、对症治疗和支持疗法。

①抗病毒　可用高免血清、利巴韦林、干扰素。

②抗菌　可用氨苄西林、头孢唑啉钠。

③保肝　可用蛋氨酸、肌酐。

④补液　三磷酸腺苷、辅酶 A、维生素 C、5% 糖盐水、5% 葡萄糖注射液等。

犬腺病毒Ⅱ型感染

犬腺病毒Ⅱ感染可引起犬的传染性喉气管炎及肺炎。临床表现为持续性高热、咳嗽、浆液性或黏液性鼻液、扁桃体炎、喉气管炎和肺炎等症状。

【流行特点】　病犬、狐是本病的传染源,经呼吸道传播。只感染各年龄犬和狐,且常见于幼犬和幼狐,尤其是刚断奶的仔犬和仔狐最易发病。本病可造成 4 月龄以下的幼犬整窝发病,死亡率高。犬感染本病后可长期带毒,可发生于任何季节,群体中一旦发生本病则不易根除。

【临床症状】　病犬表现发热,持续性干咳,呼吸促迫,食欲不振,肌肉震颤,可视黏膜发绀,有的病例出现呕吐和腹泻,多死于肺炎。

【病理变化】 主要病变为肺炎和支气管炎,肺膨胀不全、充血、实变,有时可见增生性腺瘤病灶。支气管淋巴结充血、出血。

【鉴别诊断】

(1)**犬腺病毒Ⅱ型感染与犬传染性肝炎的鉴别** 二者均有体温升高、厌食、精神沉郁、腹泻等临床症状。但二者的区别在于:犬传染性肝炎高热稽留,呈明显的双相热型,愈后恢复期病犬部分可出现一次性的角膜混浊,形成蓝白色的角膜翳,俗称"蓝眼病"。剖检可见肝脏肿大、胸腺水肿,肾脏皮质有灰白色坏死灶,胃浆膜、皮下组织、淋巴结、胸腺和肝脏出血。

(2)**腺病毒Ⅱ型感染与犬瘟热的鉴别** 二者均有厌食、精神沉郁、腹泻等临床症状。但二者的区别在于:犬瘟热病例多见于2～4月龄,病犬有明显的神经症状。剖检可见胃肠黏膜充血、出血,肝脏、心脏、脾脏、肾脏出血,脑膜充血、有积液。

(3)**犬腺病毒Ⅱ型感染与犬细小病毒感染的鉴别** 二者均有体温升高、厌食、精神沉郁、呕吐、腹泻等临床症状。但二者的区别在于:犬细小病毒感染病例表现突然呕吐,腹泻,粪便腥臭,后期带血,顽固性呕吐不止。剖检可见小肠黏膜出血,肠系膜淋巴结肿大、充血、出血,呈暗红色;心肌或心内膜有非化脓性坏死。

(4)**犬腺病毒Ⅱ型感染与犬沙门氏菌病的鉴别** 二者均有体温升高、呼吸困难、厌食、精神沉郁、呕吐、腹泻等临床症状。但二者的区别在于:犬沙门氏菌病病例呕吐、腹泻严重。胃肠黏膜大面积水肿,部分肠段坏死,十二指肠上段发生溃疡,肠系膜淋巴结肿大、出血。脾脏肿大,表面有出血点(斑)和灰色坏死灶。心脏伴有浆液性或纤维蛋白性渗出物的心外膜炎和心肌炎。

(5)**犬腺病毒Ⅱ型感染与犬钩端螺旋体病的鉴别** 二者均有精神沉郁、厌食、呕吐、体温升高等临床症状。但二者的区别在于:

犬钩端螺旋体病病例可视黏膜黄疸明显,血便,血尿(尿液呈豆油状),肌肉有疼痛性反应。

【防治措施】

(1)预防　加强饲养管理,定期消毒,防止病毒传入。一旦发病应及时隔离病犬实施对症治疗。

使用弱毒疫苗或混合疫苗定期免疫有良好的效果。宠物犬必须同时做好母犬和仔犬的计划免疫,犬痊愈后可使机体终生免疫。

紧急预防可使用同型或异型的双价或三价免疫血清或免疫丙种球蛋白,但保护期只限于2周之内。

(2)治疗　治疗原则是抗病毒、防止继发感染、对症治疗和支持疗法。

①抗病毒　可用多联血清、利巴韦林、干扰素。

②抗菌　可用氨苄西林、头孢唑啉钠、恩诺沙星。

③镇咳、祛痰　可用碘化钾、咳平、磷酸可待因。

④补液　可用三磷酸腺苷、辅酶A、维生素C、5%糖盐水、5%葡萄糖注射液等。

犬冠状病毒感染

犬冠状病毒感染又称犬冠状病毒性腹泻,是由犬冠状病毒引起的一种急性传染病。其主要特征是病犬表现呕吐、腹泻和脱水。

【流行特点】　犬、貉、狐狸等犬科动物易感,尤其是幼犬最易感,犬的发病率几乎可达100%,病死率为50%左右。病犬和带毒犬是主要传染源,经呼吸道和消化道向外界排出病毒污染饲料和饮水、用具、犬舍及运动场等,直接或间接传染健康犬和其他易感动物。

本病一年四季均可发生,但以冬季多发,气候突变、卫生条件差、犬群密度大、断奶转舍、长途运输等诱因可诱发本病。

【临床症状】　本病潜伏期一般为1～3天。传播迅速,数日内可蔓延全群。临床症状轻重不一,可能呈致死性的水样腹泻,也可能无临床症状。出现症状的主要以幼犬为主,表现为重剧的胃肠炎症状、厌食、呕吐及持续性的腹泻和重剧的脱水。多数犬在 7～10 天恢复,但一些幼犬可于发病后 24～36 小时死亡,死亡率通常随日龄的增加而降低。成年犬几乎不死亡。

【病理变化】 肠壁变薄,肠内充满白色或黄绿色的液体,肠黏膜充血、出血,肠系膜淋巴结肿大,小肠绒毛萎缩变短并发生融合,黏膜固有层细胞成分增多,上皮细胞扁平。胃黏膜出血和脱落,胃内有黏液,胆囊肿大。

【鉴别诊断】

(1)犬冠状病毒感染与犬细小病毒感染的鉴别 二者均有呕吐、腹泻、精神沉郁等临床症状和小肠黏膜充血、坏死、脱落,肠系膜淋巴结肿大、出血等病理变化。但二者的区别在于:犬细小病毒感染病例(心肌炎型)可见心肌或心内膜有非化脓性坏死,心肌柔软。而犬冠状病毒感染病例腹泻严重,粪便呈白色、黄色、绿色或褐色,有时呈喷射状。胃黏膜出血、脱落,脾脏、胆囊肿大。

(2)犬冠状病毒感染与犬轮状病毒感染的鉴别 二者均有呕吐、腹泻、精神沉郁、呼吸困难等临床症状。但二者的区别在于:犬轮状病毒感染病变主要集中在小肠,小肠黏膜充血、坏死、脱落,肠系膜淋巴结肿大、出血,但缺少其他器官的病理变化。

(3)犬冠状病毒感染与犬传染性肝炎的鉴别 二者均有精神沉郁、食欲不振、呕吐、腹泻、粪便中带血等临床症状。但二者的区别在于:犬传染性肝炎病例体温升高至 40℃～41℃ 或以上,持续 3～6 天。按压剑状软骨部表现肝区疼痛。剖检可见肝脏肿大,表面呈棕色或血红色的颗粒状,质脆、易碎。胆囊增厚,黏膜有纤维蛋白沉着。常见皮下水肿,腹水中含有血液,暴露于空气中易凝固。肝细胞及窦状隙内皮细胞核内有包涵体。将感染的脏器乳化、离心沉淀,取上清液,以 40% 甲醛溶液为变态反应原,将其接种于皮内,如局部红肿、热痛,则结果为阳性。

(4)**犬冠状病毒感染与犬普通胃肠炎的鉴别**　二者均有呕吐、腹泻、粪便恶臭、粪便中有血液、厌食等临床症状。但二者的区别在于:犬普通胃肠炎病例体温升高至 40℃～41℃ 或以上,无传染性,腹壁紧张,有压痛。以胃炎为主症时,黏膜、结膜黄染。

(5)**犬冠状病毒感染与犬球虫病的鉴别**　二者均有体温不高、呕吐、腹泻、有时粪便中带血等临床症状。但二者的区别在于:犬球虫病例表现进行性消瘦,仅有时呕吐,黏膜苍白、微黄。剖检可见小肠黏膜有白色小结节,结节内有包囊。使用饱和盐水浮集法可在粪中发现球虫卵囊。

(6)**犬冠状病毒感染与犬血性胃肠炎的鉴别**　二者均有腹泻、剧烈呕吐、粪便恶臭、厌食、精神沉郁等临床症状。但二者的区别在于:犬血性胃肠炎病例腹泻前 2～3 小时突然呕吐,呕吐物中含有血液,体温升高,腹痛。

(7)**犬冠状病毒感染与犬急性胰腺炎的鉴别**　二者均有严重呕吐、剧烈腹泻带血等临床症状。但二者的区别在于:犬急性胰腺炎病例突发性休克前腹部剧痛,触诊敏感,腹壁有压痛,病犬拱背收腹,体温降低,精神高度沉郁。超声波检查胰腺肿大、增厚,X 线检查可见上腹部密度增加。

【防治措施】

(1)**预防**　加强饲养管理,对犬群应给予新鲜、清洁、易消化的饲料。

对犬舍用具、工作服等坚持定期消毒,禁止外人参观。

目前已有疫苗可用于预防本病。发现病犬应及时隔离,尽快确诊,隔离病犬的场地要及时清除粪便,进行消毒处理。用次氯酸钠和漂白粉、0.2%～1%甲醛溶液或用 1:30 漂白粉混悬液消毒场地。对症疗法后大部分犬均可自愈。

(2)**治疗**　治疗原则是补液、止吐、消炎、防止继发感染。

①抗菌　可用氨苄西林、头孢唑啉钠、复方新诺明。

②止吐　可用甲氧氯普胺。

③止泻　可用双八面体蒙脱石(思密达)、维迪康。

④补液　可用林格氏液或复方乳酸林格氏液与5％葡萄糖注射液、三磷酸腺苷、辅酶A、维生素C等。

⑤胃肠黏膜保护　可用硫糖铝、铋制剂。

犬轮状病毒感染

犬轮状病毒感染是主要侵害新生仔犬的一种急性接触性传染病。临床上以水样腹泻为主要特征,成年犬多呈亚临床感染。

【流行特点】　本病发生无明显的季节性,多发于晚冬或早春,主要通过消化道传染。幼犬表现严重的临床症状,卫生条件不好或有腺病毒混合感染时,可使病情加剧,死亡率增高。犬及其他易感动物之间可交叉感染。患病的人、畜及隐性感染的带毒者,都是重要的传染源。

【临床症状】　本病潜伏期一般为1～3天。病犬表现精神沉郁,食欲减退,不愿走动,一般先吐后泻,粪便呈黄色、褐色或水样,有恶臭,脱水严重者常以死亡告终。1周龄以内仔犬常突发腹泻,严重时粪便中含有黏液或血液,因机体脱水和酸碱平衡失调,心跳加快(有时每分钟达180～200次),体温和皮温均降低,常因衰竭而死亡。

【病理变化】　病变主要见于小肠,特别是空肠和回肠部的后2/3处。小肠绒毛萎缩,柱状上皮细胞肿胀、坏死、脱落,有的肠段弥漫性出血,肠内容物呈黄绿色,并混有血液。

【鉴别诊断】

(1)犬轮状病毒感染与犬冠状病毒感染的鉴别　二者均有呕吐、腹泻、精神沉郁、呼吸困难等临床症状。但二者的区别在于:犬轮状病毒感染病变主要集中在小肠,缺少其他器官的病理变化。

犬冠状病毒感染病例腹泻严重,粪便呈白色、黄色、绿色或褐色,有时呈喷射状,胃黏膜出血、脱落,脾脏、胆囊肿大。

(2)犬轮状病毒感染与犬细小病毒感染的鉴别 二者均有呕吐、腹泻、精神沉郁、呼吸困难等临床症状。但二者的区别在于:犬轮状病毒感染病变主要集中在小肠,缺少其他器官的病理变化。犬细小病毒感染病例多见于2～4月龄的幼犬,剖检可见小肠黏膜充血、出血,呈暗红色,黏膜坏死、脱落,黏膜淋巴结肿大、充血、出血。心肌或心内膜有非化脓性坏死,心肌柔软。

(3)犬轮状病毒感染与犬传染性肝炎的鉴别 二者均有精神沉郁、厌食、呕吐、腹泻、粪便中带血等临床症状。但二者的区别在于:犬轮状病毒感染以消化道病变为主,犬传染性肝炎病例体温升高至40℃～41℃或以上,第一次升温后,1～6天降至常温后可第二次升温,剑状软骨部肝区有明显压痛,流脓性鼻液,有结膜炎。约25％发生肝炎性蓝眼。

(4)犬轮状病毒感染与犬普通胃肠炎的鉴别 二者均有呕吐,腹泻,粪便中混有血液、气味恶臭,厌食等临床症状。但二者的区别在于:犬普通胃肠炎病例体温升高至40℃～41℃,无传染性,腹痛,口腔黏膜、眼结膜发绀,胃炎为主症时有黄染。

(5)犬轮状病毒感染与犬球虫病的鉴别 二者均多发于幼犬,均有呕吐、腹泻、粪便中混有黏液和血液、减食等临床症状。但二者的区别在于:犬球虫病病例表现进行性消瘦,仅有时呕吐,黏膜苍白、微黄。剖检可见小肠黏膜有白色小结节,结节内有包囊,用饱和盐水浮集法,在粪便中可发现球虫卵囊。

(6)犬轮状病毒感染与犬急性出血性胃肠炎的鉴别 二者均有先呕吐后腹泻、粪便恶臭、精神沉郁等临床症状。但二者的区别在于:犬急性出血性胃肠炎病例无传染性,腹泻2～3天前突发呕吐,排果酱样或胶冻样粪便。

(7)犬轮状病毒感染与犬胰腺炎的鉴别 二者均有呕吐、腹泻、粪便恶臭等临床症状。但二者的区别在于：犬胰腺炎病例无传染性，腹部有压痛。慢性时食欲、饮欲异常增加，排粪多，排尿多，粪便中脂肪、蛋白质多。

【防治措施】

(1) 预防 本病的预防主要采用犬七联弱毒疫苗免疫接种。

发生本病时，应立即将病犬隔离，并对病犬活动场所及用具进行消毒。

(2) 治疗 治疗原则是补液、止吐、消炎、防止继发感染。

①抗菌 可用氨苄西林、头孢唑啉钠、复方新诺明。

②止吐 可用甲氧氯普胺。

③止泻 可用双八面体蒙脱石（思密达）、维迪康。

④补液 可用林格氏液或复方乳酸林格氏液与5%葡萄糖注射液、三磷酸腺苷、辅酶A、维生素C等。

⑤胃肠黏膜保护 可用硫糖铝、铋制剂。

犬疱疹病毒感染

犬疱疹病毒感染是由犬疱疹病毒引起的新生幼年犬的急性、致死性传染病。2周龄以上的犬表现气管炎、支气管炎等呼吸道症状；对母犬可引起不孕、流产和死胎；公犬以阴茎包皮炎、精索炎症为特征。犬疱疹病毒在繁殖犬群中广泛存在。

【流行特点】 犬疱疹病毒只能感染犬，引起2周龄以内的幼犬产生急性致死性呼吸道疾病，致死率可达80%。周龄较大的犬发病轻微或不明显。成年犬感染症状不明显，偶见轻度鼻炎、气管炎或阴道炎。病犬和康复犬是主要传染源。感染犬从唾液、鼻分泌物和尿液排出病毒，仔犬主要是在分娩过程中与带毒母犬阴道接触或吸入母犬带毒飞沫而感染。仔犬间也能通过口、咽互相传染。

【临床症状】 小于21日龄的新生仔犬可引起致死性感染。

初期病犬痴呆,沉郁,厌食,软弱无力,呼吸困难,压迫腹部有痛感,排黄色稀便。有的病犬表现鼻炎症状,有浆液性鼻液,鼻黏膜表面有广泛性斑点状出血。皮肤病变以红色丘疹为特征,见于腹股沟、母犬的阴门和阴道以及公犬的包皮和口腔。病犬最终丧失知觉,角弓反张,癫痫。病犬多在临床症状出现后24～48小时死亡。康复犬有的表现永久性角弓反张、癫痫。

21～35日龄的犬主要表现流鼻液、打喷嚏、干咳等上呼吸道症状,持续14天左右,症状较轻。如发生混合感染,则可引起致死性肺炎。母犬的生殖道感染以阴道黏膜弥漫性小疱状病变为特征。妊娠母犬可造成流产和死胎。公犬可见阴茎和包皮病变,分泌物增多。

【病理变化】　新生仔犬的致死性感染以实质器官,尤其是肝、肾、肺的弥漫性出血、坏死为特征。胸、腹腔内可见浆液或黏液性渗出。肺充血、水肿,肺门淋巴结肿大;脾充血、肿大;肠黏膜表面点状出血;偶尔可见黄疸和非化脓性脑炎。

【鉴别诊断】

(1)犬疱疹病毒感染与犬弓形虫病的鉴别　二者均有流鼻液、咳嗽、打喷嚏、呕吐、运动失调、母犬流产等临床症状。但二者的区别在于:犬弓形虫病病例有体温变化,红细胞、白细胞减少。剖检可见肺脏有灰白色结节,心肌有坏死灶,尸体组织涂片用姬姆萨或瑞氏染液染色后镜检,可发现滋养体。

(2)犬疱疹病毒感染与犬瘟热的鉴别　二者均有厌食、精神委顿、打喷嚏、流鼻液、干咳、结膜炎、呕吐等临床症状。但二者的区别在于:疱疹病毒感染病例无体温变化,而犬瘟热是双相热型,眼结膜、角膜发炎,有脓性分泌物,有明显的神经症状,白细胞减少,采用免疫荧光试验可从血液白细胞、结膜以及肝、脾涂片中检查出犬瘟热病毒。

(3)犬疱疹病毒感染与犬结核病的鉴别　二者均有干咳、鼻流黏液性或脓性鼻液等上呼吸道症状。但二者的区别在于:犬结核病病例有明显的进行性消瘦,体温升高,多呈慢性经过,生殖器官、皮肤有结节灶。

(4)犬疱疹病毒感染与犬感冒、喉炎、支气管炎、肺炎的鉴别　感冒、喉炎、支气管炎、肺炎均表现咳嗽、流鼻液、精神沉郁、厌食,但都不具有传染性。

(5)犬疱疹病毒感染与犬隐球菌病的鉴别　当隐球菌侵害肺部时,表现为咳嗽、喷嚏、眼分泌物增多,或出现皮肤感染症状,呼吸困难,神经系统感染后,呈现共济失调和运动功能障碍。但二者的区别在于:当病犬出现呼吸系统和神经系统症状,并伴有皮肤水肿时,患隐球菌病的可能性大,取病料(尿液、脓液、粪便、血液)置于载玻片,美蓝染色镜检,可见到圆形的厚壁菌体。

(6)犬疱疹病毒感染与犬曲霉菌病的鉴别　当曲霉菌侵害鼻腔、鼻窦时,病犬表现打喷嚏,流浆液性或黏液性鼻液。但二者的区别在于:犬疱疹病毒感染病例有呼吸困难、呕吐、腹泻等特异性症状,可据此鉴别。此外,取鼻液、脓液加一滴20％氢氧化钾溶液加盖玻片,镜检可见有分枝状、有隔膜的丝菌,菌丝末端有链锁状分生孢子,即可诊断为犬曲霉菌病。

【防治措施】

(1)预防　自然感染康复犬和人工接种耐过犬均能产生水平不高的血清中和抗体,但对感染具有保护力。用含中和抗体的母犬血清给新生仔犬腹腔接种,能预防仔犬感染和死亡。由于感染犬疱疹病毒的犬群通常可以产生自身免疫,因而在一窝仔犬发病后,以后几乎不受感染。初步研制成的多次接种加佐剂的灭活疫苗可使母犬产生一定水平的抗体。

注意养犬场的消毒,加强犬的饲养管理。发现病犬及时隔离、治疗。

(2)治疗　治疗原则是提高机体抵抗力,增加环境温度和防止继发感染。

流行期间幼犬腹腔注射 1～2 毫升高免血清,减少死亡。防止继发感染可用庆大霉素、恩若沙星等。提高环境温度,有利于病犬康复。

犬副流感病毒感染

犬副流感病毒感染是一种由犬副流感病毒引起的呼吸道传染病。其主要特征是临床表现发热、流鼻液和咳嗽,并有卡他性鼻炎、支气管炎等病理变化。

【流行特点】 病犬或健康带毒犬为主要传染源,各种年龄、品种的犬均易感。主要是通过飞沫经呼吸道传播,也可经接触性传染,并常有其他病原混合感染。以幼犬多发,病程急,传染快,分布广泛,在世界各地均有发生。

【临床症状】 突然发病,食欲减少,体温升高,咳嗽,病初流大量浆液性或黏液性鼻液,甚至脓性鼻液,剧烈咳嗽,扁桃体红肿,食欲减少,精神委顿,一般 3～7 天自然康复,如有继发感染,则病程延长,咳嗽可持续数周之久,病情加剧,甚至死亡。近年来,也有人认为,犬Ⅱ型副流感病毒也可感染脑组织及肠道,引起脑脊髓炎、脑室积液、脑炎等。少数病犬仅呈现后躯麻痹的神经症状与出血性肠炎症状。

【病理变化】 肺脏有少量出血点。扁桃体、气管、支气管有炎症变化。少数死于肠炎和神经症状的犬表现肠炎、脑脊髓炎变化和脑室积液。

【鉴别诊断】

(1)犬副流感病毒感染与犬传染性支气管炎的鉴别 二者均有咳嗽、体温升高、精神委顿等临床症状。但二者的区别在于:犬传染性支气管炎病例流脓性鼻液,有阵发性干咳,咳后有呕吐和腹泻。

(2)犬副流感病毒感染与犬感冒的鉴别　二者均有咳嗽、体温升高、精神委顿等临床症状。但二者的区别在于：感冒在气候多变时易发，病犬流清鼻液，打喷嚏，咳嗽，听诊肺部呼吸音粗厉，眼结膜充血，流泪，触摸喉气管敏感。

(3)犬副流感病毒感染与犬支气管炎的鉴别　二者均有咳嗽、体温升高、流脓性鼻液、精神委顿等临床症状。但二者的区别在于：犬支气管炎病例以咳嗽为主，初短咳、干咳、痛咳，后湿咳，流浆液性或脓性鼻液，听诊肺部呼吸音增强。慢性型持续咳嗽，遇冷咳嗽加剧。

(4)犬副流感病毒感染与犬肺炎的鉴别　二者均有咳嗽、体温升高、精神委顿等临床症状。但二者的区别在于：小叶性肺炎病例咳嗽，体温升高至 40℃ 以上，呈弛张热，听诊肺部呼吸音粗厉，有干性啰音或湿性啰音，湿性痛咳，X 线检查肺部呈广泛均质致密阴影。大叶性肺炎病犬体温达 40℃ 以上，呈稽留热，流铁锈色鼻液，X 线检查肺部呈广泛均质致密阴影。

(5)犬副流感病毒感染与犬弓形虫病的鉴别　二者均有发热、咳嗽、鼻有分泌物、少数病犬出现麻痹、出血性腹泻等临床症状。但二者的区别在于：犬弓形虫病病例眼部有脓性分泌物和虹膜炎、视网膜炎；血检红细胞下降，血红蛋白下降；病原学检查，即将疑似病料涂片、染色镜检，可发现滋养体。

(6)犬副流感病毒感染与犬曲霉菌病的鉴别　当曲霉菌侵害鼻腔、鼻窦时，病犬多表现打喷嚏，鼻流浆液性或黏液性鼻液，与犬副流感病毒感染症状相似。但二者的区别在于：犬副流感有体温升高、剧烈咳嗽、扁桃体红肿等特异性变化。此外，取鼻液、脓液镜检，可见有分枝状、有隔膜的丝菌，菌丝囊端有链锁状分生孢子，据此可诊断为犬曲霉菌病。

【防治措施】

(1)预防　加强饲养管理，特别是对犬舍周边环境卫生的管理和控制。

新购入的犬应及时进行检疫和预防接种。

犬群中一旦发病,立刻隔离病犬进行治疗,对重病犬应及时淘汰,其他犬进行疫苗接种。

(2)治疗 治疗原则是抗病毒、防止继发感染、止咳化痰和对症治疗。

①抗病毒 可用阿昔洛韦、利巴韦林。

②抗菌消炎 可用氨苄西林、头孢唑啉钠、阿米卡星、地塞米松。

③缓解呼吸症状 可用氨茶碱、喷托维林。

狂犬病

狂犬病又称恐水症,俗称"疯狗病",是由狂犬病病毒所引起的一种人兽共患的急性接触性传染病。其主要临床表现是兴奋和麻痹。

【流行特点】 狂犬病病毒能感染所有的哺乳动物和鸟类。病犬则为人和家畜的主要传染源,野生动物、犬和蝙蝠是本病的主要宿主。主要通过咬伤,病毒随唾液进入伤口而感染,也可通过含病毒的气溶胶微粒经呼吸道感染。当人误食有病动物的肉,或动物相互蚕食时,也可经消化道感染。

【临床症状】 本病的潜伏期与伤口距中枢的距离、侵入病毒的毒力和数量有关。一般为20~60天,最短8天,也有长达数月或1年以上的。

一般可分为狂暴型和麻痹型。

(1)狂暴型 病犬在1~2天的沉郁期后,意识障碍,烦躁不安,流涎,或卧伏于安静处,或夹尾不安走动,突然站住吠叫,反射兴奋性明显增高。对外界刺激如声音、强光、触摸等反应敏感,呈惊恐状或跳起,呼吸困难,膈痉挛,瞳孔散大。厌食、唾液分泌增加,后肢瘫痪。兴奋期2~4天,发展成癫狂,并呈兴奋与沉郁交替出现,对人、畜有攻击性,常离家逃窜,逐渐出现意识障碍,乱蹿乱咬。因对水及水声反应过敏,也称"恐水症"。发病的末期有1~2天的麻痹期,流涎,舌脱出,下颌下垂,后躯麻痹而卧地不起,通常死于呼吸中枢麻痹或衰竭。整个病程为6~10天。

(2)麻痹型 兴奋期很短(一般2~4天),或症状不明显,然后转入麻痹期。因头部肌肉麻痹,病犬流涎、吞咽困难、张口,下颌、后躯、喉头均麻痹,经2~4天死亡。

由于有些犬的病程并不典型,应注意有无咬伤史。

【病理变化】 尸体外观一般无特异性变化,消瘦、脱水、被毛粗乱,口腔黏膜、胃肠黏膜充血、糜烂。组织学检查可见非化脓性脑炎变化,神经细胞胞质中有嗜酸性包涵体。

【鉴别诊断】

(1)狂犬病与伪狂犬病的鉴别 二者均有不安、狂躁、流涎、撕咬各种物体、自我舔咬等临床症状。但二者的区别在于:狂犬病病例意识混乱,下颌麻痹,具有恐水症状,对人、畜具有攻击性。而伪狂犬病病例常表现突然死亡,体躯奇痒,对人、畜没有攻击性。

(2)狂犬病与犬破伤风的鉴别 二者均有对声响、光线反射兴奋性增高,神经症状及外伤感染史。但二者的区别在于:破伤风病例多呈强直性痉挛,四肢如木马状,无恐水症状。狂犬病有犬咬伤史,破伤风则有外伤感染。

(3)狂犬病与犬脑膜炎的鉴别 二者均有兴奋不安、狂躁、精神沉郁、惊恐、捕捉时咬人、对音响和触摸敏感、吠叫、昏睡等临床症状。但二者的区别在于:犬脑膜炎病例无传染性,体温升高,神经症状主要表现转圈、抽搐,有时盲目奔跑,不避障碍物,有时呕吐。

(4)狂犬病与犬有机磷农药中毒的鉴别 二者均有流涎、共济失调、呼吸困难、惊厥等临床症状。但二者的区别在于:狂犬病病例多有病犬咬伤史,有传染性,攻击人、畜,流涎时下颌下垂。而有机磷农药中毒有与有机磷农药接触史,急性群发或突然发生,呕吐,腹痛,腹泻,胃肠内容物有大蒜味。

(5)狂犬病与犬氟乙酸钠中毒的鉴别　二者均有无目的狂奔、吠叫、呼吸急促、在暗处躲藏等临床症状。但二者的区别在于:狂犬病有攻击人、畜,流涎,啃吃木片、石头及其他杂物等症状,在麻痹期有明显的神经症状。氟乙酸钠中毒缺少啃吃木片、石块等症状,且病犬很快死亡。

(6)狂犬病与犬铅中毒的鉴别　二者均有兴奋不安、盲目走动,吠叫等临床症状。但二者的区别在于:犬铅中毒病例有食含铅油漆、染料后发病史,呕吐,腹泻,无乱咬异物和攻击人、畜现象。

【防治措施】　加强公共卫生管理,坚决扑杀野犬和野猫。

对于军犬、警犬、牧羊犬、护卫犬、海关用犬、家犬及伴侣动物等要加强管理,一律注射狂犬病疫苗。弱毒疫苗专供犬应用,一律皮下或肌内注射 1 毫升,免疫期 1 年以上;灭活疫苗主要用于犬类,犬颈侧或背侧注射 5 毫升。第一次注射后后 3～5 天再注射第二次,免疫期为 6 个月;ERA 弱毒株研制的疫苗,对牛、羊、犬及家兔进行免疫,均安全有效。同时,也可用于口服。

发现病犬及其他患本病的动物应及时扑杀,对有感染可能的伴侣动物应采紧急预防接种,首次注射后 3～5 天再注射 1 次。对于危险性大的病例,在犬咬伤后 3 天注射高免血清,每千克体重 0.5 毫升,然后再注射疫苗。

伪狂犬病

伪狂犬病又称疯痒病,是由伪狂犬病病毒引起的犬、猫及其他家畜与野生动物共患的一种急性传染病,其主要特征是发热、奇痒以及脑脊髓炎和神经炎。

【流行特点】　在自然界里,病毒可能存在于啮齿动物体内,且多不显症状而带毒,吞食这些动物的犬、猪随后发生本病。病猪主要随鼻液、眼分泌物、乳汁、阴道分泌物及尿液排出病毒。因此,病猪亦是犬的传染源,也可经皮肤伤口传染。

【临床症状】 本病潜伏期1～8天,少数长达3周。病初病犬精神淡漠,而后发生不安,拒食,蜷缩而坐,时常更换蹲坐地点,体温间或升高,呕吐。经消化道感染,流涎严重,吞咽困难,起初凝视、舔舐,稍后抓咬皮肤损伤处,产生大范围溃烂,周围组织肿胀,甚至形成很深的破损。有的不出现痒感,身体某处疼痛而呻吟。也有的撕咬周围物体,跳向墙壁而摔倒。不攻击人,但发痒时与其他犬咬斗。两眼瞳孔大小不等。反射兴奋性病初增强,后期瞳孔反射、肌肉感觉及深部和表面反射能力降低。大部分病例可见头颈部屈肌有间断性抽搐,呼吸困难,常在24～36小时死亡。

【病理变化】 常有皮肤自己咬伤或擦伤,伤处流渗出液或血液。剖检可见脑膜明显充血,脑脊液量过多。组织学变化主要在中枢神经系统,有弥漫性非化脓性脑膜炎和神经炎,有明显的血管套及弥散性局部胶质细胞反应,同时有广泛的神经节细胞及胶质细胞坏死。在常规检查时,有15%～20%的病例无脑炎变化。

【鉴别诊断】

(1)伪狂犬病与狂犬病的鉴别 二者均有不安、狂躁、流涎、撕咬各种物体、自我舔舐等临床症状。但二者的区别在于:狂犬病病例意识混乱,下颌麻痹,具有恐水症状,对人、畜具有攻击性。而伪狂犬病病例常表现突然死亡,体躯奇痒,对人、畜没有攻击性。

(2)伪狂犬病与犬脑膜炎的鉴别 二者均有体温升高、兴奋不安或沉郁、惊恐、呕吐、触摸敏感、有攻击性等临床症状。但二者的区别在于:脑膜炎无传染性,病犬有时盲目奔走,不避障碍物或做转圈运动。剖检可见脑组织有非化脓性炎症、脑脊液中蛋白质与细胞的含量增多。

【防治措施】 消灭犬舍中的老鼠,防止犬进入猪圈,尤其是猪发生伪狂犬病时,严禁用病猪肉喂犬。

如已发病,严格用 1‰～2‰氢氧化钠溶液消毒地面及用具,目前尚无合适的疫苗可供使用。可试用毒力低、遗传性稳定的 K 毒株组织培养疫苗,或鸡胚细胞氢氧化铝甲醛疫苗。

有报道,伪狂犬病可感染人,表现皮肤发痒。所以,兽医和检疫人员在处理病犬或尸体过程中要防止通过伤口感染。

猫泛白细胞减少症

猫泛白细胞减少症又称猫传染性肠炎或猫瘟热,是由猫泛白细胞减少症病毒引起的猫和猫科动物的一种急性、接触性传染病。其特征是发热、腹泻、呕吐和白细胞减少。

【流行特点】　主要发生于猫,也可感染猫科动物中的虎、狮、豹、山猫、小灵猫和野猫等,各种年龄的猫均感染,但 1 岁以内的猫,尤其是 3～5 月龄的猫最易感,1 岁以上的猫较少发病,成年猫感染后不表现症状。病猫是主要的传染源,从粪便、尿液、呕吐物、唾液、眼和鼻分泌物中将病毒排出,污染饲料、饮水、用具、垫料、笼具及猫舍等,然后再经口传染给健康猫或猫科动物,康复病猫通过粪便排毒,妊娠母猫也可将病毒通过胎盘直接传染给胎儿,吸血昆虫也能传播本病。

【临床症状】　本病潜伏期 2～6 天。最急性型病例无症状突然死亡;急性型病例症状轻微,在 24 小时内死亡。病猫发热,体温达 40℃,持续 24 小时左右,下降至正常 2～3 天后,再次升高达 40℃或 40℃以上。精神不振、厌食、被毛粗乱、反复呕吐;持续性剧烈腹泻,粪便中混有血液;严重脱水,口渴、眼窝凹陷、结膜苍白,眼和鼻流出脓性分泌物。白细胞数减少至 $1×10^6$/毫升以下,预后不良。经过 7 天以上者有可能耐过。患病妊娠母猫出现流产或死胎。

【病理变化】　胃肠道空虚,胃肠道黏膜面有不同程度的充血、出血、水肿及被黏液纤维素性渗出物所覆盖,以空肠和回肠的病变明显,肠壁常呈乳胶管状。肠腔内有灰红色或黄绿色纤维素性、坏死性假膜或纤维素条索。肠系膜淋巴结肿大,切面湿润,呈灰红色、白色相间的大理石样花纹,或呈一致的鲜红色或暗红色。长骨骨髓呈胶冻样。肝、肾等实质器官淤血变性。脾脏出血,肺充血、出血、水肿。

【防治措施】

(1)预防　坚持疫苗免疫,可用灭活疫苗,于断奶后(8～10周龄)初免,隔2～4周后进行二免。二免7天后即可产生坚强的免疫力,免疫保护期半年,以后每年免疫2次。

平时应搞好猫舍的清洁卫生,新引进的猫必须经过免疫接种,并隔离观察60天方可混群饲养。

一旦发生本病,立即隔离病猫。早期病猫可采取综合性措施进行抢救。中后期病猫应扑杀,病死猫深埋。污染的饲料、饮水、用具和环境用0.5%甲醛溶液彻底消毒。病猫康复后可获得免疫。

(2)治疗　治疗原则是抗病毒、防止继发感染和对症治疗。

①抗病毒　可用猫泛白细胞减少症高免血清、利巴韦林、双黄连。

②抗菌消炎　可用氨苄西林、头孢唑啉钠、恩诺沙星、地塞米松。

③镇静　可用氯丙嗪。

④止吐　可用甲氧氯普胺。

⑤补液　可用三磷酸腺苷、辅酶A、维生素C、5%糖盐水等。

猫病毒性鼻气管炎

猫的病毒性鼻气管炎又称猫传染性鼻气管炎,是由猫疱疹病毒Ⅰ型感染所致的一种急性接触性传染病。临床上以打喷嚏、流泪、结膜炎和鼻炎为特征。

【流行特点】　主要侵害幼猫，幼猫病死率为 20%～30%，成年猫病死率低。病猫的鼻、眼及咽排出病原，经接触或飞沫传播而感染其他易感动物，传播迅速。病愈猫长期带毒并排毒。病猫能垂直传播病毒，并在分娩等应激时排毒。

【临床症状】　猫突然发病，症状复杂，体温升高至 40℃ 左右，精神沉郁，食欲减少，体重减轻。或主要表现呼吸道症状和结膜炎，病猫频频出现咳嗽、打喷嚏和鼻分泌物增多，眼有黏液性分泌物，因口腔炎、溃疡性舌炎而流涎，口臭，被毛粗乱，有的出现生殖器官病变，如阴道炎、流产等。重症病例主要呈现结膜炎、鼻炎、支气管炎等症状。

【病理变化】　病变主要见于上呼吸道。鼻腔、鼻甲骨、喉头及气管黏膜弥漫性出血，或鼻腔、鼻甲骨黏膜坏死，会厌软骨、喉头、气管、支气管及细支气管黏膜上皮发生局灶性坏死，有的发生结膜炎。当有细菌继发感染时，常可见到肺炎。有呼吸道症状的猫见有间质性肺炎，支气管和细支气管周围组织坏死，有的可见气管炎及支气管炎病变。也有的猫在支气管和细支气管及肺泡的间隔上皮见有炎性坏死。有的猫鼻甲骨吸收，骨质溶解。

【防治措施】

(1) 预防　对猫群应加强饲养管理，搞好环境卫生，给予新鲜、全价饲料。

猫舍应通风良好，减少应激。每天应打扫卫生，对地面、用具、食槽和水盆等定期消毒。

猫场内工作人员不许随便出入，外人禁止进入猫舍。

对新引进的种猫应在外面隔离、观察、检疫，确定无本病后才能放入猫群。

带毒猫不能作为种猫。在运输时，猫之间不能接触以防传播本病。

国外生产有单价弱毒疫苗或多联疫苗,都有较好的免疫效果。

(2)治疗 治疗原则是抗病毒、防止继发感染、对症治疗。

①抗病毒 可用病毒灵、阿昔洛韦、利巴韦林。

②抗菌 可用氨苄西林、头孢唑啉钠、恩诺沙星。

③对症治疗 可用 5-碘氧尿嘧啶核苷治疗本病毒引起的溃疡性角膜炎;治疗鼻炎,可用麻黄素。

④补液 可用 5%糖盐水,50~100 毫升/天,口服,每天 2 次。

猫杯状病毒感染

猫杯状病毒感染是由猫杯状病毒变种引起猫的一种呼吸道传染病。其主要特征是双相热和上呼吸道症状,发病率高,病死率低。

【流行特点】 在自然条件下,只有猫易感。病猫和带毒猫是主要传染源,持续感染、长期排毒的猫是本病重要的传染源。病猫通过唾液、鼻和眼分泌物、粪便、尿液大量排毒,通过直接接触污染物或气溶胶飞沫经口、鼻感染。患上部呼吸道感染的幼猫,死亡率约 30%。

【临床症状】 本病潜伏期一般不超过 48 小时,病程 5~7天。最轻型的临床症状是发热、打喷嚏、流浆液性或黏液脓性眼和鼻分泌物,舌、硬腭和鼻联合处溃疡。毒力较强的毒株可引起严重的肺炎,易发生继发性感染,临床表现呼吸困难、精神沉郁、肺部有啰音、口腔溃疡等。特别是 4~8 周龄吃奶的幼猫死亡率高达30%以上。发生混合感染时,则症状严重,死亡率提高。

【病理变化】 有上呼吸道症状的猫表现结膜炎、鼻炎、舌炎和气管炎,舌、腭黏膜可见溃疡,溃疡性胃炎。患肺炎的猫还可见肺的腹缘出现暗红色肺炎实变区。

【防治措施】

(1)预防 新购入的猫应隔离检疫 30 天或至少 2 周内无呼吸

道疾病才能放入猫舍,各房舍的猫不应任意转群。

用弱毒疫苗,对3周龄以上的幼猫定期进行预防接种。每年接种1次,免疫期6个月以上,这是最有效的预防方法。

也可使用猫泛白细胞减少症弱毒株、猫鼻气管炎弱毒株及猫嵌杯病弱毒株组成的三联冻干活疫苗免疫接种,方法是:2个月以上的猫需肌内注射免疫2次,间隔3～4周;以后每年免疫注射1次。

淘汰感染病毒的猫,消灭传染源;减少环境中病毒的浓度,定期冲洗笼具和设备。

(2)治疗　治疗原则是防止继发感染和对症疗法,目前尚无特效治疗药物。

①抗病毒　可用病毒灵、阿昔洛韦、利巴韦林。

②抗菌　可用氨苄西林、头孢唑啉钠、恩诺沙星等。

③对症疗法　治疗结膜炎,金霉素或氯霉素眼药水滴眼;治疗鼻炎,可用麻黄素;口腔溃疡时可涂擦碘甘油。

猫肠道冠状病毒感染

猫肠道冠状病毒感染由猫肠道冠状病毒引起的猫的一种肠道传染病,主要引起42～84日龄幼猫肠炎。

【流行特点】　猫肠道冠状病毒主要经消化道传染。由于母源抗体的作用,35日龄以下的幼猫很少发病。42～84日龄猫感染时表现为肠炎症状。成年猫则多呈隐性感染,也可出现致死性病例,病猫、健康带毒猫可经粪便排出大量病毒,经消化道感染易感动物。

【临床症状】　常见断奶幼猫发病,体温升高,食欲下降,呕吐,腹泻,肛门肿胀。较严重病例可见脱水。死亡率一般较低。急性期血液中的中性粒细胞降至80%以下。

【病理变化】　本病与传染性胃肠炎的病变相似。自然感染的青年猫可见肠系膜淋巴结肿胀,肠壁水肿,粪便中有脱落的肠黏膜。

【防治措施】

(1)预防 本病毒广泛分布于猫群中,许多无临床症状的猫均可成为带毒者,并通过粪便排毒,因此本病的预防较困难。加强饲养管理是预防本病的根本措施。

平时应注意猫舍卫生,各年龄猫分开饲养,对失去母源抗体保护的断奶猫应加强护理,以降低发病率。

(2)治疗 治疗原则是及时补液,对症治疗。

①抗菌消炎 可用黄连素注射液、卡那霉素等。

②补液 可用5%糖盐水、5%葡萄糖注射液、维生素C。

猫白血病

猫白血病又称猫白血病肉瘤复合症,是由猫白血病病毒和猫肉瘤病毒引起的一种恶性淋巴瘤病。主要以发生淋巴瘤、成红细胞性或成髓细胞性白血病、胸腺萎缩、淋巴细胞减少、中性粒细胞减少及骨髓红细胞发育障碍性贫血为特征。

【流行特点】 不同品种、不同性别的猫均可感染,幼龄猫比成年猫更易感。可通过消化道和呼吸道传播,也可垂直传播,吸血昆虫如猫蚤可作为传播媒介。污染的饲料、饮水、用具等也能传播病毒。

【临床症状】 病猫出现贫血、嗜睡、食欲减少和消瘦等症状。在临床上可分为4型。

(1)消化道型 此型较为多见,病猫表现呕吐或腹泻、肠阻塞、尿毒症、黄疸、贫血、黏膜苍白、食欲减少和消瘦等症状。在病猫的腹部可触摸到肿瘤块。

(2)胸腔型 在腹前两侧可触摸到肿块,主要在胸腔纵隔淋巴结和胸腺形成肿瘤,充满胸腔,包围心脏,压迫气管和食管,使肺移向其侧和后方,最后导致病猫吞咽和呼吸困难,恶心,虚脱,胸腔积液和肺实变。青年猫多发。

(3)多中心型　用手可触摸到体表淋巴结肿,肝部也可摸到肿块。病猫表现精神沉郁,日渐消瘦。

(4)白血病型　猫表现黏膜苍白,黏膜和皮肤上有出血点,体温呈间歇热,食欲不振,机体消瘦,血常规检验可见白细胞大量增多。

【病理变化】　消化道型在肠系膜淋巴结、淋巴集结及胃肠道壁上有淋巴瘤,有的在肝、脾、肾上可见有浸润。多中心型所有淋巴结肿大,肝、脾也肿大。胸腔型肿瘤组织代替胸腺,末期在整个胸腔充满肿瘤。白血病型脾、肝明显肿大,淋巴结和骨髓增大。

【防治措施】　目前,尚无有效的治疗方法,但可用射线照射,对胸腺淋巴瘤等有一定疗效。

加强饲养管理,搞好环境卫生。猫舍必须经常打扫,地面上的粪便应及时清除,定期消毒地面、用具、工作服等。用琼脂免疫扩散试验或免疫荧光试验等方法定期检查,培育无白血病健康猫群。在引进新猫时,必须隔离检疫。

二、宠物细菌性传染病的诊断与防治

破 伤 风

破伤风是破伤风杆菌经伤口感染所引起的一种急性中毒性疾病,以全身肌肉或个别肌群强直性痉挛和神经反射性兴奋性增高为特征。

【流行特点】　破伤风杆菌在自然界广泛存在,通过创伤感染,特别是钉伤、刺伤、去势、断尾、脐带伤等,伴有组织损害较重、出血或渗出液集聚的情况下更易感染发病。一切能降低自然抵抗力的因素都可促进本病的发生,如受凉、高温、受热、烧伤、去势、断尾等应激反应。

【临床症状】 本病潜伏期与伤口的深度、污秽程度、部位有关,犬、猫一般 4～10 天,长的可达 2～4 周。犬、猫对破伤风毒素抵抗力较强,临床上局部性强直常见,表现为肢体强直和痉挛,暂时性牙关紧闭。也可出现全身强直性痉挛,兴奋性和应激性增高,患病犬、猫呈典型木马样姿势;有时患病犬、猫表现呼吸、咀嚼和吞咽困难,病犬或病猫一般神志清醒,体温不高,有食欲。局部强直的病犬一般预后良好。

【病理变化】 剖检不见特殊变化,多见窒息死亡的病变。

【鉴别诊断】

(1)犬破伤风与犬马钱子碱中毒的鉴别 二者均有对外界刺激反应性增强,感觉过敏,即使轻微的刺激也可引起肌肉强直收缩,继而惊厥,出现角弓反张,四肢强直,牙关紧闭,瞬膜突出等临床症状。但二者的区别在于:犬破伤风病例有明显的外伤史,马钱子碱中毒则有用药史,据此可做出初步诊断。如症状不明显,可采取病犬全血 0.5 毫升,肌内注射于小白鼠臀部,观察 18 小时后看是否出现破伤风症状,即可确诊。

(2)犬破伤风与犬癫痫病的鉴别 二者均有惊厥、强直性痉挛、全身僵硬、四肢强直、牙关紧闭、瞬膜突出等临床症状。但二者的区别在于:犬癫痫病病例发作后短时间可以恢复正常。

(3)犬破伤风与犬产后急痫的鉴别 二者均有恐惧、后躯僵硬、倒地间歇性抽搐且逐渐加重、惊厥等临床症状。但二者的区别在于:犬产后急痫病例缺少牙关紧闭、瞬膜突出以及对声响、光线、触摸呈现反射兴奋性增强等症状,且注射钙剂有特效,可据此确诊。

【防治措施】

(1)预防 当动物发生创伤时,要及时进行治疗,对较大较深的创伤,除做外科处理外,应肌内注射抗破伤风血清或采用联合免疫法,即用抗破伤风血清1万单位和明矾沉降破伤风类毒素1毫升,分别在不同部位皮下注射,4周后再注射1次类毒素。

(2)治疗　治疗原则是清除病原、中和毒素、镇静解痉、对症治疗及加强护理。

可用3%过氧化氢溶液、1%高锰酸钾溶液或2%碘酊进行伤口消毒,再撒布碘仿硼酸合剂或冰片散;创伤周围组织分点注射青霉素、链霉素,以消除感染,减少毒素的产生。

取破伤风抗毒素0.2毫升,皮下注射做皮试,观察30分钟,然后以30 000～100 000单位(100～1 000单位/千克体重)剂量,肌内注射、静脉滴注或皮下注射,亦可在创伤组织周围多点注射。

氯丙嗪,3毫克/千克体重,口服,每日2次;或用1～2毫克/千克体重,肌内注射,每日1次。

对采食和饮水困难者,应每天补液、补糖;酸中毒时,可静脉注射5%碳酸氢钠注射液以缓解症状。

沙门氏菌病

沙门氏菌病又名副伤寒,是由沙门氏菌属细菌感染引起的人兽共患疾病的总称。临床上以败血症和肠炎为主要特征。

【流行特点】　引起犬、猫发病的沙门氏菌有鼠伤寒沙门氏菌、肠炎沙门氏菌及亚利桑那沙门氏菌,其中鼠伤寒沙门氏菌对犬、猫致病性最强,多种动物和人都能感染,患病的动物尸体及被污染的饲料和饮水,以及含有沙门氏菌的尘埃、空气都可引起疾病传播。本病主要经消化道感染,也可经呼吸道感染,而犬、猫体质过弱、应激、较长时间服用抗生素导致肠道菌群失调等情况也能诱发本病。

【临床症状】　本病潜伏期3～5天。临床多见胃肠炎型,多呈急性,常见于幼犬、幼猫,体温高达40℃～41℃,精神沉郁,食欲不振或拒食,呕吐,腹泻,初时粪便如水,随后为黏液性稀粪,严重时带血,此时体温下降,可视黏膜苍白,体质虚弱,当出现休克和黄疸时即死亡。细菌侵害肺部时出现肺炎症状,多数死亡。健壮的成年犬,剧烈腹泻1~2天后即转为正常。妊娠母犬常流产或产死胎,即使产下的仔犬成活,体质也弱。菌血症及毒血症型多见于幼龄犬、猫,病初精神极度沉郁,虚弱,体温下降,毛细血管充盈,后出现胃肠炎症状,也有不出现胃肠炎症状的。有的病例出现神经症状,反射亢进,失明,抽搐或后肢瘫痪甚至死亡。

【病理变化】 黏膜苍白,脱水,尸僵不全。胃肠黏膜大面积水肿、淤血和出血,部分黏膜坏死、脱落(多见于小肠后段、盲肠、结肠),肠系膜淋巴结肿大2~3倍,出血,切面暗红、多汁。膀胱黏膜散在出血点,因弥漫性血管内出血和组织坏死,肝脏、脾脏、肾脏实质密布出血点(斑)和灰黄色坏死灶。急性发作时,肝脏可肿大2~3倍,脾脏肿大6~8倍。亚急性、慢性肝脂肪变性,晚期肝硬化和胆囊肿大(最大可达6倍)。脑实质水肿,侧室有大量液体。常见心肌炎及心外膜炎。肺脏常水肿。

【鉴别诊断】

(1)犬沙门氏菌病与犬细小病毒感染的鉴别 二者均有体温升高、呕吐、腹泻等临床症状和小肠黏膜充血、坏死、脱落,肠系膜淋巴结肿大、出血等病理变化。但二者的区别在于:犬细小病毒感染病例(心肌炎型)可见心肌或心内膜有非化脓性坏死,心肌柔软。而犬沙门氏菌病病例剖检可见肝脏肿大2~3倍,脾脏肿大6~8倍,表面和实质密布出血点和灰黄色坏死灶,抗菌药物治疗效果明显。

(2)犬沙门氏菌病与犬冠状病毒感染的鉴别 二者均有体温升高、呕吐、腹泻等临床症状和小肠黏膜充血、坏死、脱落,肠系膜淋巴结肿大、出血等病理变化。但二者的区别在于:犬冠状病毒感染病例腹泻严重,粪便呈白色、黄色、绿色或褐色,有时呈喷射状,胃黏膜出血、脱落,胆囊肿大。而犬沙门氏菌病病例剖检可见肝脏肿大 2~3 倍,脾脏肿大 6~8 倍,表面和实质密布出血点和灰黄色坏死灶,抗菌药物治疗效果明显。

(3)犬沙门氏菌病与犬瘟热的鉴别 二者均有发病突然、体温升高、精神沉郁、厌食、呕吐、腹泻等临床症状。但二者的区别在于:犬瘟热呈双相热型体温变化,有明显的神经症状及皮肤病症状。

(4)犬沙门氏菌病与犬轮状病毒感染的鉴别 二者均多发于幼犬,均有呕吐、腹泻、减食等临床症状。但二者的区别在于:犬轮状病毒感染病变主要集中在小肠,小肠黏膜充血、坏死、脱落、肠系膜淋巴结肿大、出血,但缺少其他器官的病理变化。而犬沙门氏菌病病例剖检可见肝脏肿大 2~3 倍,脾脏肿大 6~8 倍,表面和实质密布出血点和灰黄色坏死灶,抗菌药物治疗效果明显。

(5)犬沙门氏菌病与犬球虫病的鉴别 二者均有排混有黏液或血液的稀粪、可视黏膜苍白、食欲减少、呕吐等临床症状和小肠出血性肠炎等病理变化。但二者的区别在于:犬球虫病病例体温不升高,不出现瘫痪、呼吸困难、咳嗽等症状。4 月龄以内幼犬发病率高,极度消瘦,生长停滞。成年犬呈慢性经过,可自然恢复。剖检可见小肠黏膜有白色结节,结节内充满球虫卵囊。

(6)犬沙门氏菌病与犬胃肠炎的鉴别 二者均有体温升高,呕吐,腹泻,粪便中混有黏液和血液、有恶臭气味等临床症状。但二者的区别在于:犬胃肠炎无传染性,可视黏膜潮红乃至发绀,里急后重。触诊腹部紧张。

(7)犬沙门氏菌病与犬急性出血性胃肠炎的鉴别 二者均有呕吐、腹泻、体温升高、精神沉郁等临床症状。但二者的区别在于:犬急性出血性胃肠炎 2~3 岁青年犬多发,呕吐物中含有血液,腹痛,烦躁不安,结膜潮红或发绀,血常规检查可见白细胞增多。而剖检犬沙门氏菌病病例可见肝脏、胆囊、肠系膜淋巴结肿大 2~3

倍,脾脏肿大 4~6 倍等特征性变化。

(8)犬沙门氏菌病与犬弓形虫病的鉴别 二者均为幼犬多发,均有体温升高、精神沉郁、呕吐、腹泻、咳嗽、可视黏膜苍白、胃肠黏膜苍白和溃疡、肝肿大等临床症状和病理变化。但二者的区别在于:犬弓形虫病病例肝脏表面呈灰白色坏死状。而犬沙门氏菌病病例肝脏呈灰黄色坏死状,急性发作时肝脏肿大 2~3 倍,脾脏肿大 6~8 倍。犬弓形虫病有明显的神经症状,病原检查可发现滋养体。

【防治措施】

(1)预防 对病犬、病猫污染的场地要彻底消毒,平时要搞好环境清洁卫生,不喂霉败变质食物。

(2)治疗 治疗原则是迅速补液防止休克,抗菌消炎,对症治疗。

本病因呕吐、腹泻而易于脱水,因此首先应用 50%葡萄糖盐水静脉注射,以解除脓血症,制止休克的发生。

抗菌消炎可在上述输液药品中加入卡那霉素(每千克体重 10 毫克)或庆大霉素,静脉滴注。同时,口服甲氧苄啶,每千克体重 4~8 毫克。或用磺胺脒、颠茄片、木炭末同时口服,有制菌、收剑止泻的作用。

呕吐可用硫酸阿托品肌内注射。保护心脏功能,可肌内注射5%强尔心注射液。

结 核 病

本病是由结核分枝杆菌所引起的人、畜、禽共患的慢性传染病。犬、猫主要对人型及牛型结核杆菌敏感,以机体多种组织内形成肉芽肿和干酪样钙化灶为特征。

【流行特点】 犬、猫对结核分枝杆菌比较易感。结核分枝杆菌有人型、牛型和禽型 3 型,犬、猫的结核病主要是由人型和牛型结核菌所致,极少数由禽型结核菌所引起。犬、猫可经消化道、呼吸道感染。病犬、病猫在整个发病期随着痰液、粪便尿液、皮肤病灶分泌物排出病原。因此,对人有很大威胁。

【临床症状和病理变化】　由于本病是慢性病,故病犬、病猫在相当一段时间内不表现症状,以后出现食欲不振并容易疲劳、虚弱、进行性消瘦、精神不振等。肺结核表现咳嗽(干咳),后期转为湿咳,并有黏液脓性的痰。消化道结核表现消化功能紊乱,顽固性下痢,消瘦,虚弱,贫血,常有腹水。皮肤结核多发于颈部,有边缘不整的溃疡,溃疡底为肉芽组织。犬患结核病常是慢性感染,表现为低热、消瘦、咳嗽、贫血,呕吐并伴有腹泻症状出现。肺部结核,常以支气管炎症状出现,伴有干咳、呼吸急促,听诊肺部有啰音、体重下降、食欲减退。胃肠道结核,以消化道症状出现,伴有呕吐、消化不良、腹泻、营养不良、贫血,腹部触压可触到腹腔脏器有大小不同的肿块。骨结核,可表现运动障碍、跛行,并易出现骨折。犬、猫的结核病是一种慢性消耗性疾病,室内犬比室外犬发病率高。本病潜伏期长短不一,与犬、猫的年龄、体质、营养和管理情况有关。病初易疲劳、虚弱,后出现进行性消瘦,被毛欠光泽,多数犬下午低热。以胸部型最为常见,也就是肺结核,慢性干咳,咯血,呼吸困难。病变部听诊有支气管肺泡呼吸音和湿性啰音。出现肺空洞时,可听到拍水音。病犬呼出的气体有臭味。结核病蔓延到心包和胸膜时,呼吸困难,发绀,右心衰竭。患腹部型时呕吐、腹泻,肠系膜淋巴结肿大。皮肤结核多发于喉头和颈部,病灶边缘呈不规则的肉芽组织溃疡。

【防治措施】

(1)预防　种犬、种猫繁殖场及家庭饲养的观赏犬、猫应定期进行结核病检疫,发现开放性结核病犬、病猫,应立即淘汰。结核菌素阳性犬、猫,除少数名贵品种外,也应及时淘汰,绝不能再与健康犬、猫混群饲养。

需要治疗的犬、猫,应在隔离条件下,应用抗结核药物治疗,如异烟肼、利福平等。

对犬舍、猫舍及犬、猫经常活动的地方要进行严格的消毒。严禁结核病人饲喂和管理犬、病猫。明确诊断后应立即隔离病犬、病猫,对犬舍、猫舍及器具进行消毒。结核杆菌在外界环境中的生存力较强,对干燥和湿冷的抵抗力强,但对热的抵抗力差,60℃作用30分钟即被杀死。70%酒精、10%漂白粉混悬液也可很快杀死结核杆菌。

对犬、猫定期检疫,发现病犬、病猫及时隔离,对开放性结核病例尽早扑杀,尸体深埋或焚烧。犬、猫的结核病虽然可以治愈,但考虑到本病是人、兽、禽共患的疾病,首先要考虑在公共卫生学上的意义,防止在治疗期间传给其他动物和人。治疗药物可选用利福平、异烟肼,同时配合对症治疗,解热、镇咳。

(2)治疗

①抗菌消炎　异烟肼,每千克体重4～8毫克,每日2～3次,口服;利福平,每千克体重10～20毫克,每日分2～3次口服;链霉素,10毫克,每日2次,肌内注射。

②对症治疗　上述治疗方法仅能收到临床治愈的目的,防止排菌和复发,但不能杀灭体内的病菌。完全治愈尚需依靠提高自身抵抗力和免疫力,即加强饲养管理。若出现全身症状,可对症治疗。

从公共卫生角考虑,除非贵重名贵品种犬病例在严格隔离条件下有治疗价值外,通常对病患和阳性病例均采取扑杀措施,以防止散毒。

大肠杆菌病

本病是一种由大肠杆菌引起的幼龄犬、猫的急性肠道传染病。以发生败血症、腹泻为主要特征。

【流行特点】 本病发病没有明显的季节性,受外界环境的影响较大。病犬、病猫和带菌犬、猫是主要传染源,排泄的粪便污染周围环境、饲料、用具等。各种年龄均可发生,以幼龄犬、猫多发,主要经消化道、呼吸道感染。大肠杆菌广泛存在于健康犬、猫的肠道、粪便、土壤、水中,但并不是所有的大肠杆菌都有致病性,只是部分有致病性的菌株在饲养管理不良,犬舍、猫舍卫生条件差,奶水不足,气候剧变等条件下,才能引起幼龄犬、猫发病。

【临床症状】 本病潜伏期3~4天。病仔犬表现精神沉郁,体质衰弱,食欲不振,体温升高至 40℃~41℃,最明显的症状是呕吐、腹泻,排绿色、黄绿色或黄白色黏稠不均、带腥臭味的粪便,并常混有未消化的凝乳块和气泡,肛门周围及尾部常被粪便所污染。到后期,病仔犬常出现脱水症状,可视黏膜发绀,后肢无力,行走摇晃,皮肤缺乏弹力。病死率较高,死前体温降至常温以下,有的在临死前出现神经症状,表现共济失调、抽搐等。

【病理变化】 肝脏、脾脏充血、肿大,有出血点。胃卡他性炎症,胃黏膜出血。肠黏膜脱落、出血,内容物呈血水样,肠系膜淋巴结肿大、出血。

【鉴别诊断】

(1)犬大肠杆菌病与犬瘟热的鉴别 二者均有体温升高、精神沉郁、厌食、呕吐、腹泻、粪便中带血、运动失调等临床症状。但二者的区别在于:犬瘟热无论年龄大小均可感染,犬大肠杆菌病多发生在 7 日龄大小的仔犬,年龄越大发病率越低。犬瘟热粪便呈黄褐色,如胃或十二指肠有出血则呈黑色;犬大肠杆菌病粪便则呈黄白色或灰白色,有恶臭气味。犬瘟热有体温呈双相热、卡他性鼻炎、气管炎、血检白细胞减少等症状,大肠杆菌病则缺少。犬大肠杆菌病剖检可见胃肠病变,而犬瘟热病例不但胃肠淋巴结有肿胀、心脏、肺脏、肾脏也有明显病变。

(2)犬大肠杆菌病与犬传染性肝炎的鉴别 二者均为幼犬发

病率高，均有精神沉郁、厌食、体温升高、呕吐、腹泻、粪便中带血等临床症状。但二者的区别在于：犬传染性肝炎病例可见结膜炎，流脓性鼻液，头、躯干发生水肿，一眼或双眼发生角膜混浊(蓝眼病)。

(3)犬大肠杆菌病与犬细小病毒病(肠炎型)的鉴别 二者均为幼犬多发(大小年龄均可发生)，均有体温升高，呕吐，腹泻，粪便呈黄色、灰黄色，有腥臭气味、带血和小肠黏膜充血、出血、坏死、脱落，肠系膜淋巴结肿大、充血、出血等临床症状和病理变化。但二者的区别在于：大肠杆菌病病例心跳加快，超过150次/分。剖检可见肺部水肿，心肌或心内膜有非化脓性坏死变化。

(4)犬大肠杆菌病与犬冠状病毒感染的鉴别 二者均有呕吐，腹泻，粪便水样、带血，小肠黏膜脱落坏死，肠系膜淋巴结出血、水肿，胃黏膜脱落，脾脏肿大等临床症状和病理变化。但二者的区别在于：犬冠状病毒感染各年龄的犬均可发病，体温升高，粪便呈橙黄色、绿色或褐色，逐渐变为咖啡色或果酱色。剖检可见肠系膜树枝状淤血，肠内容物呈白色或果酱样液体；而大肠杆菌病肠内容物呈血水样。

(5)犬大肠杆菌病与犬轮状病毒感染的鉴别 二者均在仔犬7日龄时多发，均有精神沉郁，食欲减少，不愿走动，呕吐，腹泻，粪便恶臭、带血等临床症状。但二者的区别在于：犬轮状病毒感染病例体温不高，粪便呈黄色或褐色。剖检病变主要见于小肠，特别在下2/3处的空肠、回肠，取粪便高速离心，取上清液镜检，可见到病毒集聚现象。

(6)犬大肠杆菌病与犬弯杆菌病的鉴别 二者均为幼犬多发，均有食欲不振、腹泻等临床症状。但二者的区别在于：犬弯杆菌病病例表现口渴，体温变化不明显。剖检无特征性变化。粪便于暗视野检查或用高倍镜镜检，可见螺旋形小杆菌，如用革兰氏染色，可见阴性弯杆菌。

(7)犬大肠杆菌病与犬沙门氏菌病的鉴别 二者均为幼犬多

发,均有体温升高、精神沉郁、厌食,呕吐、腹泻、粪便中带血和胃肠黏膜水样、充血、脱落、坏死,肠系膜淋巴结肿大等临床症状和病理变化。但二者的区别在于:犬沙门氏菌病在成年犬也可发病,有的呈肺炎症状,表现咳嗽、呼吸困难等,还表现神经症状,如抽搐、后肢瘫痪。剖检可见膀胱黏膜出血,肝脏、肾脏肿大 2～3 倍,脾脏肿大 6～8 倍,肝、肾实质有出血点和灰黄色坏死灶;心肌炎,心外膜炎。而犬大肠杆菌病则缺少上述变化。

(8)犬大肠杆菌病与犬胃肠炎的鉴别　二者均有厌食、呕吐、腹泻、粪便中带血、体温升高等临床症状。但二者的区别在于:犬胃肠炎病例表现口渴、频频呕吐,特别在大量饮水后又复呕吐。腹壁紧张,按压有疼痛感。

【防治措施】

(1)预防　防止本病发生的关键在于做好日常的防疫、卫生、消毒工作,特别是产室(窝)的卫生消毒工作必须彻底;尽早使新生仔犬、仔猫吃到初乳,最好使全部仔犬、仔猫都能吃到;在常发场(群),于流行季节和产仔季节也可用异源动物抗病血清做被动免疫,然后再用多价灭活疫苗做预防注射。

(2)治疗　有效的治疗办法是用光源分离菌株做药敏试验,选择最敏感药物进行治疗。常用的治疗方法如下:取异源(牛、羊)抗病血清 200 毫升,加入新霉素 50 万单位、维生素 B_{12} 200 毫克、维生素 B_1 30～40 毫克和青霉素 50 万单位制成合剂,仔、幼犬病例皮下注射 0.5～2 毫升,必要时间隔 1 周重复数次。

庆大霉素,皮下注射 20 毫克,每日 2 次,连用 3～5 天。

布鲁氏菌病

本病是由布鲁氏菌引起的人兽共患传染病。犬、猫被感染后,多数呈隐性感染,缺乏明显的临床症状。

【流行特点】　布鲁氏菌主要存在于妊娠母犬、母猫的生殖器官内,并随分娩或流产的胎儿、胎水及阴道分泌物及乳汁向外排出,患病公犬、公猫的精液中也有大量的病原菌,常可随配种而传染。因此,患病公犬、公猫是本病的传染源。布鲁氏菌的传染性很强,其传染途径也较多。它不仅能通过破损的皮肤、黏膜感染,也可经正常的皮肤、黏膜侵入体内,还可经消化道、生殖道、呼吸道感染,故给防疫工作带来很大困难。

除犬、猫外,牛、羊、猪及人均可感染发病,尤其是牛、羊的布鲁氏菌病,常是犬、猫和其他动物感染布鲁氏菌病的主要传染源。

犬、猫发生布鲁氏菌病通常与接触病牛、病羊、病犬、病猫有关。

本病的传播与交配、食入染菌食品或接触流产的胎儿、胎盘及阴道分泌物有密切关系,故多发生于牧羊犬。

【临床症状】 妊娠母犬、母猫通常在妊娠后期发生无任何前驱症状的流产,也可在妊娠早期发生流产和全身淋巴结肿大。母犬、母猫流产后长期自阴道排出分泌物。流产的胎儿大多为死胎,也有活的,但往往在数小时或数天内死亡。感染的胎儿可见肺炎、心内膜炎和肝炎。公犬、公猫常发生附睾炎、睾丸炎、睾丸萎缩、前列腺炎和阴囊皮炎等。患附睾炎的犬、猫常表现精神不安,舔阴囊皮肤,致使发生严重的溃疡。但大多数患病犬、猫缺乏明显的临床症状,尤其是青年犬、猫和未妊娠的犬、猫。因此,单纯根据临床症状是难以确诊的,必须依靠病原菌分离和血清学检验,可采取流产胎儿、血液、尿液、阴道分泌物、精液及乳汁等送检。

【防治措施】 目前尚无特效治疗办法。早期可大量使用抗菌药物,如链霉素、卡那霉素、庆大霉素等,同时给予维生素 C 和 B 族维生素。加强犬、猫的检疫,治愈犬、猫不能再留作种用。为了防止感染人和其他的犬、猫,患病犬、猫应予淘汰。

被患病犬、猫污染的犬舍、猫舍、运动场、饲养管理用具等可用10％石灰乳、2％～5％漂白粉混悬液或热氢氧化钠溶液彻底消毒。

对流产的胎儿、胎衣、羊水等妥善消毒或深埋。

犬弯杆菌病

　　本病又称犬弧菌病,是由弯杆菌属的空肠胎儿弯杆菌引起的一种以腹泻为主的人兽共患传染病。

　　【流行特点】　本病主要通过直接接触传播,4 月龄以下的幼犬多发,多继发于细小病毒病、沙门氏菌病。自然界除牛外,犬、猫、猪、羊、鸡、火鸡、鸽及许多野鸟身上也可分离到该病菌。

　　【临床症状】　腹泻症状轻重不等,有的仅排软粪,有的呈血样腹泻,幼犬表现食欲不振、嗜睡、呕吐、口渴。

　　【病理变化】　本病无特征性病变,有肠炎变化,排血便的犬可见肝脏充血、肠黏膜出血和腹水。

　　【鉴别诊断】

　　(1)犬弯杆菌病与犬细小病毒感染的鉴别　二者均有体温升高、呕吐、腹泻、血样便、脱水等临床症状和小肠黏膜充血、出血等病理变化。但二者的区别在于:犬细小病毒感染病例表现突然呕吐,腹泻,粪便腥臭,后期带血,顽固性呕吐不止。剖检可见小肠黏膜出血,肠系膜淋巴结肿大、充血、出血,呈暗红色;心肌或心内膜有非化脓性坏死。

　　(2)犬弯杆菌病与犬冠状病毒感染的鉴别　二者均有体温升高、呕吐、腹泻、血样便、脱水等临床症状和小肠黏膜充血、出血等病理变化。但二者的区别在于:犬冠状病毒感染病例腹泻严重,粪便呈白色、黄色、绿色或褐色,有时呈喷射状,胃黏膜出血、脱落,胆囊肿大。

　　(3)犬弯杆菌病与犬传染性肝炎的鉴别　二者均有精神沉郁、食欲不振、口渴、呕吐、腹泻等临床症状。但二者的区别在于:犬传染性肝炎病例体温较高(41℃),流清水样鼻液,羞明、流泪,有角膜翳(蓝眼病),肝区触诊疼痛。剖检可见肝脏中度肿大,呈棕色或血红色,质脆易碎,腹腔积液接触空气后易凝固。胆囊壁增厚,呈黑红色,黏膜有纤维蛋白沉着。

(4)犬弯杆菌病与犬球虫病的鉴别 二者均有减食、呕吐、腹泻、粪便中有血等临床症状。但二者的区别在于:犬球虫病病例表现进行性消瘦,有时呕吐,黏膜苍白或微黄。剖检可见小肠黏膜有白色结节,结节内有包囊。用饱和盐水浮集法检查,在粪便中可发现球虫卵囊。

(5)犬弯杆菌病与犬钩虫病的鉴别 二者均有食欲不振、呕吐、腹泻、血便等临床症状。但二者的区别在于:犬钩虫病病例有时排带有腐臭气味的黑色粪便,异嗜。如由皮肤感染,则趾间发红、肿胀、奇痒,破溃后脱毛。

【防治措施】

(1)预防 平时要搞好环境清洁卫生,对犬舍要定期进行消毒。

发现病犬,及时隔离,对粪便和环境要严格消毒。犬的食具每天用自来水冲洗,因本病能传染人,应制止小孩接触犬(尤其是不能接触病犬)。

(2)治疗 治疗原则是抗菌消炎,对症治疗。

①抗菌消炎 卡那霉素(每千克体重 10 毫克)或庆大霉素,静脉滴注。同时,口服甲氧苄啶,每千克体重 4~8 毫克。或用磺胺脒、颠茄片、木炭末同时口服,有制菌、收剑止泻的作用。

②对症治疗 呕吐可用硫酸阿托品肌内注射,镇痛可肌内注射安痛定注射液。

犬诺卡氏菌病

犬诺卡氏菌病是一种由诺卡氏菌引起的人兽共患传染病。其特征是皮肤、四肢和内脏发生局灶性化脓和坏死。

【流行特点】 本病仅在某些地区散在发生,主要发生于在野外训练的警犬和猎犬,尤其在有锐刺植物较多的地方,容易刺伤犬的皮肤而感染本病。家养观赏犬则较少发生。各种年龄、品种、性别的犬都可发病,但是动物之间或动物与人之间不能直接传染。

【临床症状】　本病可分为 3 种类型,即皮肤型、胸型和全身型。

(1)皮肤型　多为慢性型,病变多在四肢和颈部皮下。外伤部位发生蜂窝织炎、脓肿、化脓性肉芽肿、结节性溃疡和形成多个瘘管,并波及局部淋巴结。

(2)胸型　呼吸困难,体温升高,压迫胸部时痛感明显。

(3)全身型　体温升高,厌食,消瘦,咳嗽,呼吸困难,头、颈、四肢抽搐。

【病理变化】　体表淋巴结肿大,肝脏、脾脏肿大,腹膜炎,腹水,肺组织结节性病变,肺门淋巴结肿大,胸腔积液。

【鉴别诊断】

(1)犬诺卡氏菌病与犬瘟热的鉴别　二者均有体温升高,厌食,咳嗽,有神经症状时头、颈、四肢抽搐等临床症状。但二者的区别在于:犬瘟热经消化道、呼吸道感染而非经皮肤感染,体温呈双相热型。取病料染色镜检,细胞核为淡蓝色,细胞质为玫瑰色,包涵体为红色。犬诺卡氏病病料镜检,可见革兰氏阳性、呈串珠状的菌体,并有部分菌体呈分枝状和细丝状,在抗酸染色标本中,有部分菌体呈红色。

(2)犬诺卡氏菌病与犬放线菌病的鉴别　二者均发生于皮下和黏膜,引起局部组织脓肿、化脓性肉芽肿、蜂窝织炎和坏死灶,形成瘘管排出脓液。但二者的区别在于:犬诺卡氏菌为革兰氏阳性菌,不能运动,有菌丝(串珠状菌丝,部分呈分枝状和细丝状),抗酸性需氧繁殖,对磺胺类药物敏感,抗酸染色部分菌丝呈红色或淡红色。放线菌为多形杆菌或分枝的菌丝,无抗酸性,厌氧繁殖。

(3)犬诺卡氏菌病与犬藻菌病的鉴别　二者均经外伤感染,侵害皮肤引起皮下组织发生结节性肉芽肿、脓肿,甚至形成瘘管排出脓液。但二者的区别在于:取病变部的脓液、渗出物用氢氧化钾处理后,直接镜检或用拍克氏墨水加等量40%氢氧化钾溶液染色,若标本中的藻菌丝迅速着色,镜检可见多核没有分隔的粗糙宽菌丝,即可确诊。

【防治措施】

(1)预防 犬在野外作业时,发现外伤立即消毒处理。对病犬应抓紧治疗。如与犬瘟热并发,预后不良。

(2)治疗 治疗原则是抗菌消炎,对症治疗。

①抗菌消炎 磺胺嘧啶加增效剂甲氧苄啶,每千克体重40毫克,口服,8~12小时1次。氨苄西林,每日每千克体重150毫克。青霉素首次剂量每千克体重10万~20万单位,如每千克体重配合肌内注射25毫克链霉素,可增强疗效。要保证较长时间连续用药。

②对症治疗 如有脓肿,应切开排脓,冲洗后撒入外用结晶磺胺。如有胸、腹腔积液,应穿刺放出积液,之后注入链霉素,隔日1次。

肉毒梭菌毒素中毒

肉毒梭菌毒素中毒是一种由于摄入肉毒梭菌毒素引起的人、犬、猫和多种动物的中毒性疾病,以运动神经麻痹为主要特征。

【流行特点】 肉毒梭菌芽孢广泛分布于自然界,土壤、动物肠道内容物、粪便、腐败尸体、腐烂饲料及各种植物中都经常含有。在适宜的条件下,能繁殖产生外毒素。动物肉毒梭菌毒素中毒症状与其严重程度取决于摄入体内毒素量的多少及动物的敏感性。

【临床症状】 本病潜伏期为4~24小时或数天,表现进行性、对称性肢体麻痹,从后肢向前肢延伸,引起四肢瘫痪。病犬体温一般不高,神志清醒。下颌下垂、吞咽困难、流涎,严重者出现两耳下垂、眼睑反射较差、视觉障碍、瞳孔散大。严重中毒时犬呼吸困难、心率快且紊乱,粪便及尿液潴流。发生肉毒梭菌毒素中毒的犬死亡率较高。

【病理变化】　动物死后剖检无特征性病理变化。

【鉴别诊断】

(1)犬肉毒梭菌毒素中毒与犬氟乙酸钠中毒的鉴别　二者均有吠叫、口吐白沫、四肢痉挛、卧地不起、呼吸困难等临床症状。但二者的区别在于:犬氟乙酸钠中毒病例体温升高至 40℃～41℃,无故狂奔,不躲避障碍物;而肉毒梭菌毒素中毒则随着病情的发展,出现由后肢向前肢发展的进行性瘫痪,卧地不起,肌肉松弛,针刺反应减弱,精神沉郁,但神志清醒。

(2)肉毒梭菌毒素中毒与犬食物中毒的鉴别　二者均有体温正常或偏低、流涎、走路不稳、四肢痉挛,心跳加快、瞳孔散大等临床症状。但二者的区别在于:犬食物中毒病例突发流涎或泡沫状黏液,呕吐,腹痛,有的惊厥,出现呼吸高度困难,昏迷。

【防治措施】

(1)预防　肉毒梭菌毒素加热 80℃作用 30 分钟或 100℃作用 10 分钟即可失去活性,故饲喂犬、猫的食物应尽量煮沸;不要让犬、猫接触腐肉。

(2)治疗　治疗原则是解毒和补液。

C 型抗毒素,3～5 毫升,肌内或静脉注射;A 型肉毒抗毒素,1 万单位,与 B 型肉毒抗毒素 1 万单位混合后肌内注射,间隔 5～10 小时重复注射 1 次。

5％葡萄糖注射液 100 毫升、林格氏液 100 毫升、维生素 C 注射液 2 毫升,混合后静脉滴注,每日 1 次,连用 2 天。

钩端螺旋体病

钩端螺旋体病是由致病性钩端螺旋体引起的一种人兽共患传染病，多呈隐性感染。临床特征为发热、黄疸、贫血、水肿、血红蛋白尿、出血性素质、流产及皮肤和黏膜坏死等。

【流行特点】 气候温暖、雨量较多的热带亚热带地区的江河两岸、湖泊、沼泽、池塘和水田地带广泛存在着致病性的钩端螺旋体。几乎所有温血动物都可感染，啮齿动物是最常见的储存宿主，其次是食肉动物。

钩端螺旋体主要通过动物的直接接触，经皮肤、黏膜和消化道传播，交配、咬伤、食入污染有钩端螺旋体的肉类等均可感染，亦可经胎盘垂直传播，某些吸血昆虫和其他非脊椎动物叮咬导致大批发病。患病犬可以从尿液间歇地或连续性排出钩端螺旋体，污染周围环境，如饲料、饮水、圈舍和其他用具。临床症状消失后，体内有较高滴度的抗体，且仍可通过尿液间歇性地排菌达数月至数年，使犬成为危险的带菌者。

本病流行有明显的季节性，一般夏、秋季节为流行高峰，犬发病较多且幼犬明显，症状较严重，如饲养密度过大、饥饿或其机体衰弱时，能使隐性感染犬出现临床症状，甚至死亡。

【临床症状】 本病的潜伏期为5～15天。急性感染者表现发热、震颤和广泛性肌肉触痛。呕吐、迅速脱水和微循环障碍，呼吸急促，心率快，食欲减退甚至废绝，毛细血管充盈不良。呕血、鼻出血、便血。病犬体温下降，甚至死亡。

亚急性感染者以发热、厌食、呕吐、脱水和渴欲增加为主要特征。病犬黏膜充血、淤血，并有出血斑点。干咳、呼吸困难，结膜炎、鼻炎和扁桃体炎。肾功能障碍，少尿或无尿。耐过亚急性感染的病犬，肾功能障碍症状可于发病后2～3周恢复。

由出血性黄疸型钩端螺旋体引起的犬急性或亚急性感染，常出现黄疸、肝炎,肝内胆汁淤积,粪便为灰色。严重者表现肝衰竭症状,体重减轻、腹水、黄疸或肝性脑病。出现尿毒症,口腔中散发恶臭气味,昏迷,或出现出血性胃肠炎、溃疡性胃肠炎等症状,最后多死亡。

【病理变化】 急性病例肉眼所见的主要病变是皮肤、皮下组织、浆膜和黏膜明显黄染,心、肺、肾、肠系膜、肠和膀胱黏膜出血。淋巴结肿大、出血。肝肿大,呈黄棕色。肾肿大,表面有灰白色坏死灶。皮肤发生坏死,皮下水肿。

【鉴别诊断】

(1)犬钩端螺旋体病与犬瘟热的鉴别 二者均有体温升高,精神沉郁,厌食,眼结膜充血,有时呕吐、腹泻等临床症状。但二者的区别在于:犬钩端螺旋体病病例表现肌肉疼痛、血尿、尿闭或尿呈豆油样(浓茶水样),急性淋巴结肿大,可视黏膜黄染。剖检可见黏膜潮红、出血,呈黑红色。肝脏肿大,有棕黄色斑点和出血点。发热期采集病料置暗视野镜检,呈现典型的"O"形、"S"形、"C"形等多形的病原体,同时缺少犬瘟热的神经症状。

(2)犬钩端螺旋体病与犬白血病的鉴别 二者均有体温升高、精神沉郁、食欲减弱、呕吐、体表淋巴结肿大和脾脏肿大等临床症状和病理变化。但二者的区别在于:犬白血病病例血检白细胞总数增加,红细胞减少,无传染性,发病率极低。

(3)犬钩端螺旋体病与犬肾盂肾炎的鉴别 二者均有体温升高、呕吐、尿血等临床症状。但二者的区别在于:犬肾盂肾炎病例肾区有压痛,病犬弓腰,步态强拘,无传染性,尿液缺少豆油样病况,体表淋巴结肿大,可视黏膜黄染更为少见。

【防治措施】

(1)预防 对犬群定期检疫,消灭犬舍中的啮齿动物。
消毒和清理被污染的饮水、场地、用具,防止疾病传播。
进行预防接种,目前常用的有钩端螺旋体多联疫苗,包括犬钩端螺旋体和出血性黄疸钩端螺旋体二价疫苗以及流感、伤寒、钩端螺旋体和玻摩那钩端螺旋体四价疫苗,通过间隔 2~3 周进行 3 次或 4 次注射,一般可保护 1 年。

接触病犬、病猫的人员要搞好个人卫生防护工作。

(2)治疗 治疗原则是抗菌和对症治疗。

①抗菌 氨苄西林、拜有利、青霉素、双氢链霉素对本病有较好的疗效。

②对症治疗 脱水严重时给予补液,可用 5% 糖盐水、5% 葡萄糖注射液、维生素 C;腹泻时使用收敛剂,如思密达、次硝酸铋;口腔发生溃疡时,用 0.1% 高锰酸钾溶液冲洗,再涂以碘甘油。

犬立克次体病

本病又称犬埃利希氏体病,是由立克次体引起的主要发生于犬科动物的一种急性或慢性传染病。其主要特征是高热、黄疸、呕吐、进行性消瘦及严重贫血。

【流行特点】 本病流行于热带和亚热带地区。红头扇蜱是立克次体的宿主,也是犬梨形虫的传播宿主,所以常引起二者的混合感染。也感染狼、豺、野犬、狐等野生动物。

【临床症状】 本病潜伏期为 8~20 天,病犬体温突然升高,精神沉郁,昏睡,口、鼻有黏液性或脓性分泌物,身体僵硬,四肢或下腹部水肿,咳嗽或呼吸困难,食欲下降,并出现黄疸、呕吐和进行性消瘦,畏光,眼流黏液脓性分泌物,严重时出现贫血和低血压性休克,有的口、鼻黏膜和生殖道黏膜苍白、出血,眼前房积血,排血尿及黑色粪便。与犬梨形虫混合感染时,病情更为严重。1~2 周后症状减轻,转入慢性期,最长可达 4 个月之久,如再感染,仍表现急性症状。

【病理变化】 尸体消瘦,贫血,肝脏、脾脏肿大,肺部有散在点状出血,淋巴结肿大,黄疸(并发梨形虫时更加严重),肠黏膜溃疡出血,肺水肿和胸腔积液较少见。

【鉴别诊断】

(1)犬立克次体病与犬钩端螺旋体病的鉴别 二者均有体温升高、精神沉郁、可视黏膜黄染、呕吐,体表淋巴结肿大等临床症状。但二者的区别在于:犬钩端螺旋体病病例表现肌肉疼痛,血尿、尿闭或尿呈豆油样(浓茶水样),急性淋巴结肿大,可视黏膜黄染。剖检可见黏膜潮红、出血,呈黑红色。肝脏肿大,有棕黄色斑点和出血点。发热期采集病料置暗视野镜检,呈现典型的"O"形、"S"形、"C"形等多形的病原体。

(2)犬立克次体病与犬巴贝斯虫病的鉴别 二者均有体温升高、精神沉郁、呕吐、可视黏膜黄染等临床症状。但二者的区别在于:犬巴贝斯虫病病例尿液呈黄褐色或血尿,血检红细胞内有巴贝斯虫。

(3)犬立克次体病与犬华支睾吸虫病的鉴别 二者均有进行性消瘦、可视黏膜黄染等临床症状。但二者的区别在于:犬华支睾吸虫病病例腹泻,剖检可见腹水,胆管、胆囊有虫体,粪检有形如灯泡的虫卵。

【防治措施】

(1)预防 注意牧区的灭蜱工作,犬从有蜱地区回来应检查体表有无蜱附着,在危险地区用敌敌畏喷洒,或用1%敌百虫溶液药浴。

(2)治疗 本病目前尚无特效治疗药物,用四环素(每千克体重 20 毫克)和磺胺类药物(每千克体重磺胺嘧啶 2 毫克、磺胺甲噁唑 20 毫克)可减轻症状和缩短病程,但不能消除体内携带的立克次体。

第三章　宠物寄生虫病的诊断与防治

一、线虫病的诊断与防治

蛔 虫 病

蛔虫病是幼龄犬、猫常见的寄生虫病。

【虫体特征及其生活史】　其病原主要为犬弓首蛔虫(犬蛔虫)、猫弓首蛔虫(猫蛔虫)和狮弓首蛔虫(狮蛔虫),寄生于小肠内(图3-1)。

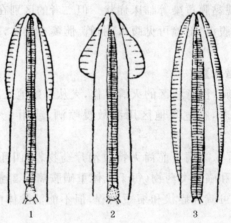

图3-1　蛔　虫
1.犬蛔虫　2.猫蛔虫　3.狮蛔虫

1. 虫体特征

(1)犬弓首蛔虫　虫体呈浅黄色,头部向腹部弯曲。雄虫长50～110毫米,尾端弯曲;雌虫长90～180毫米,尾端直。虫卵近圆形,卵壳厚,表面呈蜂窝状,大小为68～85微米。

(2)猫弓首蛔虫　成虫与犬弓首蛔虫相似,虫体前端如箭头状。雄虫长30～60毫米,雌虫长40～100毫米。虫卵结构与犬弓首蛔虫相似,大小为64～70微米。

(3)狮弓首蛔虫　虫体头端常向背侧弯曲,雄虫长35～70毫米,雌虫长30～100毫米,尾直而尖细。虫卵近似圆形,卵壳光滑,大小为49～61微米。

2. 生活史　犬弓首蛔虫虫卵随粪便排出体外,在适宜条件下发育为感染性虫卵。3月龄内的幼犬吞食感染性虫卵后,在消化道内孵出幼虫,幼虫通过血液循环系统经肝脏和肺移行,然后经咽又回到小肠发育为成虫。在宿主体内的发育需4～5周,成年母犬感染后,幼虫随血流到达体内各器官组织中,形成包囊,但不进一步发育。当母犬妊娠后,幼虫可经胎盘感染胎儿或产后经母乳感染幼犬。幼犬出生后23～40天小肠内即有成虫寄生(图3-2)。猫弓首蛔虫的发育过程与犬弓首蛔虫类似。狮弓首蛔虫发育简单,在体内不经移行,幼虫孵出后进入肠壁发育,然后返回肠腔,发育成熟。

犬、猫弓首蛔虫的感染性虫卵可被转运宿主摄入,动物捕食转运宿主后发生感染。狮弓首蛔虫的转运宿主多为啮齿类动物;猫弓首蛔虫的转运宿主多为蚯蚓、蟑螂、一些鸟类和啮齿类动物。

犬、猫蛔虫病主要发生于6月龄以下的幼龄犬、猫,感染率在5%～80%,成年犬、猫很少感染。常引起幼龄犬、猫发育不良,生长缓慢,严重时可引起死亡。

犬弓首蛔虫繁殖力很强,每条雌虫每天可随每克粪便中排出700个虫卵;虫卵对外界环境的抵抗力非常强,可在土壤中存活数

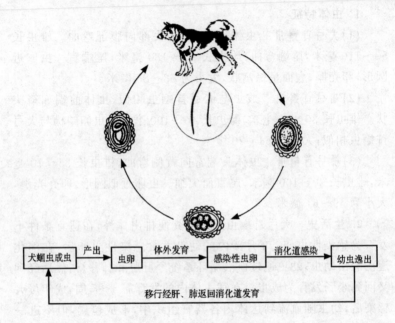

犬蛔虫成虫 → 产出 → 虫卵 → 体外发育 → 感染性虫卵 → 消化道感染 → 幼虫逸出

移行经肝、肺返回消化道发育

图 3-2　犬弓首蛔虫发育史

年;妊娠母犬的体组织中隐匿着一些幼虫可抵抗蠕虫药的作用,而成为幼犬感染的一个重要来源。

【临床症状和病理变化】 幼虫移行引起腹膜炎、败血症、肝脏的损害和蛔虫性肺炎,严重者可见咳嗽、呼吸加快和泡沫状鼻液,成虫寄生于小肠,引起胃肠功能紊乱、生长缓慢、被毛粗乱、呕吐、腹泻或便秘与腹泻交替出现、贫血、神经症状、腹部膨胀,可在呕吐物和粪便中见到完整虫体。大量感染时,引起肠阻塞、肠破裂、腹膜炎。成虫异常移行导致胆管阻塞、胆囊炎,其中犬弓首蛔虫能够引起幼犬死亡。

【防治措施】

(1)预防　要注意环境、食具、食物的清洁卫生,及时清除粪便,并进行生物热处理。

对犬、猫进行定期驱虫,母犬在妊娠后 40 天至产后 14 天驱虫,减少围产期感染。幼犬应在 2 周龄进行首次驱虫,2 周后再次驱虫,2 月龄时进一步给药以驱除出生后感染的虫体;哺乳期母犬应与幼犬一起驱虫。

阻止犬、猫摄食或杀灭转运宿主。

(2)治　疗

①芬苯哒唑　犬、猫均按每日每千克体重 50 毫克的剂量,连续喂服 3 天。用药后少数病例可能出现呕吐现象。

②甲苯咪唑　犬的总剂量为每千克体重 22 毫克,分 3 天喂服。此药常引起呕吐、腹泻或软便,偶尔引起肝功能障碍(有时是致命的)。

③双羟萘酸噻嘧啶　犬每千克体重 5 毫克,一次口服。

④左旋咪唑　每千克体重 10 毫克,一次口服。

⑤伊维菌素　每千克体重 0.2～0.3 毫克,皮下注射或口服。注意柯利犬及有柯利犬血统的犬禁止使用。

钩 虫 病

钩虫病是由钩口属线虫和弯口属线虫的一些虫种感染犬、猫而引起的寄生虫病。其主要特征是贫血、消化功能紊乱及营养不良。钩虫是感染犬、猫较为常见的线虫之一,有些虫种亦寄生于狐狸。多发于热带和亚热带地区,在我国华东、中南、西北和华北等温暖地区广泛流行。

【虫体特征及其生活史】　犬钩口线虫虫体呈淡红色,头端稍向背侧弯曲,雄虫长 10～16 毫米,雌虫长 14～16 毫米,尾端尖锐。虫卵呈短椭圆形、浅褐色。新鲜虫卵内含有卵细胞,虫卵大小为 40～60 微米(图 3-3)。

狭头钩口线虫虫体呈淡黄色,较犬钩虫小,两端尖细,口弯向

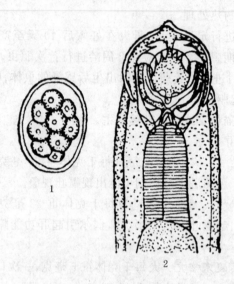

图 3-3　犬钩虫形态

1. 虫卵　2. 虫体头部

背面,雄虫长 6～11 毫米,雌虫长 7～12 毫米,尾端尖细。虫卵与犬钩口线虫虫卵形态相似巴西钩口线虫虫体长 6～10 毫米,虫卵大小为 80～400 微米。

　　三类线虫均寄生于小肠,以十二指肠较多。虫卵随粪便排出体外,在适宜温度和湿度下,发育为感染性幼虫。感染途径有 3个:①感染性幼虫经皮肤侵入,进入血液,经心脏、肺、呼吸道、喉头、咽部、食道和胃而进入小肠内定居,此途径较为常见;②经口感染,犬、猫食入感染性幼虫,幼虫侵入食道等处黏膜进入血液循环(哺乳幼犬的一个重要感染方式是吮乳感染,源于隐匿在母犬体组织内的虫体);③经胎盘感染,幼虫移行至肺静脉,经体循环进入胎盘,从而使胎儿感染。

　　【流行特点】　本病危害 1 岁以内的幼龄犬、猫,成年动物多由于年龄免疫而不发病。潮湿、阴暗环境有利于本病的流行。

【临床症状】　幼虫侵入、移行和成虫寄生均可引起临床症状。

(1)最急性型　由胎盘或初乳感染的幼龄犬、猫，出生后2周左右哺乳量减少，被毛粗糙，精神沉郁，随之严重贫血、虚脱。

(2)急性型　多见于幼龄犬、猫和感染较重的成年犬、猫。表现为食欲不振或废绝，消瘦、眼结膜苍白、贫血、拱背、异嗜，便秘与下痢交替发生，粪便中有血液，排黏液性血便或带有腐臭味的黑油便。

(3)慢性型　症状不够明显，主要表现轻度贫血，胃肠功能紊乱和营养不良。粪便中可查见钩虫虫卵。

(4)钩虫性皮炎　如大量幼虫从皮肤侵入，则皮肤发炎、奇痒，躯干呈棘皮症和过度角化。重症犬趾间发红、瘙痒、破溃、被毛脱落，趾部肿胀，趾枕变形，口角糜烂。

【病理变化】　尸体剖检可见黏膜苍白，血液稀薄，小肠黏膜肿胀，黏膜上有出血点，肠内容物混有血液，小肠内可见许多虫体。

【防治措施】

(1)预防　预防本病可参考蛔虫病。由于犬钩虫幼虫可侵袭人，引起皮肤病型幼虫移行症，因此人在犬粪污染的农田劳动时，尽量避免赤脚，必要时应涂抹防护剂。

(2)治疗

①左旋咪唑　每千克体重10毫克，一次口服。

②驱虫助长灵　每千克体重0.2克，拌料饲喂。

③丙硫咪唑　每日每千克体重50毫克，口服，连用3天。

④甲苯咪唑　每千克体重20毫克，口服，连用3天。

⑤丁苯咪唑　每千克体重50毫克，口服，连用2～4天。

⑥硫苯咪唑　每千克体重20毫克，口服，既可驱虫又可杀灭虫卵。

⑦45％二碘硝基酚　每千克体重0.22毫升，皮下注射，驱虫

效果可达100％。

另外,贫血严重的犬、猫应进行输血,输血量为每千克体重5～35毫克。同时,给予止血药、收敛药、维生素 B_{12}、含铁制剂等。

犬毛首线虫病

本病又称鞭虫病,是由狐毛首线虫寄生于犬的盲肠而引起的寄生虫病。我国各地均有发生,主要危害幼犬,严重感染时可引起死亡。其主要特征为消化吸收障碍和贫血。

【虫体特征及其生活史】 狐毛首线虫呈乳白色,虫体长45～75毫米。雌虫后部钝直,雄虫尾端卷曲。虫卵呈腰鼓状,黄褐色,两端有卵塞,壳厚、光滑,大小为70～89微米(图3-4)。

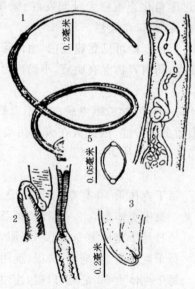

图3-4 狐毛首线虫
1. 雄虫尾端 2. 贮精囊与射精管的结合处
3. 雌虫的尾端 4. 阴道 5. 虫卵

随粪便排出体外的虫卵,在外界适宜的条件下,约经3周,发育为感染性虫卵。犬吞食感染性虫卵后,幼虫在肠中孵出,钻入小肠前部黏膜内,停留2～10天,然后进入盲肠内发育为成虫。从吃进感染性虫卵到幼虫发育成熟需经11～12周。

【临床症状和病理变化】　毛首线虫主要寄生于盲肠和结肠。成虫以头端钻入犬大肠黏膜内,以宿主组织和组织液为食,并分泌毒素。轻度感染时,常不显症状;重度感染时(虫体可达数百条),病犬呈现肠卡他,表现为下痢、贫血、消瘦,粪便中混有血液和黏液,食欲不振;幼犬发育障碍,甚至死亡。

【防治措施】

(1)预防　搞好犬舍卫生,及时清除粪便,严重污染的场地应保持干燥,让日光暴晒,以杀死虫卵。

(2)治　疗

①甲苯咪唑　犬剂量为每千克体重22毫克,口服,每日1次,连用3天。

②硫苯咪唑　犬剂量为每千克体重22毫克,口服,每日1次,连用3天。

③左旋咪唑　犬剂量为每千克体重5～11毫克,一次口服。

④双羟萘酸酚嘧啶　犬每千克体重5～10毫克,一次口服。

⑤碘化噻唑青胺　犬每千克体重6～10毫克,每日1次,连用5天。

犬心丝虫病

犬心丝虫病是由犬恶丝虫寄生于犬的右心室及肺动脉(少见于胸腔、支气管)而引起的一种寄生虫病,其主要特征为循环障碍、呼吸困难及贫血。犬、猫和其他野生肉食动物为犬恶丝虫的终末宿主。人偶尔可被感染。

【虫体特征及其生活史】　丝虫科的犬恶丝虫为细长白色。

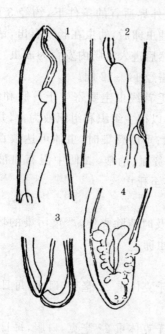

图 3-5 犬恶丝虫
1. 虫体前端 2. 阴门部
3. 雌虫尾端 4. 雄虫尾端

雄虫体长 12～16 厘米，尾部短而钝，后端呈螺旋状弯曲；雌虫体长 25～30 厘米，尾端直。胎生，幼虫为微丝蚴，不带鞘(图 3-5)。

犬恶丝虫以犬蚤、按蚊或库蚊作为中间宿主。成虫寄生于右心室和肺动脉，微丝蚴随血液流到全身，蚊子吸血时摄入微丝蚴，微丝蚴在蚊子体内发育到感染阶段；当蚊子再次吸血时将感染性幼虫注入犬的体内，微丝蚴从侵入犬体到血液中再次出现微丝蚴需要 6 个月；成虫可在体内存活数年。

故本病的发生与蚊子的活动有关。

【临床症状和病理变化】 最早出现慢性咳嗽，运动时咳嗽加剧，易疲劳，随后心悸亢进，脉搏细弱，心脏有杂音。触诊肝区疼痛，胸、腹腔积液，腹围增大，全身水肿，呼吸困难，运动后尤为明显。末期贫血，渐进性消瘦，虚脱，最终全身衰竭而死亡。有的病例发生癫痫样神经症状，右心室和腔静脉有大量虫体寄生，引起突然衰竭而死亡。

剖检可见心内膜炎、心脏肥大、右心室扩张和肺动脉内膜炎，严重时，可因静脉淤血而导致腹腔积液、肝肿大，大量寄生时可在右心室和肺动脉中见有大量的虫体。

【防治措施】

(1)预防　有效的预防措施是药物预防。

①苯乙烯吡啶海群生合剂　每千克体重 6 毫克,每日 1 次,连续应用。

②硫乙砷胺钠　一次量,每千克体重 0.22 毫升,每日 2 次,连用 2 天,间隔 6 个月重复用药 1 次。如果某些犬不能耐受海群生,可用该药进行预防,每年用药 2 次。

③伊维菌素　低剂量至少使用 1 个月,可以达到有效的预防作用。

(2)治疗　在确诊本病的同时,应对病犬进行全面的检查,对于心脏功能障碍的病犬应给予对症治疗,再分别针对寄生成虫和微丝蚴进行治疗,同时对病犬进行严格的监护,因为药物驱虫具有一定的危险性。

①驱除成虫　硫乙砷胺钠,每千克体重 0.22 毫升,静脉注射,每日 2 次,连用 2 天。注射时严防药物漏出静脉。该药对患严重心丝虫病的犬是较危险的,可引起肝中毒和肾中毒。

菲拉松,每千克体重 1 毫克,每日 3 次,连用 10 天。

酒石酸锑钾,每千克体重 2~4 毫克,溶于生理盐水中静脉注射,每日 1 次,连用 3 次。

②驱除微丝蚴　左旋咪唑,每千克体重 11 毫克,每日 1 次,口服,连用 6~12 天。治疗后第六天开始检查血液,当血液中微丝蚴转为阴性时停止用药。该药不能与有机磷酸盐或氨基甲酸酯合用,也不能用于患有慢性肾病和肝病的犬。

犬食道虫病

本病又称犬血色食道虫病、犬旋尾线虫病,是由狼旋尾线虫寄生于犬的食道或大动脉壁形成肿瘤状结节的寄生虫病。

【虫体特征及其生活史】 狼旋尾线虫为淡血红色,卷曲成螺旋状。雄虫长 30～40 毫米,尾端有 4～5 对特殊的小乳突;雌虫长 54～80 毫米,尾端钝,只有 1 对乳突,阴门开口于食道后端。虫卵呈长椭圆形,大小为 30～37 微米×11～15 微米,卵壳厚,内含 1 个弯曲的虫胚。

虫卵随粪便排出体外后,被食粪甲虫(中间宿主)吞食后,虫胚从虫卵中孵出,经蜕皮后发育成具有感染力的幼虫并在食粪甲虫的气管内形成包囊。此时的食粪甲虫被两栖类、爬虫类、鸟类(也有鸡)和小哺乳类动物等吞食,幼虫包囊可以在它们体内的肠系膜内继续存活,仍具有感染力。犬食入了含有感染性包囊的食粪甲虫或上述两栖类、爬虫类等而被感染,幼虫钻入胃壁或肠壁中,经血液循环移行到主动脉和食道,在食道壁和主动脉壁中形成结节发育成熟。

【临床症状和病理变化】 轻度感染犬不表现临床症状,只有当食道病变发展为肉芽肿,压迫食道阻碍食物通过时,才出现吞咽困难、呕吐、流涎和咳嗽等症状,导致病犬食欲减退。若结节内有细菌感染则体温升高,个别病犬因动脉壁结节破裂,导致急性死亡。

【防治措施】

(1)预防 无害化处理病犬的粪便,杀灭食道虫的中间宿主和媒介动物,避免生食中间宿主和媒介动物。

(2)治 疗

①丙硫咪唑 每千克体重 50 毫克,一次口服。

②六氯对二甲苯(血防 846) 每千克体重 100～200 毫克,连续口服 1 周。

③海群生 每千克体重 10 毫克,一次口服。

犬类圆线虫病

类圆线虫病是由类圆线虫引起的一种人兽共患寄生虫病。其主要特征为在犬小肠寄生过程中,先后引起皮炎、支气管肺炎、腹泻、脱水、衰竭等。

【虫体特征及其生活史】　粪类圆线虫为小型线虫,平时用肉眼很难看见。寄生在犬小肠内的虫体仅为雌虫。虫卵小型(40～50 微米),无色透明,呈椭圆形,内含折刀样幼虫。成虫生活在动物十二指肠和空肠的黏膜及黏膜下,排出的虫卵立即孵化释出杆状蚴,杆状蚴移行到肠腔随粪便排至体外,在土壤内数天后转化为感染性丝状蚴,和钩虫一样,经皮肤和口感染犬。幼虫进入犬体后,通过血液,经肝、心移行至肺,再经咽下行到消化道,约经 2 周发育为成虫。仔犬也可从母乳中获得感染。人也可感染类圆线虫而发病。

【临床症状】　经皮肤感染的犬,可出现湿疹型皮炎,表现为痘疹和红斑。重度感染时,幼犬食欲减退,有脓性眼分泌物,咳嗽,呈支气管肺炎症状。随后出现腹泻、脱水、衰弱、贫血、恶病质、昏睡等。咳嗽多在腹泻前 7～10 天出现。如腹泻为非出血性,多很快可以恢复,否则可引起死亡。

【防治措施】

(1)预防　做好犬舍的卫生管理工作,注意犬体卫生,发现病犬及时治疗,是预防本病的主要措施。

(2)治　疗

①丙硫咪唑　每千克体重 10～15 毫克,口服,间隔 48 小时再服 1 次。

②驱虫助长灵　每千克体重 0.2 克,一次口服。

③噻苯咪唑　每千克体重 50 毫克,口服,连用 3 天,2 周后重复使用 1 次。

④左旋咪唑　每千克体重5毫克,肌内注射;或按每千克体重8毫克口服,均有良好效果。

另外,重症病犬应配合强心补液等对症疗法。

猫圆线虫病

猫圆线虫病是由莫名猫圆线虫寄生于猫的细支气管和肺泡而引起的寄生虫病。猫是唯一的终末宿主,野生小鼠和其他啮齿动物常为转运宿主。

【虫体特征及其生活史】　虫体呈乳白色,丝状。雄虫体长约7.5毫米,雌虫体长约9.8毫米。虫卵大小为 70～80 微米。幼虫长约 360 微米。

雌虫产卵于肺泡管,卵进入邻近的肺泡形成小结节。卵在结节边缘孵出第一期幼虫,上行到气管,经喉、咽被咽下,随粪便排出体外(幼虫在外界存活 2 周左右,蜗牛和蛞蝓是其中间宿主,啮齿动物、蛙、蜥蜴和鸟类可作为转运宿主)。猫吃到含有感染性幼虫的中间宿主或转运宿主后而被感染,幼虫从胃通过腹膜和胸膜腔进入肺中,大约经 1 个月可发育成熟。成虫寿命为4～9 个月。

【临床症状和病理变化】　中度感染时,病猫出现咳嗽、打喷嚏、厌食、呼吸急促。严重感染时,剧烈咳嗽、消瘦、腹泻、厌食、呼吸困难,常发生死亡。

剖检肺表面有直径 1～10 毫米的灰色结节,结节内含虫卵和幼虫,胸腔充满乳白色液体,含有幼虫和虫卵。

【防治措施】

(1)预防　定期驱虫,可选用左旋咪唑、苯硫咪唑等。

(2)治　疗

①左旋咪唑　每千克体重 100 毫克,口服,隔日 1 次,共用5～6次。

②苯硫咪唑　每千克体重 20 毫克,每日 1 次,连用 5 天为 1个疗程,间隔 5 天后,重复 1 个疗程。

犬眼虫病

犬眼虫病是由结膜吸吮线虫寄生于犬眼结膜囊,引起犬结膜炎和角膜炎,我国各地均有发生。虫体除感染犬外,猫、人也可感染。

【虫体特征及其生活史】　成虫呈乳白色,体表有锯齿状横纹,雄虫长 7~13 毫米,雌虫长 12~17 毫米。虫卵呈椭圆形,卵壳薄,大小为 54~60 微米×34~37 微米,内含幼虫。成虫寄生于犬的眼结膜囊和瞬膜下,产生的虫卵随眼分泌物被家蝇食入,虫卵在蝇体内发育为感染性幼虫,并逐步移行至蝇的口器,并将幼虫直接传播到犬的眼内,幼虫在犬眼结膜囊内逐渐发育为成虫。

【临床症状和病理变化】　虫体在眼结膜囊内自由活动,造成犬急性眼结膜炎,表现结膜充血,眼球湿润,羞明流泪。以后可逐渐转变为慢性眼结膜炎,可见黏稠的眼分泌物,结膜和瞬膜下有滤泡肿大和出血。严重的可引起角膜混浊、角膜糜烂和溃疡,甚至角膜穿孔及失明。在眼结膜和角膜表面有时可发现数条蛇形运动的白色线状虫体。

【防治措施】　用 2% 可卡因溶液滴眼,按摩眼睑 5~10 秒钟,待虫体麻痹不动时,用眼科镊子摘出虫体。再用 3% 硼酸溶液洗眼,涂布红霉素眼膏等。

也可将犬保定后,用 2% 盐酸普鲁卡因注射液于上、下眼睑各皮下注射液 1 毫升,再用 5% 左旋咪唑溶液缓缓滴入眼内,3~5 分钟后虫体麻痹,翻开眼睑用眼科球头镊子取出虫体,再用生理盐水冲洗患眼,用药棉拭干,点氯霉素或环丙沙星眼药水。

旋毛虫病

旋毛虫病是一种由旋毛虫寄生引起的人兽共患寄生虫病,至今已发现150多种哺乳动物可以感染。旋毛虫成虫常寄生于猪、犬等动物小肠引起胃肠炎,其幼虫寄生同一宿主横纹肌内引起疼痛、发热和呼吸困难等症状。肉品中的旋毛虫幼虫在包囊的保护下对外界环境的抵抗力很强。盐渍和熏制时只能杀死病肉表面的虫体,而深层的仍可存活1年以上;高温至70℃时才能杀死包囊内的幼虫,故人、犬在食肉过程中应予以高度重视。人若摄食生的或未煮熟的患病动物肌肉,容易引起发病,甚至死亡。

【虫体特征及其生活史】 旋毛虫成虫十分细小,雄虫长1.4～1.6毫米,雌虫长3～4毫米,寄生于患病动物小肠黏膜上,称为肠旋毛虫。幼虫在横纹肌纤维之间盘曲并形成包囊,称为肌旋毛虫,最大可达0.25～0.5毫米,眼观呈白色针尖状。当犬、猫摄食含有旋毛虫包囊的动物肌肉后,幼虫先在小肠黏膜内发育为成虫,待雌、雄成虫交配并产出胎生幼虫后,幼虫再经肠系膜淋巴进入血液循环而散布到全身,而后在横纹肌(主要为膈肌、肋间肌、舌肌和咬肌等)纤维间进一步发育形成圆形包囊(图3-6)。

【临床症状】 感染后2～7天,即当旋毛虫成虫寄生于肠黏膜时,患病犬、猫可出现卡他性肠炎或出血性肠炎症状,腹痛、腹泻,粪便混有黏液或大量血液,体温正常或轻度升高。感染8天后,即当旋毛虫幼虫侵入横纹肌时,患病犬、猫肌肉疼痛,运动障碍,叫声异常,咀嚼、吞咽困难,体温明显升高。

人对旋毛虫特别敏感,感染初期表现为胃肠炎症状,如食欲减退、呕吐和腹泻等。幼虫移行至横纹肌而引起肌肉炎和血管炎,表现头面部水肿,肌肉疼痛,运动障碍,流涎、呼吸和咀嚼困难,麻痹,发热,消瘦和嗜酸性粒细胞增多,如救治不及时,就有死亡的危险。

图 3-6　旋毛虫发育史

【防治措施】

(1)预防　饲喂犬的肉食品和屠宰废弃物一定要煮熟。大力扑灭犬舍周围的野鼠,防止犬捕食其他野生动物。加强食品卫生检验,人类不要食用未煮熟的患病动物肌肉及半生烧烤肉品。

(2)治疗

①噻苯咪　每千克体重 25～40 毫克,口服,每日 1 次,连用5～7 天,能驱杀肠道内的成虫和肌肉内的幼虫。

②丙硫咪唑　按 300 毫克/千克剂量拌入饲料内连喂 10 天,

或按每千克体重15毫克拌料饲喂,连喂15～18天,可杀灭体内所有旋毛虫。如按每千克体重200毫克给药,分成3次肌内注射,可获得同样的治疗效果。

③驱虫助长灵 每千克体重0.2～0.4克,口服,每日1次,连用2～4天,驱虫率达100%。

另外,甲苯咪唑、氟苯咪唑也有较好疗效。治疗中为防止副作用,应适当配合使用地塞米松等抗过敏药物。

肺毛细线虫病

肺毛细线虫病是一种由肺毛细线虫寄生于犬、猫的支气管和气管、鼻腔、额窦而引起的寄生虫病。

【虫体特征及其生活史】 虫体细长,呈乳白色。雄虫体长15～25毫米,雌虫体长20～40毫米。卵为短腰鼓状,呈淡绿色,上有纹理,两端各有卵塞,大小为59～80微米×30～40微米(图3-7)。

雌虫在细支气管和气管中产卵,卵随痰液上行到喉、咽,被咽下后随粪便排出体外,在外界适宜条件下,经5～7周发育为感染性虫卵,犬、猫吞食了感染性虫卵后,在小肠中孵出幼虫,幼虫钻入黏膜,需7～10天随血液移行到肺,感染后40天幼虫发育为成虫。

【临床症状】 严重感染时,常引起鼻炎、慢性支气管炎、气管炎,病犬流鼻液,咳嗽,呼吸困难,消瘦,贫血,被毛粗糙。

【防治措施】

(1)预防 保持犬舍、猫舍的干燥,及时清除粪便。

(2)治疗

①左旋咪唑 每千克体重5毫克,每日1次,连用5天,停药9天后,重复治疗2次;或每千克体重4.4毫克,皮下注射,每日1次,连用2周,2周后按每千克体重8.8毫克剂量,皮下注射1次。

②甲苯咪唑 每千克体重6毫克,每日2次,口服,连用5天。

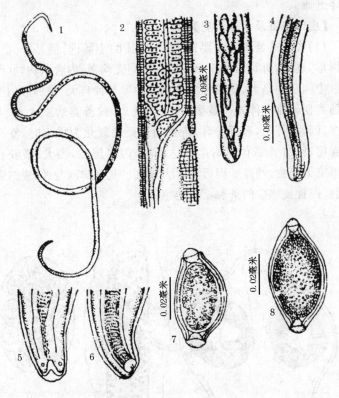

图 3-7　肺毛细线虫

1. 雌虫　2. 雌虫肛门　3. 雌虫尾部

4、5、6. 雄虫尾部　7、8. 虫卵

二、绦虫病的诊断与防治

寄生于犬、猫的绦虫种类很多,这些绦虫成虫对犬、猫的健康危害很大,幼虫期多以其他家畜或人为中间宿主,严重危害家畜和人体健康。

【虫体特征及其生活史】

（1）犬复孔绦虫 主要寄生于犬、猫的小肠内，偶见于人。卵呈圆形，透明，直径35～50毫米，两层卵壳均薄，内含六钩蚴（图3-8）。中间宿主是犬、猫蚤和犬毛虱。孕卵节片自犬、猫的肛门逸出或随粪便便排出体外。破裂后，虫卵逸出，被蚤类幼虫食入，六钩蚴在其肠内孵化，移行发育，待蚤幼虫经蛹蜕化为成虫时，发育为似囊尾蚴。1个蚤体可寄生多达56个似囊尾蚴，当犬、猫咬食蚤而感染犬绦虫，约经3周后发育为成虫。儿童常因与犬、猫的密切接触，误食被感染的蚤和虱遭受感染。

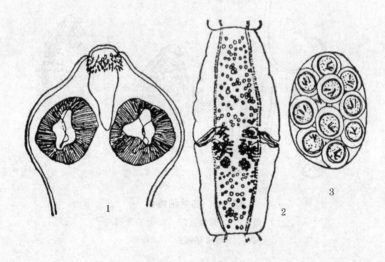

图 3-8 犬复孔绦虫
1. 头节 2. 成熟节片 3. 含有虫卵的卵囊

本病广泛分布于世界各地，无明显季节性，宿主范围非常广泛，犬和猫的感染率较高，狐和狼等野生动物也可感染，人主要是儿童受到感染。轻度感染时不显症状，幼犬严重感染时可引起食欲不振、消化不良、腹泻或便秘、肛门瘙痒等症状,感染量特别大时还可能发生肠梗阻。在犬粪便中找到孕节后,在显微镜下观察到具有特征性的卵囊,即可确诊。

(2) 泡状带绦虫　寄生于犬、猫的小肠。虫卵近似椭圆形,大小为 38～39 毫米×0.3～0.35 毫米,以猪、牛、羊、鹿等为中间宿主。其幼虫为细颈囊尾蚴,常寄生于猪、牛、羊的大网膜、肠系膜、肝脏、横膈膜等处,严重感染时可进入胸腔寄生于肺。

(3) 豆状带绦虫　虫体节片边缘呈锯齿状,故又称锯齿带绦虫。虫卵圆形,直径 32～37 毫米。

豆状带绦虫寄生于犬的小肠,偶见于猫。以家兔、野兔等啮齿动物为中间宿主。其幼虫为豆状囊尾蚴,寄生于兔的肝脏、网膜、肠系膜等处,其数目常为数个、数十个,甚至达到 200 个之多,呈葡萄状。

(4) 多头绦虫　寄生于犬科动物小肠中的多头绦虫有以下 3 种。

① 多头绦虫　其幼虫为脑多头蚴。多头绦虫虫体长 40～80 厘米,由 200～250 个节片组成。虫卵为圆形,直径 20～37 微米。其幼虫寄生于绵羊、山羊、黄牛、牦牛、骆驼等的脑内,有时也能在延髓或骨髓中发现,人也偶然感染。

② 连续多头绦虫　虫体长 20～75 厘米,顶突有 26～32 个钩,排成两列。幼虫为连续多头蚴,常寄生于野兔、家兔、松鼠等啮齿动物的皮下、肌肉间、腹腔脏器、心肌、肺等处,形成小儿拳大的包囊,含有数个头节。

③ 斯氏多头绦虫　虫体长 20 厘米,顶突上有两列小钩,共 32 个。虫卵近圆形,直径 32～36 微米。其幼虫为斯氏多头蚴,寄生于羊的肌肉、皮下、胸腔与食道等处,偶见于心脏与骨骼肌。

(5) 细粒棘球绦虫　虫体由 1 个头节和 3 个或 4 个节片组成,不超过 7 毫米。头节不大,顶突上有 28～50 个钩。虫卵大小为

32～36微米×25～30微米,外层是一层具有辐射状线的较厚的胚膜。

细粒棘球绦虫的幼虫为棘球蚴,寄生于多种动物和人的肝、肺及其他器官,引起危害严重的棘球蚴病(包虫病),终末宿主是犬、豺、狼等犬科食肉动物,寄生于小肠,中间宿主是羊、牛和骆驼等食草动物和人(图3-9)。主要是以幼虫(棘球蚴)的形式危害中间宿主,引起严重的棘球蚴病。随着寄生时间的延长,棘球蚴不断长大,最大的可达30～40厘米。棘球蚴可在人体内存活40年以上。终末宿主犬、狼等吞食了棘球蚴或含棘球蚴的动物尸体而被感染。

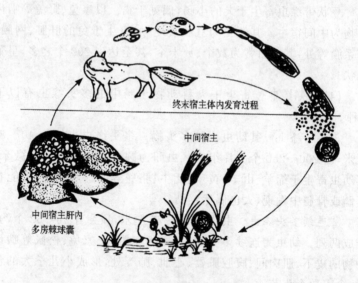

终末宿主体内发育过程

中间宿主

中间宿主肝内
多房棘球囊

图3-9 细粒棘球绦发育史

细粒棘球绦虫病在畜牧业发达地区较为流行,动物和人感染棘球蚴的主要来源是野犬和牧羊犬,而牧羊犬由于吃到含有棘球蚴的羊内脏,造成棘球绦虫在羊和犬之间传播。

(6)中线绦虫 虫体长75～100厘米,头节上有4个很发达的吸盘,无顶突。卵为长圆形,大小为 40～60 微米×35～43 微米,两层膜内含六钩蚴。

中线绦虫成虫寄生于犬、猫的小肠中,以地螨为第一中间宿主,在其体内发育为似囊尾蚴;第二中间宿主为各种啮齿类、禽类、爬虫类和两栖类动物,它们吞食了含似囊尾蚴的地螨后,似囊尾蚴在其体内发育为四盘蚴,中间宿主或四盘蚴被终末宿主吞食后,在其小肠中发育为成虫。

(7)曼氏迭宫绦虫　主要寄生于猫和犬的小肠中。虫体长约100 厘米,头节呈指形,背、腹面各具有 1 个纵行的吸槽,颈节细长,节片一般宽大于长。虫卵近椭圆形,两端稍尖,呈浅灰褐色,一端有卵盖,卵壳薄,内含许多卵黄细胞和 1 个胚细胞,大小为 52～68 微米×32～43 微米。

曼氏迭宫绦虫的发育过程需要 2 个中间宿主,第一中间宿主为剑水蚤,在其体内发育为原尾蚴;第二中间宿主为蛙类、蛇类和鸟类(鱼类、鸟类甚至人可作为转运宿主),在其体内发育为裂头蚴。猫、犬及虎、豹等肉食动物为终末宿主。猫、犬等终末宿主吞食了含有裂头蚴的第二中间宿主或转运宿主后,裂头蚴在小肠内发育为成虫。一般在感染 3 周后可在粪便中检出虫卵。成虫在猫体内的寿命为 3 年半左右。

(8)宽节双叶槽绦虫　宽节双叶槽绦虫的发育史与曼氏迭宫绦虫相似,也需经 2 个中间宿主,第一中间宿主为剑水蚤,第二中间宿主为鱼类。人以及犬、猫等肉食动物是终末宿主。终末宿主食入含有裂头蚴的鱼而被感染,感染后经 5～6 周发育为成虫。成虫在人体内可存活 5～13 年。

流行地区人或犬、猫粪便污染水源,是剑水蚤受感染一个重要原因。另外,多种野生动物可以感染,成为本病的自然疫源地。

【临床症状】　当大量虫体寄生时,虫体以其小钩和吸盘损伤宿主的肠黏膜,常引起炎症。虫体吸取营养,给宿主生长发育造成障碍;虫体分泌的毒素可引起宿主中毒;虫体聚集成团,可堵塞小肠肠腔,导致腹痛、肠扭转甚至肠破裂。当其他哺乳动物和人作为中间宿主时,多寄生于内脏器官,引起严重疾病。

犬轻度感染时常不呈现症状。严重感染时,出现呕吐、慢性肠卡他、贪食、异嗜、渐进性消瘦、营养不良、精神不振;有的呈现剧烈兴奋(类似狂犬病症状),病犬扑人,有的发生痉挛或四肢麻痹。犬绦虫病常呈慢性经过。

【防治措施】

(1)预防 为了保证犬、猫的健康,每年应进行 4 次预防性驱虫(每季度 1 次),特别是在繁殖基地,其驱虫工作应在犬交配前 3～4 周进行。

不以肉类加工的废弃物(其中往往有各种绦虫蚴病),特别是未经无害化处理的不正常肉及内脏食品饲喂犬、猫。

在裂头绦虫病流行地区捕捞的鱼、虾,最好不生喂犬、猫。

应用蝇毒灵、倍硫磷、溴氰菊酯等药物杀灭动物舍内和体表的蚤和虱等中间宿主。

(2)治 疗

①氢溴酸槟榔素 犬按每千克体重 1～2 毫克剂量,一次口服。

②硫双二氯酚 犬和猫按每千克体重 200 毫克剂量,一次口服,对带绦虫病有效。

③盐酸丁萘脒 犬、猫按每千克体重 25～50 毫克剂量,一次口服,驱除细粒棘球绦虫时按每千克体重 50 毫克剂量,一次口服,间隔 48 小时再服 1 次。

④吡喹酮 犬按每千克体重 5 毫克剂量,猫按每千克体重 2 毫克剂量,一次口服。

⑤丙硫咪唑 犬按每千克体重 10～20 毫克剂量,每日口服 1 次,连用 3～4 天。

三、吸虫病的诊断与治疗

肝吸虫病

犬、猫肝吸虫病是一种由华支睾吸虫和猫后睾吸虫引起的人兽共患寄生虫病。其中以华支睾吸虫更为常见，主要寄生于犬、猫、猪等动物和人的肝胆管和胆囊，引起肝脏肿大和其他肝病。

【虫体特征及其生活史】 华支睾吸虫雌雄同体，虫体扁平、柔软、半透明，前端稍长，后端钝圆，呈葵花籽状，体长10～25毫米，宽3～5毫米，口吸盘略大于腹吸盘。虫卵呈黄褐色，卵壳厚，形似灯泡，内含毛蚴，顶端有盖，盖的两旁有肩样小凸起，底端有一小凸起。虫卵大小为17～29微米（图3-10）。

猫后睾吸虫与华支睾吸虫形态相似，新鲜虫体呈淡黄色，虫体长7～12毫米，宽2～3毫米，虫卵大小为26～30微米×115微米，有卵盖，卵中含有毛蚴。

两种吸虫的中间宿主相同，第一中间宿主为多种淡水螺，第二中间宿主为多种淡水鱼和淡水虾，华支睾吸虫的生活史包括

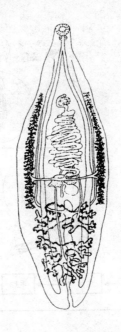

图3-10　华支睾吸虫成虫

成虫、虫卵、毛蚴、胞蚴、雷蚴、尾蚴、囊蚴、童虫、成虫各个阶段。成虫寄生于终末宿主的肝胆管内,产出的卵随胆汁进入消化道内,与粪便一起被排出体外。虫卵在水中被第一中间宿主淡水螺吞食后,在螺的消化道内孵出毛蚴,发育为胞蚴、雷蚴和尾蚴。成熟尾蚴逸出螺体落入水中,侵入第二中间宿主淡水鱼或虾体内,发育成囊蚴。犬、猫或人等终末宿主由于摄入含有囊蚴的生的或未煮熟的鱼、虾而感染。幼虫在十二指肠中破囊而出,经总胆管而进入胆管。幼虫也可以钻入十二指肠肠壁经血流到达胆管,幼虫约经1个月发育为成虫(图3-11)。本病广泛流行于我国大部分地区,主要感染人、猫、犬、猪、鼠和一些食鱼的野生动物。

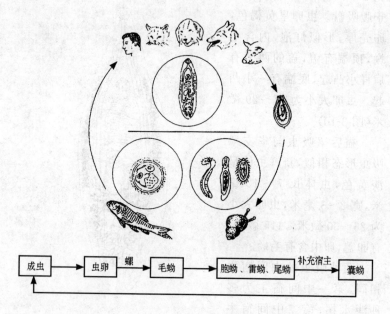

图3-11 华支睾吸虫发育史

【临床症状和病理变化】　少量寄生无明显症状,严重感染时,食欲减退,消瘦,腹泻,水肿,有腹腔积液,贫血,黄疸,可视黏膜、皮肤黄染;肝区叩诊有痛感。病程多为慢性经过,常继发其他疾病而死亡。

剖检可见胆管上皮细胞脱落,结缔组织增生,管壁增厚,胆管阻塞,胆汁排出障碍,肝实质细胞发生变性、坏死。

【防治措施】

(1)预防　对犬、猫要定期检查和驱虫。不用生的鱼、虾或鱼的内脏饲喂犬、猫。对犬、猫的粪便进行堆积发酵,防止其污染水塘。消灭第一中间宿主淡水螺。

(2)治　疗

①吡喹酮　犬、猫均按每千克体重 50～60 毫克剂量,一次口服,有一定疗效。

②六氯对二甲苯　犬、猫每次每千克体重 50 毫克,每日 3 次,口服,连用 5 天,总剂量不得超过 25 毫克,以免药物引发毒性反应。猫用药时要注意,出现毒性反应后应立即停药。

③丙硫咪唑　每千克体重 30 毫克,口服,每日 1 次,连用12 天。

肺 吸 虫 病

本病又称并殖吸虫病,是一种由并殖科卫氏吸虫寄生于犬、猫、人和多种野生动物的肺而引起的人兽共患寄生虫病。本病分布广泛,我国的东北、华北、华南、中南及西南等地区均有发生。

【虫体特征及其生活史】　虫体肥厚,呈棕色,外形似半粒红豆,腹面扁平,背面隆起,体表有小刺,常成双生活在肺中。虫体长7.5～16 毫米,宽 4～8 毫米,口吸盘位于体前端,与腹吸盘大小相似,腹吸盘位于虫体中央稍前处。虫卵金黄色,呈椭圆形,大多有卵盖,卵壳厚薄不匀,卵内含十余个卵黄细胞及一个卵细胞。卵细胞常被卵黄细胞遮住，大小为 75～118 微米×42～67 微米。

卫氏并殖吸虫虫卵从终末宿主呼吸道咳出或被宿主吞咽后经由粪便排出，在水中孵化。发育需 2 个中间宿主，第一中间宿主为淡水螺类，第二中间宿主为甲壳类动物。哺乳动物在生食带囊蚴的甲壳类动物时而感染。犬、猫、野生兽、家畜、人等均可感染。实验动物、犬感染普遍。并殖吸虫发育史见图 3-12 所示。

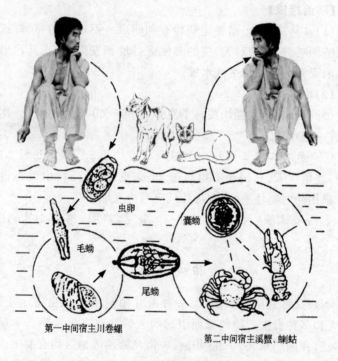

虫卵

囊蚴

毛蚴

尾蚴

第一中间宿主川卷螺

第二中间宿主溪蟹、蝲蛄

图 3-12 并殖吸虫发育史

幼虫和成虫在动物体内移行和寄生期间可造成机械性损伤，虫体的代谢物可导致免疫病理反应，移行可引起腹膜炎、胸膜炎、肌炎及胸膜出血。引起慢性细支气管炎、肺炎，血流中的虫卵引起虫卵性栓塞。虫体异位寄生在脑或脊髓时,导致神经症状,其他的肺外异位寄生可见于皮肤、肌肉、睾丸、膀胱及小肠等。

【临床症状和病理变化】　因感染部位不同而有不同表现。发生在肺泡部时,表现咳嗽、气喘、听诊有湿性啰音、胸痛、血痰;发生在脑部时,表现头痛、癫痫、瘫痪等;发生在脊髓时,表现运动障碍、下肢瘫痪等;发生在腹部时,表现腹痛、腹泻、便血、肝肿大等;发生在皮肤时,表现皮下出现游走性结节,有痒感或痛感。

【防治措施】

(1)预防　在本病流行地区,应禁止和杜绝以新鲜的蟹等中间宿主作为实验动物及其他动物饲料,有条件的地区应定期预防性驱虫,并配合灭螺措施。

(2)治　疗

①硫双二氯酚　每千克体重 50～100 毫克,口服,每日或隔日给药,10～20 个治疗日为 1 个疗程。

②硝氯酚　每千克体重 3～4 毫克,一次口服。

③丙硫咪唑　每千克体重 50～100 毫克,口服,每日 1 次,连用 14～21 天。

④吡喹酮　每千克体重 50 毫克,一次口服。

血 吸 虫 病

血吸虫病是一种由日本血吸虫寄生于犬、猫门静脉血管内引起的人兽共患寄生虫病。其主要特征为高度贫血和肝、脾肿大。血吸虫病广泛流行于我国南方诸省及长江流域,工作犬和农家犬感染率高。

【虫体特征及其生活史】　虫体呈线状,雌雄异体。雄虫长约1.2厘米,腹面有抱雌沟,雌虫常躺在雄虫的抱雌沟内。雌虫较细长,长度为 1.5～2.6 厘米。虫卵大型,椭圆形,内含毛蚴,卵壳外常附有污秽不洁的坏死物。

雌虫产出的虫卵先在肝、肠小静脉血管内沉积,随着虫卵毒素的作用,虫卵由肠壁落入肠腔并随粪便排出体外。虫卵在水中孵出毛蚴,毛蚴在中间宿主钉螺体内发育成胞蚴和大量尾蚴,尾蚴离开螺体,在水中活泼运动,当遇到犬、猫、人等时,立即钻入皮肤,再通过血流到达门静脉,以血液为食,发育很快。从尾蚴感染到成虫产卵需 30～40 天。血吸虫的生活史见图 3-13 所示。

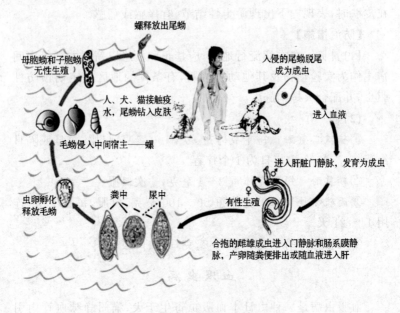

图 3-13 血吸虫生活史

【临床症状】 犬、猫患血吸虫病的初期,主要表现咳嗽和类似支气管肺炎的症状。感染后 5～6 周,排黏液血样稀便,里急后重,食欲减退,精神沉郁,反应迟钝。逐渐贫血,消瘦。耐过急性期,症状逐渐减轻,1 年后血便消失,甚至能恢复如常。

【防治措施】

(1) 预防 流行区配合消灭血吸虫病的工作,做好查螺、灭螺和粪便无害化处理工作,定期检查犬粪,发现病犬及时隔离治疗。

禁止犬到有钉螺的水边活动,必须通过疫水时应涂抹防护油。

(2) 治 疗

①吡喹酮 每千克体重 30 毫克,一次口服。

②吸虫净注射液 每千克体重 0.1～0.2 毫克,一次肌内注射。

③六氯对二甲苯(血防 846) 每千克体重 80 毫克,口服,每日 1 次,10 天为 1 个疗程。

另外,对于贫血的犬可适当每千克体重输血 5 毫升。注意护理,给予高蛋白质、高糖、低脂肪性食物,补充铁制剂、维生素等。

四、原虫病的诊断与防治

球 虫 病

犬、猫球虫病是一种由犬等孢球虫、二联等孢球虫、芮氏等孢球虫和猫等孢球虫寄生于犬或猫的小肠(有时也寄生于盲肠和结肠)黏膜上皮细胞内引起的寄生虫病,临床表现主要以血便、贫血、全身衰弱、脱水为特征。前两种球虫主要寄生于犬,后两种球虫主要寄生于猫。

【虫体特征及其生活史】 艾美耳科等孢属的等孢球虫的孢子化卵囊内含有 2 个孢子囊,每个孢子囊内含 4 个子孢子。各种等孢球虫的新排出卵囊(未孢子化卵囊)形态如下。

(1) 犬等孢球虫 卵囊呈宽椭圆形或卵圆形,无色,大小为 35～42 微米×27～33 微米,壁薄而光滑,无微孔。

(2) 二联等孢球虫 卵囊呈宽椭圆形、亚球形或球形,大小为

10～14 微米×10～12 微米,其他形态与犬等孢球虫相似。

(3)芮氏等孢球虫 卵囊呈椭圆形至卵圆形,大小为 21～28 微米×18～23 微米,无色,壁光滑,有微孔。

(4)猫等孢球虫 卵囊为卵圆形,大小为 32～53 微米×26～43 微米,壁光滑,粉红色,其他形态与犬等孢球虫相似。

球虫寄生于犬、猫小肠黏膜的上皮细胞内,先以无性繁殖许多代(裂体生殖),产生许多新裂体芽孢。经过若干裂体生殖后,进行有性繁殖,形成很多大孢子和小孢子,大、小孢子进入肠管内,并在肠管内结合,受精后的大孢子为卵囊,随粪便排出体外。本病广泛流行于犬群中,1～6 月龄的幼龄犬、猫对球虫病特别易感。在环境卫生不好和饲养密度大的犬场或猫场可严重流行。病犬、病猫和带菌的成年犬、猫是本病的主要传染源。

【临床症状和病理变化】 幼犬比成年犬易感且症状明显。幼犬发病多为急性,在犬场可很快大面积流行,有时甚至是毁灭性的。病犬轻度发热、食欲减退、消化不良、腹泻、粪便稀薄混有黏液,重者血便,粪便呈褐色,进行性消瘦、贫血、脱水,最终全身衰竭而死亡。但经对症治疗 2～3 周后,临床症状消失,部分可康复。成年犬及老龄犬对本病抵抗力强,感染球虫后,常表现慢性经过。剖检整个小肠发生出血性肠炎,肠黏膜肥厚。取黏膜上皮压片镜检可见有卵囊。

【防治措施】

(1)预防 将 1～2 汤匙 9.6％氨丙啉溶液混于 5 升水内,在母犬产仔前 10 天内任其自由饮用。

搞好犬舍及环境卫生,定期消毒,发现病犬单独隔离饲养。

(2)治 疗

①氨丙啉 按每千克体重 110～220 毫克的剂量混入食物中,连续饲喂 7～12 天。

②磺胺二甲氧嗪 每千克体重 27 毫克,口服,连续用药 20～

25 天,直至症状消失。

另外,患球虫病的犬、猫往往继发或并发其他细菌或病毒感染,应对症治疗(消炎、输液等)。

弓形虫病

弓形虫病一种是由龚地弓形虫引起的人兽共患原虫病,在人、畜和野生动物中广泛传播。猪的感染率较高,死亡率也很高。犬、猫多为隐性感染,但也有出现症状甚至死亡的病例。

【虫体特征及其生活史】　龚地弓形虫在不同发育阶段,形态各异,滋养体和包囊出现在中间宿主体内;裂殖体、配子体和卵囊只出现在终末宿主猫体内。

滋养体(又称速殖子)主要见于急性病例。滋养体的典型形态呈橘瓣状或新月状,一端较尖,另一端钝圆,经姬姆萨染液或瑞氏液染色后胞质呈蓝色,核为紫色。

包囊(又称组织囊)见于慢性病例的脑、眼、骨骼肌与心肌等处,是虫体在宿主体内的休眠阶段。通常呈亚球形或与宿主细胞的形状相适应。囊膜较厚而富有弹性;囊内含有数个至数千个滋养体(慢殖子),慢殖子的形态与速殖子相似,仅比前者细胞核的位置稍偏后。

裂殖体呈长卵圆形,有许多条形的裂殖子。

配殖体有大、小配殖体,均呈卵圆形。

卵囊见于猫粪内,呈圆形或椭圆形,卵壁两层,无色,无微孔。

弓形虫的发育过程需要 2 个宿主,在终末宿主体内进行肠内期发育,在中间宿主体内进行肠外期发育。

猫吞食了已孢子化的弓形虫卵囊或包囊、假囊后,子孢子或慢殖子、速殖子侵入小肠绒毛的上皮细胞内进行类似球虫发育的裂殖生殖和配子生殖,最后产生卵囊,随粪便排出体外,在外界适宜条件下,经 2~4 天形成感染性卵囊。

弓形虫也可在猫体内进行肠外发育,即被猫吞食的子孢子、慢殖子或速殖子有一些可以进入淋巴、血液循环,被带到全身各脏器和组织中,侵入有核细胞,以内出芽增殖方式进行无性繁殖,生成包囊(内含许多滋养体,又称假包囊),包囊破裂释放出许多滋养体,每个滋养体成体又能侵入新的细胞内重新进行内出芽增殖。

弓形虫可在细胞质中繁殖,也能侵入细胞核内繁殖。经一段时间的繁殖之后,由于宿主产生免疫力,或由于其他因素,使其繁殖变慢,一部分滋养体被消灭,另一部分滋养体在宿主的脑和骨骼肌等处形成包囊,内含慢殖子,保存下来。犬吞食了弓形虫感染性卵囊或包囊后,子孢子或慢殖子在其体内进行肠外发育,最后形成包囊,存留在犬的一些脏器和组织中。

【临床症状】 作为中间宿主的动物大多呈无症状的隐性或亚临床感染,引起严重症状的甚少。犬急性感染的表现有些类似犬瘟热,如体温升高、精神沉郁、厌食、咳嗽和呼吸音增强,甚至呼吸困难;严重患病犬出现呕吐、出血性腹泻,眼、鼻有脓性分泌物,少数病犬表现运动失调、后肢麻痹现象;妊娠母犬所产仔犬常见排稀便,呼吸困难和运动失调,但多见流产或分娩死胎;病犬大腿内侧、腹部等处可见淤血斑,死前体温下降。

猫的症状包括发热、黄疸、呼吸急促、咳嗽、贫血、运动失调、后肢麻痹、肠梗阻等,也有出现脑炎症状和早产或流产的病例。

【防治措施】 治疗弓形虫病的特效药物为磺胺类药物加抗菌增效剂。如磺胺嘧啶加甲氧苄啶,前者每千克体重 70 毫克,后者每千克体重 14 毫克,口服,每日 2 次,连用 3～4 天;或用磺胺二甲嘧啶按每千克体重 100 毫克剂量,分 4 次投服;或用长效磺胺,每千克体重 60 毫克,肌内注射,效果也很好。此外,也可选用复方新诺明、磺胺 6-甲氧嘧啶等磺胺类药物。

犬巴贝斯虫病

犬巴贝斯虫病是一种由巴贝斯虫引起的经硬蜱传播的血液寄生虫病。本病多发于有蜱的地区，在蜱的活跃期（春、秋季）疫情严重。对各种犬均有危害，以猎犬、军犬等经常在灌木丛、山区运动的犬较为严重。纯种犬和引进犬易发本病，地方土犬和杂交犬对本病有较强的抵抗力。

【虫体特征及其生活史】　引起犬巴贝斯虫病的病原主要有 3 种，即犬巴贝斯虫、吉氏巴贝斯虫和韦氏巴贝斯虫。

巴贝斯虫是通过中间宿主蜱感染的。蜱叮咬巴贝斯虫病犬，巴贝斯虫就随血液红细胞进入蜱的消化道，在蜱消化道内虫体从红细胞内逸出，侵入蜱肠上皮细胞进行多数分裂，形成很多细长的虫体，进入蜱的成熟卵内发育。具有巴贝斯虫感染力的蜱叮咬犬时，虫体便随唾液进入犬体感染犬。

【临床症状】

（1）犬巴贝斯虫病　急性病例体温高达 40℃ 以上，精神沉郁，食欲废绝，黄疸性贫血，呕吐，腹泻，粪便内往往混有血液，尿液呈黄褐色，严重的会突然虚脱。慢性病例持续发热，轻度黄疸及贫血，肝、脾肿大，呈胆红素尿。

（2）吉氏巴贝斯虫病　常呈慢性经过，一般病初发热，持续3～5天，随后有 5～10 天体温正常期，呈不规则回归热型。精神沉郁，不愿活动或活动时四肢无力。高度贫血，结膜苍白，一般不出现黄疸。食欲减少或废绝，明显消瘦。触诊脾脏肿大，肾（双侧或单侧）肿大且疼痛。尿液呈黄色至暗褐色。

（3）韦氏巴贝斯虫病　常引起耳部、背部和其他部位皮肤广泛性出血。

【防治措施】

（1）预防　主要做好防蜱灭蜱工作，有效切断中间传播环节。

既可以肌内注射伊维菌素,也可以通过外用药来杀灭硬蜱。

发生巴贝斯虫病时,要做到早发现、早治疗,对其他健康犬可用台盼蓝、贝尼尔、阿卡普林等药物进行预防注射。

发现病例后,可应用治疗剂量对其他健康犬进行药物预防。

(2)治 疗

①台盼蓝(锥蓝素) 每千克体重5毫升,用生理盐水加温溶解配成1%注射液,用棉花纱布过滤,蒸汽灭菌30分钟后静脉注射。使用该药一定要注意副作用,防止药液漏入皮下,药液要现用现配,注射时药液温度应保持在30℃,缓慢注射。一旦出现异常,要立即停止注射,用抗组胺药物(苯海拉明等)缓解异常症状。

②阿卡普林(硫酸喹啉脲) 每千克体重0.5毫克,皮下或肌内注射,对早期急性病犬疗效明显,但有不同程度的不良反应,不良反应明显时剂量可降至每千克体重0.25~0.3毫克。

③贝尼尔(三氮脒、血虫净) 每千克体重3.5毫克,配成1%注射液,皮下或肌内注射。

④咪唑苯脲 每千克体重5毫克,皮下或肌内注射,间隔24小时再用1次。

⑤对症治疗 针对严重贫血情况进行大量输血,同时肌内注射维生素B_1 0.2毫克,每日2次,或口服人造血浆10毫升,每日3次。使用广谱抗生素防止继发或并发感染。出现严重脱水及衰竭时,要及时输液以维持正常代谢需要,并注意纠正代谢性酸中毒。如出现黄疸和肝损伤时,要使用保肝药物和能量合剂。

犬黑热病

黑热病又名利什曼原虫病,是由杜氏利什曼原虫寄生于内脏引起的人兽共患慢性寄生虫病,白蛉为其传播媒介。根据传染源不同,我国的黑热病分为3种类型,即人源型、犬源型、野生动物型。

【虫体特征及其生活史】　杜氏利什曼原虫有无鞭毛体和前鞭毛体两种形态。犬体内的虫体是无鞭毛体。无鞭毛体很小,呈圆形,用瑞氏液染色后,细胞质呈浅蓝色,圆形胞核呈红色,常偏于虫体一端。

自然感染是通过吸血昆虫白蛉传播的,当雌性白蛉吸食患病动物(包括人)的血液时,无鞭毛体被摄入蛉胃,随后在白蛉消化道内以二分裂法繁殖,发育为前鞭毛体,并逐步向白蛉的口腔集中,成为成熟的具有感染力的前鞭毛体。当白蛉再叮咬健康犬(或其他动物)时,成熟的前鞭毛体随白蛉的唾液进入健康动物体内,在皮下组织被巨噬细胞吞噬后,在其中发育繁殖。犬是杜氏利什曼原虫的重要保虫宿主。

【临床症状】　本病潜伏期为数周、数月乃至 1 年以上。病犬早期都没有明显症状,晚期则常出现皮肤损害,表现脱毛、皮脂外溢、结节和溃疡,以头部尤其是耳、鼻、颜面和眼睛周围最为显著,并伴有食欲不振、精神萎靡、消瘦、贫血及嗓音嘶哑等症状。随着病情进一步发展,病犬吠叫声变得嘶哑甚至困难,最后因恶病质而死亡。

【防治措施】

(1)预防　在流行区,应加强对犬类的管理,组织力量定期对犬进行检查,发现病犬除了特别珍贵的犬种进行隔离治疗外,其他病犬以扑杀为宜。

在流行季节结合爱国卫生运动,发动群众消灭白蛉幼虫滋生地,应用菊酯类杀虫药定期喷洒犬舍及犬体。同时,用 45％马拉硫磷乳油 500 倍稀释液喷雾消灭环境中的白蛉。此外,本病可传染给人,接触时要特别注意。

(2)治疗　葡萄糖酸锑钠,每千克体重 150 毫克,总剂量不超过 5 克,配成 10％注射液,分成 6 份进行肌内注射或静脉注射,每日 1 次。若没有完全治愈可继续进行第二个疗程,但总剂量应增加 1/6。使用该药常出现发热、呕吐、咳嗽、腹泻等不良反应,一般会自行消失不需处理。也可使用新锑波芬、二脒替和其他芳香双脒类药物。

第四章　宠物内科疾病的诊断与防治

一、消化系统疾病的诊断与防治

口　炎

口炎是指口腔黏膜及其深部组织的炎症。按炎症的性质分为卡他性口炎、水疱性口炎、溃疡性口炎、霉菌性口炎和坏疽性口炎，按发病原因可分为原发性口炎和继发性口炎。

【病　因】

（1）原发性口炎　主要包括物理、化学刺激和感染。物理因素主要包括牙结石、钉子、铁丝、骨头、鱼刺等直接损伤口腔黏膜继发感染而引起；化学因素主要指误食生石灰、强酸强碱，或经口腔投喂强腐蚀性药物；感染因素主要指某些细菌和真菌感染。

（2）继发性口炎　常继发于传染病，如犬瘟热、犬传染性肝炎、猫传染性鼻气管炎、猫杯状病毒感染、冠状病毒感染、猫白血病、猫免疫缺陷病、钩端螺旋体病等；继发于内分泌疾病，如糖尿病、甲状旁腺功能减退、肾病等；继发于代谢病，如某些微量元素、B族维生素缺乏；继发于免疫系统疾病，如系统性红斑狼疮、接触性皮炎、猫嗜酸性肉芽肿等。

【临床症状】　犬、猫患原发性口炎时通常有食欲，但只能采食液体或较软的食物，不加咀嚼即行吞咽。大量流涎，口腔黏膜红、肿、热、痛，抗拒检查。有的在吃食时，突然尖声嚎叫，痛苦不堪。呼出气常带有难闻的臭味。下颌淋巴结肿大，有时轻度发热。

【治疗措施】 治疗原则是确定并消除病因,控制炎症,对症治疗,加强护理。

首先,应找出病因,并尽可能加以排除,必要时在全身麻醉后进行,如拔除口腔黏膜上的异物、修整锐齿等。

继发性口炎应积极治疗原发病。对细菌性口炎,可选用有效的抗生素治疗。霉菌性口炎,选用酮康唑、灰黄霉素或抗癣特片。坏疽性口炎,应全身应用抗生素。

对症治疗一般可用生理盐水、2%～3%硼酸溶液冲洗口腔,每日2～3次;口腔黏膜或舌面发生溃疡时,在冲洗口腔后,用1%碘甘油或1%龙胆紫涂布创面,每日1～2次。

咽　炎

咽炎是咽黏膜及其深层组织的炎症,临床上以吞咽困难、咽部肿胀及敏感为特征。

【病　因】

(1)原发性咽炎　犬、猫比较少见,多因物理性或化学性刺激引起,如犬、猫吞食骨头、鱼刺等异物刺伤,热食热水烫伤,吞食冰冻食物,刺激性强烈的药物刺激等。

(2)继发性咽炎　可继发于口炎、扁桃体炎、感冒或邻近组织器官的炎症。亦见于狂犬病、犬瘟热、犬钩端螺旋体病、犬传染性肝炎、猫泛白细胞减少症、猫尿毒症、维生素缺乏等。

【临床症状】 初期食欲下降、流涎、呕吐、空口吞咽,有时吐出白色泡沫状黏稠物,咽部黏膜充血肿胀,颌下淋巴结肿大。若疼痛严重,拒绝饮水。咽部触诊敏感性增加,人工诱咳阳性。有的犬、猫出现全身症状而表现乏力、拒食、咳嗽和体温升高。

【治疗措施】 治疗原则是加强护理,对症治疗。

(1)加强护理　可给予流质易吞咽食物。

(2)对症治疗　可使用抗生素、止吐药、镇痛药。

咽痉挛

咽痉挛是环咽部括约肌舒张不全所致吞咽困难(尤其是固体食物)的疾病。成年犬、猫很少发生,仅见于断奶后的幼龄犬、猫。

【病　因】　本病是支配咽部环状括约肌的神经(主要是迷走神经)异常所致。

【临床症状】　仔犬、猫断奶后开始采食固体食物时,持续出现吞咽困难,只能吞咽少量流质食物,固体食物滞留在咽后部多被吐出。同时,可诱发咳嗽和流出少量鼻液,或继发吸入性肺炎,出现粗厉的肺泡呼吸音。

【治疗措施】　咽部环状括约肌切断术是目前有效的治疗方法。术后2天即可采食和吞咽固体食物。若手术切断处肌纤维发生瘢痕性收缩,有术后1~2周复发的现象。对吞咽困难的犬、猫,应注意给予流质食物,宜少食多餐。

扁桃体炎

扁桃体炎是扁桃体受感染或刺激而发生的充血和肿胀。根据病因可分为原发性扁桃体炎和继发性扁桃体炎;根据病程可分为急性扁桃体炎和慢性扁桃体炎。

【病　因】　原发性扁桃体炎常为某些细菌、病毒感染所致。物理或化学性刺激可引起发病。邻近器官炎症的蔓延、慢性呕吐、幽门痉挛、支气管炎等,可继发本病。

【临床症状】

(1)急性扁桃体炎　食欲下降、流涎、干呕或呕吐、吞咽困难,重症者体温升高,颌下淋巴结肿胀,常有轻度的咳嗽。扁桃体潮红肿胀,由隐窝向外突出,表面有白色渗出物,有的可见坏死灶或形成溃疡。

(2)慢性扁桃体炎　以反复发作为特征,隐窝上皮纤维组织增生,口径变窄或闭锁,扁桃体表面失去光泽,呈泥样。

【治疗措施】 针对病因治疗,抗菌消炎,防止继发感染。

急性扁桃体炎初期,可在颈部冷敷。除去扁桃体黏膜上的渗出液,可涂擦碘甘油。

对采食困难的犬、猫,可采用液体疗法,补充液体、能量、电解质。

对反复发作的慢性炎症,应在炎症缓和期手术摘除扁桃体。

多 涎 症

多涎症是指从口中流出大量唾液的现象。因唾液腺分泌亢进而表现出来的流涎状态称为真性流涎症,而因吞咽困难所致的流涎称为假性流涎症。犬在高温情况下分泌大量稀薄唾液,属生理现象。

【病　因】

(1)真性流涎症 常见于刺激唾液腺分泌的药物及毒物中毒;作用于副交感神经和交感神经的药物以及苦味药物的应用;口腔器官炎症、唾液腺感染;胃的反射性兴奋;神经系统疾病;痉挛、恐惧等心理性刺激;某些传染病的经过也可发生流涎。

(2)假性流涎症 常见于颅骨骨折、下颌骨骨折、换牙、下颌关节炎症、扁桃体炎、咽炎、食道炎病程中,或因口、咽、食道异物及唇、舌、咽麻痹等,导致唾液吞咽障碍。

【临床症状】 口唇周围有很多泡沫样唾液是最明显的症状。当分泌亢进而无吞咽障碍时,唾液全部咽下,胃呈膨胀状态,有的出现反射性呕吐。假性流涎常伴有唇下垂或舌脱出。

【治疗措施】

(1)治疗原发病 对药物或毒物中毒引起的流涎应催吐或洗胃,选用解毒剂。对神经性或反射障碍引起的流涎,应使用镇静剂。

（2）抑制唾液分泌　可使用硫酸阿托品，每千克体重 0.03～0.05 毫克，皮下注射。

食 道 炎

食道炎是食道黏膜表层及深层的炎症。

【病　因】　原发性食道炎，主要是由于机械性、化学性和温热刺激，损伤食道黏膜所致。继发性食道炎，可由于咽或胃黏膜炎症的蔓延，亦可见于食道梗塞、食道痉挛、食道狭窄等使食物滞留于食道，继发食道炎。使用肌肉松弛类药物、食道周围肿瘤和淤血及感染食道虫等，均可导致食道炎。

【临床症状】　病犬初期食欲不振，很快表现吞咽困难，大量流涎和呕吐。广泛性坏死性病变可导致剧烈的干呕或呕吐。常拒食或吞咽后不久即发生饮食反流。急性食道炎的病犬由于胃液逆流发出异常呼噜音，口角黏着纤维状液。急性严重吞咽困难时，呈食道梗阻样反应。

【治疗措施】　首先，应除去刺激食道黏膜的因素。误食腐蚀性物质和胃液逆流等引起急性炎症时，为了缓解疼痛，可口服利多卡因等局部麻醉药，同时用抗生素水溶液反复冲洗，并结合全身抗感染治疗。

大量流涎时，可用硫酸阿托品 0.05 毫克/千克体重，皮下注射。

对尚有采食能力的病犬，应给予柔软且无刺激性的饮食。注意要少食多餐。

食 道 痉 挛

食道痉挛是食道感染和运动亢进的一种综合征。当吞咽运动时，环状咽头括约肌过分弛缓而使食道不蠕动、胃食道括约肌反射性扩张，贲门呈机械性闭塞状态。

【病　因】　确切病因尚不清楚。有人认为与遗传因素有关，也有后天产生的。据报道，食道外迷走神经病变或食道肌神经节细胞异常是导致食道痉挛的原因。多于断奶时发病。

【临床症状】　病犬食欲正常，长期呕吐食物，空口咀嚼，口内流涎，头颈伸展，在食道沟处能看到食道痉挛收缩的波动。先天性呕吐的犬消瘦、发育不良。

【治疗措施】　目前尚无有效治疗方法。

由于蓄积的颈胸部食道食物较易进入胃内，所以可把食物放到高台上，让犬坐着吃食。

将固体食物与流质食物混在一起，少量多次饲喂。痉挛发作时，应用抗痉剂有一定效果。

对有价值的军、警用犬，可施以咽头造瘘术，通过喉头瘘管补给食物。

食道梗阻

食道梗阻是指食道突然被食团或异物所梗阻的状态，临床上以突然发病和吞咽困难为特征。犬的食道梗阻分为完全梗阻和不完全梗阻，多发生于食道的胸腔入口处、心底部和进入食道裂孔处。

【病　因】　混在食物中的饲料块片或鱼刺及外形不规则的骨片等在食道中滞留，衔取小的石子、球状物、玩具等小物体因嬉戏而误咽，采食过急或采食时突然受惊等均可致病。

偶然吞下如鱼钩等刺状物，虽然异物本身不能造成梗阻，但由于异物刺入黏膜引起局部肌肉强直和组织水肿而呈梗阻状态。偶见呕吐时胃内异物滞留食道的病例。

【临床症状】　完全梗阻的病犬表现拒食、不安、头颈伸直、大量流涎，有哽咽或呕吐动作，即使采食也立即全部吐出，有时吐血或带泡沫的黏液。常用后肢搔抓颈部，发生阵咳、窒息甚至头部水肿。

不完全梗阻的病犬吐出固体食物，可食流质饲料，饮水。如呕吐物吸入气管，刺激上呼吸道则出现咳嗽。锐利异物造成食道壁裂伤。梗阻时间长的，因压迫食道壁发生坏死或穿孔时，呈急性症状，病犬高热，伴发局限性纵隔窦炎、胸膜炎、脓胸、脓气胸等，多取死亡转归。

【治疗措施】 试用催吐剂阿扑吗啡 3 毫克皮下注射，除去食道内梗阻的异物；或行全身麻醉，在食道内窥镜观察下，取出异物。胸部食道内异物经口排出较困难，可行腹部手术试从胃侧牵引摘出。异物在颈部食道内滞留或梗阻的，可于胸廓入口处去除。

严重衰弱、脱水和食道穿孔的犬，尤其在异物压迫食道壁疑似坏死而又无法引出且危及生命时，要施以食道切除术，采取断端吻合，食道双层单纯连续缝合即可。缝合部打结不宜太紧，因食道愈合较难，要多加注意。食道梗阻持续时间长时，均有并发症，必须局部及全身大量投予抗生素。

食道憩室

食道憩室是指食道壁的一部分呈囊状扩张，多发于胸腔入口处的食道，分为鼓出性憩室和牵拉性憩室两种。

【病　因】

(1)鼓出性憩室 发生较少。是先天性食道肌肉层收缩无力，由于吞咽动作，食道内压力增高而逐渐鼓出，多发生在咽和食道的结合处。

(2)牵拉性憩室 发生较多。因受外部拉力等作用，使食道壁部分或全部呈囊状扩张，多见于食道周围淋巴结、脊椎、肺等器官炎症愈合时。这种憩室较小，多单独发生，主要发生部位为气管分支部。先天性血管环异常的犬，其前端的食道也可能出现憩室。

【临床症状】 根据食道憩室的大小、食物滞留量的多少而表现出不同的临床症状。病犬食欲减少,身体消瘦,吞咽困难,流涎,间歇性呕吐时呕吐物中常有黏液以及未消化的食物。食后触摸颈部有肿瘤样感觉。鼓出性憩室多长期无症状。

【治疗措施】 无症状的小憩室不必治疗。狭窄部前方的憩室要通过矫正狭窄部而缩小,有的可恢复至接近正常。

对与周围组织粘连而发生的食道憩室,可通过外科手术分离。憩室中有食物残留时,要冲洗干净,以防发生憩室炎。

对已经出现症状的犬,可手术切除食道的囊状部。

唾液腺炎

唾液腺包括腮腺、颌下腺和舌下腺。机体在受到外界或内在不良因素的影响时,往往会引起唾液腺炎。其中最常见的是腮腺炎,其次是颌下腺炎,舌下腺炎较为少见。犬、猫有时呈地方性流行。

【病　因】 有原发性和继发性两种。原发性唾液腺炎主要是由于局部外伤,如尖锐异物刺入腮腺管或颌下腺管,并受到附着的病原微生物的侵害而引起。继发性唾液腺炎的病因常见于口炎、咽炎、腮腺管结石等。

【临床症状】 因病因的不同,所表现的临床症状也不一样。急性唾液腺炎多为一侧性,初期体温升高,周围组织发生炎性浸润。局部红、肿、热、痛,头颈部常偏向一侧,伴有采食、咀嚼障碍、吞咽困难、流涎等症状。化脓性腮腺炎常向邻近组织蔓延,甚至破溃流脓。

【治疗措施】 治疗原则是去除病因,抗菌消炎。

病初宜用50%酒精温敷,再用碘软膏或鱼石脂软膏涂搽,或用磺胺碘化钾凡士林软膏涂搽,并配合抗生素治疗。化脓时,应迅速切开排脓,并用3%过氧化氢溶液或0.1%高锰酸钾溶液冲洗,同时注射抗生素。

给予清淡易消化且富含营养的饲料。

急性胃炎

急性胃炎是由于摄取刺激性物质而引起胃黏膜的急性炎症，以呕吐、胃压痛及脱水为特征。犬的急性胃炎发病率较离，为分原发性和继发性两种。

【病　因】　原发性急性胃炎，见于摄取不消化和腐败变质的饲料、饮入污水、食物过冷或过热、牙齿疾病等；投服有刺激性的药物；误食磷、砷、铅、铝、硫酸等化学药物等，刺激胃肠黏膜而引起本病。此外，饲喂鸡蛋、牛奶、鱼肉等也可引起变态反应性胃炎。继发性急性胃炎常继发于犬瘟热、犬细小病毒病、犬传染性肝炎等急性传染病以及细菌性肾炎、急性尿毒症、食物中毒等。

【临床症状】　患病犬、猫病初呕吐食糜、泡沫状黏液或胃液，呕吐物中常含有血液、脓液或絮状液，食欲不振或废绝，体温升高，饮欲增强。大量饮水后，可加重呕吐。患病犬、猫起初便秘，继发肠炎时，则发生腹泻。舌苔呈黄白色，口臭。触诊腹壁紧张，前肢向前伸展。随病情加重，眼窝凹陷，皮肤弹性降低。幼犬可迅速脱水，引起严重的电解质失调。

【治疗措施】　治疗原则是除去病因，减轻炎症，纠正酸碱平衡紊乱。

由食物引起的轻度胃炎，应对犬禁食 24 小时，尽量限制饮水。之后给予青菜汤、温热牛奶、稀饭等易消化的食物，应注意少食多餐。

因有毒物质残留胃内引起的，可用盐酸阿扑吗啡 3～5 毫克皮下注射，或用其 1% 水溶液灌服。有毒物质进入肠道难以吐出时，可经口灌服蓖麻油 15～60 毫升。

顽固性呕吐的犬、猫，可用氯丙嗪 1 毫克/千克体重肌内注射。也可口服甲氧氯普胺 1～2 片，每日 2 次。剧烈呕吐而导致脱水、电解质丢失的,可用复方氯化钠注射液和5%葡萄糖注射液等量混合静脉滴注。同时,注意补充钾离子和维生素C。

为增加食欲、健胃镇痛,可投服橙皮酊、稀盐酸、苦味酊、人工盐、乳酶生等。

慢性胃炎

慢性胃炎是胃黏膜的慢性炎症,以引起胃蠕动和消化障碍为主要特征。多发于老龄犬、猫。

【病　因】　病因尚未完全明确。中枢神经功能失调,影响胃的功能,可能与本病有关。急性炎症因素的长期刺激、胃酸缺乏、营养不足、内分泌功能障碍等,均可引起本病。

【临床症状】　病程呈慢性经过。患病犬、猫主要表现为与采食无关的间歇性呕吐,呕吐物常混有少量鲜血。患病犬、猫常有逆呕动作,食欲不振,逐渐消瘦,被毛粗糙无光,轻度贫血,最后发展为恶病质状态,导致死亡。

【治疗措施】　尽快除去病因,少量多次饲喂易消化的食物。剧烈呕吐时,投给止吐灵或氯丙嗪。为保护胃黏膜,可口服硫糖铝片、丽珠得乐。乳酶生、胃蛋白酶、淀粉酶等可起到健胃作用。

对胃酸缺乏的犬,可灌服稀盐酸0.5～3毫升,每日2～3次。

由传染病继发的慢性胃炎,可投给抗生素和磺胺类药物。

胃内异物

本病因误食难以消化的异物并滞留于胃内而引起,多见于小型品种犬及幼龄犬、猫。

【病　因】　犬误食煤块、石头、骨头、毛团、木块、线手套、尼龙袜、破布、塑料、金属物等;或在训练时及幼犬嬉戏时误咽训练物、果核、小的球类和玩具等;营养不良、维生素和矿物质缺乏,患寄生虫病、胰腺疾病及有异食癖的犬均可发生本病。

【临床症状】　病犬病初食欲不振,采食后出现呕吐,精神沉郁,痛苦不安、呻吟,经常改变躺卧地点和位置。时间长则消瘦、体重减轻。触诊胃部敏感。尖锐异物可引起胃黏膜损伤,有呕血和血便,易发生胃穿孔。

【治疗措施】　初期投予催吐剂 0.1% 盐酸阿扑吗啡 5～10 毫升,皮下注射,使其呕吐排出异物。有时有些异物可与肠内容物一并排出。因此,可观察 2～3 天再处置。

对量多而大的异物可行胃切开术取出异物。

对有异嗜的犬,应根据情况治疗原发病。

在训练和嬉戏时,应特别注意防止犬误食异物。

胃 扩 张

胃扩张是由于胃的分泌物、食物或气体积聚使胃发生扩张而引起的一种腹痛性疾病。以发病急、腹部膨胀和腹痛为主要特征。

【病　因】　因食入大量干燥难以消化或易发酵的食物,继而剧烈运动,饮用大量冷水,使食物和气体积聚于胃内;异嗜、分娩、呕吐、全身麻醉、腹部手术、脊髓损伤、胃的恶性肿瘤等作用于胃壁及自主神经,抑制胃的运动和分泌功能;胃扭转、肠梗阻、便秘等机械性阻塞,都可引起胃扩张。

【临床症状】　病犬腹部胀满,因腹痛而嚎叫不安,干呕、呕吐、流涎,可视黏膜潮红,呼吸困难,脉搏增数。触诊腹前部增大变硬。叩诊呈鼓音。病后期,因脱水、自体中毒而使病情恶化。若不及时治疗,常会在短时间内致死。

【治疗措施】　单纯过食时,可用催吐剂使犬呕吐,如阿扑吗啡 2～10 毫克皮下注射。

急性胃扩张应插胃管排出胃内气体,用温生理盐水反复洗胃。也可用大针头插胃放气,同时以药物镇痛。若放气不能获得显著效果时,应尽早进行腹部手术,使胃排空。

胃 扭 转

胃扭转是胃幽门部从右侧转向左侧,导致食物后送功能障碍的疾病。本病多发生于大型犬,雄犬比雌犬多发。

【病　因】　致使胃脾韧带伸长、扭转的各种因素,如饱食后训练、打滚、跑、跳跃以及旋转等,均可引起犬的胃扭转。

【临床症状】　发病急,突然发生腹痛,不安,卧地滚转。腹部膨满,腹部叩诊呈鼓音或金属音。腹部触诊敏感。病犬呼吸困难,脉搏频数。如不及时抢救,则很快死亡。

【治疗措施】　确诊为胃扭转时,首先应开腹进行探查,使诊断结果更明确。先将胃内气体排出,用注射针头或用连接吸引装置的穿刺针穿刺,排出胃内气体后进行整复。如果胃内容物多且冲洗不出来,或胃内有肿块存在时,可行胃切开术,除去全部内容物,切除肿块。

整复后给予蛋白酶 0.2 毫克、乳酶生 1 克、干酵母 4 克,口服,每日 2～3 次。同时,给予维生素 B_1、维生素 B_6 和维生素 C 等。

手术后,给予抗生素或磺胺类药物抗菌消炎,有助于术后愈合;为维持水和电解质平衡,必要时可静脉注射 50% 葡萄糖盐水。术后停喂 24～48 小时,停喂期间通过静脉补充营养,以后可饲喂少量牛奶、肉汁、稀饭等易消化的食物,喂饲量要逐渐增加,直至达到正常饲喂量。

胃 出 血

本病是由多种原因引起的胃黏膜出血,以吐血、便血及贫血为主要特征。

【病　因】　异物(骨头、木片、塑料片、玻璃等)对胃黏膜的损伤、中毒(采食磷、砷等化学药物或误食灭鼠药等)、传染病(犬瘟热、钩端螺旋体病等)、严重胃炎、胃溃疡、胃肿瘤等,均可引起胃出血。

【临床症状】　呕血,呕吐物有酸臭味,呈暗红色,血便恶臭似煤焦油样。病犬饮欲增强、倦怠、出汗、步态不稳,可视黏膜苍白、呼吸加快、心音亢进、呈贫血性杂音等。发病后期嗜睡,四肢厥冷,肌肉震颤而死亡。

慢性胃出血除贫血外,表现食欲不振、营养不良、皮下水肿和胸、腹腔积液等。

【治疗措施】　治疗原则是找出病因,对症治疗。

可用垂体后叶素 10 毫克、止血敏 100～400 毫克,静脉滴注。

对重度贫血的病犬,以 5～7 毫升/千克体重剂量输入全血。硫酸亚铁 0.1～0.5 克,口服,叶酸 5～10 毫克,皮下注射。大量补液的同时,可用维生素 K_1 按 0.5～2 毫克/千克体重剂量,皮下注射;10% 氯化钙注射液 5～10 毫升,静脉注射。

病犬要绝对保持安静,饲喂易消化的食物,少食多餐。也可在食物中加入少量蛋白酶、淀粉酶和脂酶。

急性肠炎

急性肠炎是肠道表层组织及其深层组织的急性炎症,临床上以消化功能紊乱、腹痛、腹泻、发热为特征。本病见于各种年龄和品种的犬、猫,无明显性别差异,但以 2～4 岁的小型纯种犬多发。

【病　因】　导致原发性急性肠炎的主要原因有:饲养不良,如食入腐败食物、化学药品、灭鼠药中毒等;过度疲劳或感冒等,使胃肠屏障功能减弱;滥用抗生素而扰乱肠道的正常菌群也可引起急性肠炎。某些传染病(如犬瘟热、犬细小病毒病、钩端螺旋体病等)及寄生虫病(如钩虫病、蛔虫病、球虫病等)也常伴发急性肠炎。

【临床症状】　病犬在病初呈肠道卡他性炎症变化,常见的症状为急性水样下痢。同时,还表现食欲不振或废绝,通常幼龄犬的临床表现较成年犬严重。小肠和胃的急性炎症表现为频繁呕吐,若有上消化道出血时，粪便呈煤焦油色或黑色。大肠急性炎症时，则表现为里急后重，排黏液性稀便，若有出血则在粪便表面附有鲜血。严重的犬表现发热、腹部紧张、疼痛、黏膜苍白、脱水等。

【治疗措施】 在 24 小时内应禁食，对脱水的患病犬应进行输液。输液以选用乳酸林格氏液为好，根据脱水程度确定输液量，要在 1～2 天内纠正脱水。同时，纠正酸中毒和碱中毒，酸中毒时应补充碳酸氢钠，碱中毒时可补充氯化铵或氯化钠。

呕吐严重的犬，可用止吐灵注射液 1～2 毫升，肌内注射；或用甲氧氯普胺注射液，每千克体重 10 毫克，肌内注射；或氯丙嗪，每千克体重 0.6 毫克，肌内注射。

对出血性下痢病犬，在用止血药物止血的同时，应选用庆大霉素、卡那霉素等广谱抗生素，防止细菌的继发感染。

对寄生虫引起的肠炎，应及时用抗寄生虫药物进行驱虫。

对中毒犬要尽快用解毒药解毒，及时排出毒物，减少吸收。

呕吐控制后，可口服补液盐。能够少量进食的犬，可给予易消化无刺激性的食物，如菜汤、稀饭、肉汤等。

慢性肠炎

慢性肠炎是肠黏膜的慢性炎症。

【病　因】 原发病因尚不完全明确，继发或伴发慢性肠炎的疾病主要有淋巴细胞-浆细胞性肠炎、嗜酸细胞性肠炎、绒毛萎缩、小麦过敏性肠炎等。此外，小肠内细菌过度增殖、淋巴管和淋巴肉瘤等也可引起慢性肠炎。

【临床症状】 病犬主要表现食欲不振，长期持续腹泻，消化吸收不良，营养缺乏，体况消瘦。

【治疗措施】 以对症治疗为主。对严重腹泻的犬，可每天输液以补充营养，必要时应补充氨基酸及葡萄糖。投予止泻收敛药，如次硝酸铋、鞣酸蛋白等。由于病犬多能进食，故可给予易消化吸收的食物。

出血性胃肠炎综合征

出血性胃肠炎综合征是犬的一种致病原因不明的疾病，以突然呕吐和严重血样腹泻为特征。

【病　因】　本病与细菌内毒素引起的内毒素性休克、变态反应或过敏性反应相类似，有人提出与免疫性结肠炎的发病机制相似，还有人认为梭状芽孢杆菌与本病的发生有关，但目前均无定论。本病多见于2～3岁的青年犬，无品种和性别差异。但小型玩赏犬、小型史纳沙犬和北京犬发病较多。

【临床症状】　腹泻前2～3小时，突然呕吐，呕吐物中常混有血液，排恶臭果酱样或胶冻样粪便。病犬精神沉郁、嗜睡，毛细血管充盈时间延长，发热，腹痛，烦躁不安。

【治疗措施】　组胺球蛋白，0.5～1毫升/次，皮下注射；止血敏，100～200毫克/次，肌内注射，每日2～3次；止吐灵，1～1.5毫升/次，肌内注射。

对 HCT 值在60%以上的病犬要静脉留针滴注乳酸林格氏液加抗生素，速度控制在每小时13～14毫升/千克体重。间隔2～3小时检查一次 HCT 值，直到毛细血管充盈时间正常（1～2秒）为止。HCT 值下降后的2～3天，继续滴注乳酸林格氏液。

病犬能饮水时，可给予流质食物，逐渐减少输液量。

吞食异物

幼犬经常吞食异物，在临床上出现消化障碍和明显的急腹症。

【病　因】　幼犬特别是大型品种犬中的幼犬，由于生长速度快，如果日粮中维生素和矿物质含量不足或患有寄生虫病时，可致使幼犬消化功能紊乱，吞食沙子、泥土、炉渣、墙皮等异物。还有一些犬在玩耍游戏时，突然受到惊吓不慎吞食玻璃球、橡皮弹力球、塑料、木片、发夹、别针等异物致病。

【临床症状】 维生素和矿物质不足或因患有寄生虫病引起吞食异物的犬表现为异食癖，消瘦，也可能腹泻，贫血，呕吐。触诊腹部，在胃内或肠内可摸到细沙样或较大的石块等异物。如果犬吞食较大异物和尖锐异物，常常引起肠梗阻或胃肠穿孔，出现明显的急腹症。异物在胃内或肠内造成肠管不完全梗阻，病犬表现为呕吐和厌食的间歇性发作。高位性肠内异物完全性梗阻，病犬表现为频繁呕吐，低位性肠内异物完全梗阻，梗阻前方肠管扩张，积气，积液，腹围增大。如果是尖锐异物，很容易发生胃、肠穿孔，初期因剧烈腹痛可出现疼痛性休克症状，穿孔后期或梗阻后肠坏死。一般腹部触诊可触及吞食的异物。

【治疗措施】 对于营养缺乏者可喂给全价日粮，也可在日粮中添加多维素和微量元素，有寄生虫感染者，可用盐酸左旋咪唑或丙硫咪唑驱虫，按每千克体重 10～15 毫克口服，每日 1 次，连用3 天。

对于胃内有较多异物或较大异物的病犬，可采取胃切开术取出异物；如果发生肠梗阻可做肠切开术。

肠套叠

肠套叠是指一段肠管及其附着的肠系膜套入到邻近一段肠腔内的肠变位。犬的肠套叠较多见，尤其是幼犬发病率较高，多见于小肠下部套入结肠。因盲肠和结肠的肠系膜短，有时也发生盲肠套入结肠、十二指肠套入胃内。

【病 因】 主要由于过度活动和肠道的痉挛性蠕动所致，常见于犬细小病毒感染、犬瘟热、感冒、肠炎以及寄生虫寄生等的刺激；食入大量食物或冷水时，肠内气体增加，刺激局部肠道产生剧烈蠕动，引起近端肠道套入远端肠道；幼犬断奶后采食新的食物引起吸收不良等也可引起发病；反复剧烈呕吐、肠肿瘤和肠道局部增厚变形,也能引起肠套叠。

【临床症状】　急性型表现为高位性肠阻塞症状,几天内即可死亡。慢性型可持续数周不等。肠套叠病犬主要表现为食欲不振、饮欲亢进、顽固性呕吐、黏液性血便、里急后重、腹痛、脱水等。腹部触诊有紧张感,右下腹部可触摸到坚买而有弹性似香肠样的套叠肠段,粗细为肠管的2倍左右,套入长度不等。按套入层次分为3级,一级套叠如空肠套入空肠或回肠,回肠套入盲肠;二级套叠为空肠套入空肠再套入回肠;三级套叠为空肠套入空肠,又套入回肠,再套入盲肠。X线检查可见2倍肠管粗细的圆筒样软组织阴影。剖检时可见套肠下段套入回肠,一段空肠套入另一段空肠,套叠部分淤血、肿胀,呈香肠样。

【治疗措施】　对早期肠套叠病犬,可用温肥皂水灌肠。

对症状明显病例应尽早手术整复。病犬的保定、麻醉、术前准备和腹腔的打开按常规方法进行。打开腹腔后,将套叠肠段拉到腹腔外。术者一只手握住套叠肠管的鞘部向外挤,另一只手慢慢试着向外拉。

肠 梗 阻

肠梗阻是肠腔的物理性或功能性阻塞,使肠内容物不能顺利下行。临床上以剧烈腹痛及明显的全身症状为特征。根据肠腔阻塞程度,可分为完全梗阻和不完全梗阻。

【病　因】　物理性因素有肠内异物(如误吞牵引带和布条等)、粪便秘结、肠道寄生虫、肠道内外肿瘤、肠炎、肠套叠、肠绞窄、肠扭转、肠道手术后形成瘢痕及疝等,使肠腔闭塞,造成机械性肠梗阻。

功能性因素有支配肠壁的神经功能紊乱或发炎、坏死,导致肠蠕动减弱或消失,或肠系膜血栓,导致肠管血液循环发生障碍,继而使肠壁肌肉麻痹,肠内容物滞留。

【临床症状】 主要表现为神经性呕吐。呕吐物的性状及呕吐时间依阻塞部分和程度而异。不完全梗阻的仅在采食固体食物时发生呕吐，此时饮欲亢进。由于呕吐时吸入空气、胃肠道内产生气体及分泌亢进等，使腹围膨胀和脱水。肠蠕动音先亢进后减弱，排出煤焦油样腹泻便，以后排便停止。阻塞和狭窄部位的肠管充血、淤血、坏死或穿孔时，可表现腹痛。

【治疗措施】

(1)物理性阻塞 手术除去阻塞物。阻塞部肠段发生坏死的，要切除坏死部分肠段，做肠断端吻合术。

(2)功能性阻塞 因肠道功能丧失，对肠管扩张和内容物不能顺利下行的，可做肠腔缩窄整复手术。

术后禁食 48 小时，静脉补液。用高浓度葡萄糖时，每 100 毫升加氢化可的松 15 毫克，以预防静脉炎和静脉栓塞。补给能量的同时，要添加维生素 C 和复合维生素 B。为控制感染，应选用青霉素、链霉素。禁食 48 小时后，可饲喂肉汁等流质营养食物，3 天后改为常食。

结 肠 炎

结肠炎是结肠的慢性炎症性疾病。

【病　因】 病因尚不完全清楚。一般认为与自身免疫反应有关。细菌的急性感染、化学刺激、全身性疾病以及犬紧张不安而使结肠蠕动亢进等均可致病。结肠黏膜损伤（如骨片、木片等），也可引起结肠炎。

【临床症状】 病犬排便量多，呈喷射状，粪便稀薄如水，有难闻的气味。结肠黏膜损伤严重时，腹泻便带血，里急后重，体温正常或升高。病犬腹痛，消瘦。持续出血或腹泻的犬，可导致贫血或脱水。

【治疗措施】 首先改变犬的生活环境，除去病因。给予易消化、营养丰富的食物,禁喂有刺激性的食物。

根据粪便培养和药敏试验选择抗生素,一般口服抗生素效果较好。

对剧烈腹泻的犬,用阿托品 0.015 毫克/千克体重,分 3 次口服,以使肠蠕动减弱,延长内容物在肠道内的通过时间,增加水分吸收。同时,给予药用炭 10 毫克/千克体重,或鞣酸蛋白 100 毫克/千克体重,分 3 次口服。

急性病例可用氢化可的松 100~200 毫克静脉注射,慢性病例可用强的松 5 毫克口服,每日 2 次。

贫血严重的犬,可考虑输血或口服人造补血液。

便　秘

便秘是指肠道内容物和粪团积滞于肠道的某部(主要在结肠和部分直肠),逐渐变干变硬,使肠道扩张直至完全阻塞。若便秘时间过长,肠道内容物中的蛋白质异常发酵及其分解产物被吸收,可引起自体中毒,导致全身性变化。本病多发于老龄犬、猫。

【病　因】　长期饲喂干食物,限制摄取流体食物;食入过量的骨头、过量的骨粉或磷酸钙盐,使肠道内形成一种不易移动的灰浆块等;采食过少,对肠道的机械或化学刺激不足;促进排便的肌肉弛缓无力等,均可引起本病。

本病也常继发于排便疼痛的疾病,如直肠内异物、肛门囊炎、肛门囊肿、肛门周围形成瘘管、肛门狭窄、肛门痉挛;有机械性通过障碍的疾病,如前列腺肥大、骨盆腔肿瘤、骨盆骨折恢复后的骨盆狭窄、结肠和直肠的肿瘤、会阴疝等;支配排便的神经异常,如脊髓炎和脊椎骨折压迫骨髓所致的后躯麻痹,老龄犬、猫迷走神经紧张性减退及特发性巨大结肠症等;内分泌紊乱所致的甲状旁腺功能亢进和甲状腺功能减退而引起结肠平滑肌功能减退。

此外,全身衰弱和高度脱水也可诱发本病。

【临床症状】 病犬食欲不振或废绝,间或呕吐或呕粪,尾巴伸直,步态紧张。脉搏加快,可视黏膜发绀。轻症犬反复努责,排出少量秘结便,重症犬排出少量混有血液或黏液的液体。肛门发红和水肿,触诊后腹上部有压痛,肠音减弱或消失。直肠指诊能触到硬的粪块。

【治疗措施】 对较轻的早期病例,腹部触压积结的粪便并将其捏碎。用液状石蜡或肥皂水灌肠,也可灌服硫酸镁 10～20 克,常水 200 毫升。口服果导片 1～3 片,效果较好。小型犬也可用开塞露于肛门内挤入。

便秘持续时间长,药物治疗无效时,可进行剖腹手术排便。对继发性便秘应同时治疗原发病。

直 肠 脱

本病是指后段直肠黏膜层脱出肛门(脱肛)或全部翻转脱出肛门(直肠脱)。犬不分品种和年龄均可发生本病,但年轻犬更易发生。

【病 因】 常见于胃炎、腹泻、里急后重、难产、前列腺炎、直肠便秘及代谢产物、异物和裂伤引起的激烈努责。饲喂缺乏蛋白质、水和维生素的多纤维性饲料,严重感染蛔虫、球虫等寄生虫的青年犬易发。先天性直肠括约肌无力的波士顿小猎犬在发育期,比其他品种犬易发。

【临床症状】 仅直肠黏膜脱出(脱肛)的犬,在排便或努责时,可见淤血的直肠黏膜露出肛门外。直肠翻转脱出(直肠脱)的犬,肛门突出物呈长圆柱状,直肠黏膜红肿发亮。如果直肠持续突出,黏膜变为暗红色至发黑,严重时可继发局部性溃疡和坏死。病犬常反复努责,在地面上摩擦肛门。仅能排出少量水样便。

【治疗措施】

(1)脱出直肠整复手术 本法适用于脱肛初期,水肿轻微,黏膜没有破损、坏死者。病犬横卧或仰卧保定，垫高后躯。用 0.1％ 高锰酸钾溶液清洗脱出的黏膜，针刺水肿部位，并多点注射医用酒精，待水肿黏膜皱缩后，再慢慢还纳，直到完全送回为止。然后于肛门周围深部肌内注射酒精，每点 3 毫升。

（2）骨盆腔内壁固定术　本法适于直肠脱出早期，无肠黏膜坏死时治愈率达 100％。其手术路径是在左侧髋结节向最后肋骨引水平线，于该连线的中点为切口起点，向下垂直切开腹壁 5～7 厘米，打开腹腔。脱出的直肠黏膜用生理盐水冲洗，用自制的圆锥形棉球涂少量甘油进行整复，还纳腹腔内。然后直肠内插入相应粗细的橡胶管（便于缝合），将犬倒提，使小肠前移，充分暴露直肠再做直肠左侧和右侧壁与骨盆侧壁结节缝合 2～3 针（不要穿透肠黏膜），以固定直肠。缝完即可拔出橡胶管。为防止感染，可腹腔内注入青霉素、链霉素溶液。

（3）直肠切除术　适于直肠脱出时间长、黏膜水肿严重、坏死者。其方法为对病犬常规麻醉、保定。用 2 根直径 2 毫米，长 20 厘米的不锈钢针，于脱出的直肠基部行十字交叉穿透固定，然后距插钢针处 1～1.5 厘米处用刀切除脱出的全部直肠，充分止血后，先以 3 毫米间隔结节缝合浆膜，然后再结节缝合黏膜，将浆膜层包埋。最后拔出钢针，肠管自动回缩到肛门内。

肛门囊炎

肛门囊炎是肛门囊内的腺体分泌物蓄积于囊内，刺激黏膜而引起的炎症。本病常见于小型犬，大型犬很少发生。

【病　因】　犬的肛门囊位于内、外肛门括约肌之间的腹侧，左、右各 1 个，呈球形。中型犬的肛门囊直径为 1 毫米左右。肛门囊以 2～4 毫米长的管道开口于肛门黏膜与皮肤交界部。把犬尾部上举时，开口部突出于肛门，易于看到。肛门囊内衬以腺体，分泌灰色或褐色含有小颗粒的皮脂样分泌物。当肛门囊的排泄管道被堵塞或犬为脂溢性体质时,其腺体分泌物发生蓄积,即可发生本病。此外,肥胖犬的肌肉节律性运动失调,也可使肛门囊内容物排泄受阻而发生本病。

【临床症状】 病犬肛门呈炎性肿胀,常可见甩尾、擦舔并试图啃咬肛门,排便困难,拒绝抚拍臀部。接近犬体时可闻到腥臭味。炎症严重时,肛门囊破溃,流出大量黄色稀薄分泌液,其中混有脓液。肛门探诊,可见肛门处形成瘘管,疼痛反应加重。

【治疗措施】 首先,除去内容物。把犬尾举起暴露肛门,用拇指和食指挤压肛门囊开口部,或将食指插入肛门与外面的拇指配合挤压,除去肛门囊的内容物。然后,向囊内注入消炎药等。可用0.3‰碱性品红溶液于清创后涂在肛门囊破溃处,或灌肠后用绷带卷蘸饱和品红溶液,塞入直肠内,2~3次即可奏效。

肛门囊炎症较重并伴有全身症状的犬,应进行全身抗感染治疗。如有复发,可向囊内注入复方碘甘油,每日3次,连用4~5天。然后注入碘酊,每周1次,直至痊愈为止。

肛门囊已溃烂或形成瘘管时,宜手术切除肛门囊。注意不要损伤肛门括约肌和提举肌。肛门囊切除术的具体操作如下:①术前24小时禁食,灌肠使直肠完全排空。②犬取俯卧保定,尾巴固定于背部,肛门周围剃毛、消毒。③硬膜外麻醉,用硫喷妥钠,每千克体重8.8毫克。④持钝性探针插入肛门囊底部,助手用止血钳固定外侧皮肤,纵向切开皮肤,彻底切除肛门囊,清除溃烂面、脓液及坏死组织,破坏瘘管。⑤修整新鲜创口,撒布抗生素粉剂,局部压迫止血,常规缝合。术后肌内注射青霉素80万单位、链霉素100万单位,每日2次。患部用3‰过氧化氢溶液或生理盐水清洗,碘酊消毒,涂消炎软膏,每日1次。

术后4天内饲喂流食,减少排便,防止犬坐下及啃咬患部,每天带犬散步2次。

肛门周围炎

【病　因】　本病是患肛门囊炎的犬反复摩擦臀部或持续腹泻，粪便污染肛门周围，导致肛门周围皮肤发炎的一种疾病。

【临床症状】　病犬常不安，伴有疼痛和瘙痒，回视臀部，在墙角或硬物体上摩擦臀部。肛门周围污秽不洁。

【治疗措施】　根据病因，对症治疗。患部用生理盐水、3％过氧化氢溶液或0.1％雷佛奴尔溶液擦洗，泼尼松龙喷雾制剂喷洒，涂以醋酸可的松或肤轻松软膏。

急性肝炎

急性肝炎是肝脏实质细胞出现不同程度的急性弥漫性变性、坏死和炎性细胞浸润的肝脏疾病。临床上以黄疸、急性消化不良和出现神经症状为特征。

【病　因】

(1) 中毒　各种有毒物质和化学药品，如铜、砷、汞、氯仿、鞣酸、四氯化碳、黄曲霉菌等，可引起中毒性肝炎。

(2) 病毒、细菌及寄生虫感染　如传染性肝炎病毒、疱疹病毒、结核杆菌、化脓杆菌、梭状菌、真菌、巴贝斯虫等，这些病原体侵入肝脏或其毒素作用而致病。

(3) 药物过敏　反复投给氯丙嗪、睾酮、氟烷、氯噻嗪等可引起急性肝炎。

此外，食物中蛋氨酸或胆碱缺乏时，也可造成肝坏死。

【临床症状】　病犬食欲不振或废绝，全身无力，眼结膜黄染，常有微热。粪便呈灰白色，恶臭，不成形。明显消瘦。肝区触诊有疼痛反应，腹壁紧张。尿液呈豆油色。若肝细胞损害严重，则血氨升高，表现肌肉震颤、痉挛、过度兴奋、肌肉无力、感觉迟钝、起立困难及昏睡。

肝细胞弥漫性损害时,有出血倾向。重症犬可因弥漫性血管内凝血而致死。

【治疗措施】 治疗原则是除去病因,促进肝细胞再生,以恢复肝功能。

首先,使犬安静休息,给予以碳水化合物为主的易消化食物,逐渐增加蛋白质食物。补液以 5%～25% 葡萄糖注射液 10～100 毫升、林格氏液 50～200 毫升、复合氨基酸注射液 20～100 毫升混合,静脉注射为宜。但出现神经症状的犬,不能投给氨基酸制剂。

口服复合维生素 0.1～1 克,维生素 B_1 3～10 毫克,维生素 C 50～100 毫克,对恢复肝细胞的功能有一定效果,连用更佳。

对脂肪肝病犬,投给泛酸 15～80 毫克,肌内注射,每日 1～2 次。

对肝内胆汁停滞的犬,投给利胆药。对进行性黄疸和转氨酶活性升高的犬,可用糖皮质激素或地塞米松 1～5 毫克肌内或静脉注射,或用强力宁 20～40 毫升,静脉注射,每日1～2 次。

慢性肝炎

慢性肝炎是由各种致病因素引起的肝脏慢性炎症性疾病,可分为慢性持续性肝炎和慢性活动性肝炎。

【病 因】 引起慢性肝炎的病因很多,确切原因尚不完全清楚。多数慢性肝炎是由急性肝炎转化而来。各种代谢性疾病、营养及内分泌障碍也可继发本病。

【临床症状】 病犬主要表现为长期的消化功能障碍,并伴有全身症状。精神萎靡不振、倦怠、呆滞、行走无力,皮毛枯焦、逐渐消瘦。最为突出的是消化系统症状,病犬食欲不振、腹泻、便秘或腹泻与便秘交替发生、粪便色淡、偶有呕吐。有的出现轻度黄疸,触诊肝脏和脾脏中度肿大,有压痛。

【治疗措施】　应注意保肝，避免饲喂脂肪含量高的食物，给予富含蛋白质、碳水化合物和多种维生素的食物。

选用三磷酸腺苷、辅酶 A 等能量合剂口服或肌内注射，对处于各期的肝功能恢复有一定作用。

投予利胆药物，可用 10％去氢胆酸钠注射液 2～5 毫升，隔日静脉注射，或用去氧胆酸片 10～40 毫克，口服，每日 3 次。

对于活动性肝炎，主要是对细胞的抗炎症治疗及抑制炎症向间质蔓延，可用地塞米松 2～5 毫克、氨基酸制剂 5～50 毫升、维生素 D 10～20 毫克/千克体重，加入 25％葡萄糖注射液或生理盐水中静脉滴注。

肝 硬 化

肝硬化是一种常见的慢性疾病，是由一种或多种致病因素长期或反复损害肝脏所致。本病是因肝细胞呈弥漫性变性、坏死和再生，同时结缔组织弥漫性增生，肝小叶结构被破坏和重建，导致肝脏变硬。

【病　因】　引起肝硬化的病因多而复杂，主要由感染、中毒及代谢性障碍所致。如长期的肝蛭、心丝虫等寄生虫感染，病毒性肝炎、肠道感染等感染性疾病；长期的胆囊排泄不畅、胆液淤积、营养障碍和脂肪肝等；铜、砷、磷、汞、氯仿、单宁酸、四氯化碳、煤焦油、棉籽酚等化学毒素及黄曲霉毒素中毒，慢性酒精中毒等均可继发肝硬化。

【临床症状】　本病进展缓慢，初期症状不明显。急性肝炎和重症肝炎继发的肝硬化发展较快。根据病性可分为活动型和非活动型肝硬化。

非活动型肝硬化病例表现被毛粗糙、精神沉郁、食欲不振、不耐运动、消瘦、倦怠、反复腹泻或便秘、轻度黄疸等。此型缺少特异性症状。腹腔积液较多的病犬腹围膨隆，心源性肝硬化有明显腹腔积液和肝脏肿大。

活动型肝硬化病例精神沉郁，食欲废绝，体温升高。肝稍肿大，早期有压痛，以后变小、变硬。可见黄疸、腹腔积液、步态不稳、出血性素质。后期出现痉挛、昏睡的神经症状，以至肝昏迷而死亡。

【治疗措施】　犬的肝脏纤维化若能除去病因，促进肝实质细胞的功能和再生，有恢复的可能。食物疗法是治疗本病的关键，要给予低蛋白质、高碳水化合物和富含维生素的食物，禁食脂肪含量高的食物。贫血时，口服硫酸亚铁，如有出血倾向可皮下注射维生素 K。食欲不好者，应静脉注射葡萄糖注射液。

为促进肝细胞再生和提高血清白蛋白水平，每日可用复合氨基酸 250～500 毫升、肌苷 100～150 毫克，静脉注射；为除去肝内脂肪，可用泛酸 10～15 毫克/次，每日 1～3 次，或每日用泛硫乙胺 10～15 毫克，肌内注射；为控制神经症状和肝昏迷，可用谷氨酸钠、精氨酸及鸟氨酸等；为抑制肠道内氨发酵，防止高氨血症，可用磺胺类药物。

如腹腔积液严重，应限制食盐的摄入量，口服利尿剂如氢氯噻嗪，成年犬每次 25 毫克，每日 3 次。如腹腔积液过多而影响循环或呼吸时，可进行腹腔穿刺放液。

脂 肪 肝

脂肪肝是脂质蓄积于肝细胞而造成肝脏肿大的疾病。

【病　因】　长期大量给予低蛋白质和高脂肪、高碳水化合物的食物，运动不足、饥饿以及抗脂肝物质不足时，可发生脂肪肝。急性或慢性肝炎、感染性疾病、寄生虫病、肝内缺氧（贫血、循环不全）、糖尿病、甲状腺功能减退、肾上腺皮质功能亢进、脑下垂体功能亢进、慢性胰腺炎及各种慢性代谢性疾病等，组织内的脂肪被动员到肝脏也可造成脂肪肝。

【临床症状】　病犬食欲减退,呕吐,腹胀,排软便或与便秘交替出现,粪便恶臭。肝脏明显肿大,无压痛。

【治疗措施】　应加强饲养管理,给予高蛋白质和富含维生素的食物。避免喂给高脂肪类食品。另外,应用能促使肝细胞内的脂质分解或排泄的一些药物,如疏丙酰甘氨酸、泛酸钙和蛋氨酸等。

急性胰腺炎

急性胰腺炎是一种以胰腺水肿、出血、坏死为主要病理过程的一种急性炎症。临床上以突发性前腹部剧痛、休克和腹膜炎为特征。

【病　因】　引起急性胰腺炎的病因较为复杂,一般认为有以下原因。

(1)感　染　因病毒、细菌和寄生虫感染而发生胰腺炎。如犬传染性肝炎、犬钩端螺旋体病及犬胆管蛔虫感染等。

(2)胆管疾病　总胆管 Vater 氏壶腹部梗阻,可引起胆汁逆流入胰管,并使未激活的胰蛋白酶原激活为胰蛋白酶而进入胰腺组织,引起自身消化。胆石嵌顿、肿瘤压迫、局部水肿常造成总胆管 Vater 氏管阻塞。

(3)胰管阻塞　因胰管阻塞使胰管压力增高,胰腺泡破裂,胰酶逸出而发生胰腺炎。常见于胰管痉挛、十二指肠炎等。

(4)其他原因　饲喂高脂肪食物时可诱发急性胰腺炎。此外,高脂血症、甲状腺功能减退、糖尿病、中毒病等损害胰腺亦可导致急性胰腺炎。

【临床症状】　水肿型胰腺炎,病犬精神差,食欲不振或废绝,进食后腹部疼痛;呕吐和腹泻,有时粪便中带血;触诊敏感,腹壁有压痛,拱背收腹。出血性坏死性胰腺炎,表现为精神高度沉郁,昏睡,血压、体温降低,呕吐、剧烈腹泻乃至血性腹泻,腹壁紧张,腹部压痛剧烈。食欲废绝。随着病情的发展,意识丧失、全身痉挛,进而发生休克。

【治疗措施】 治疗原则是抑制胰腺分泌、消炎止痛、纠正水盐代谢紊乱。

(1)抑制胰腺分泌 应禁食和禁水 4 天,避免刺激胰腺分泌。应用硫酸阿托品抑制胰腺分泌,根据病犬体重大小,每次 0.1～0.5 毫克,皮下或肌内注射,也可静脉滴注,每日 2～3 次。

(2)抗酶疗法 抑胰肽酶 5 万～10 万单位,缓慢静脉注射。

(3)消炎镇痛 用氨苄西林、头孢菌素等广谱抗生素,肌内注射或静脉滴注。选用吗啡 5～10 毫克,肌内注射。

(4)防止休克 可选用氢化可的松 5～15 毫克,静脉注射或肌内注射。

(5)纠正水盐代谢紊乱 可选用 5％～10％葡萄糖注射液和生理盐水,或复方氯化钠注射液,配合 B 族维生素和维生素 C 等进行静脉滴注。

(6)手术疗法 一旦发生胰腺坏死,要尽快施行胰腺切除术。要加强饲养管理和护理,禁食后,病情好转时可给予少量易消化的食物,但不可喂得过多。

慢性胰腺炎

慢性胰腺炎是指胰腺反复发作性或持续性炎症变化,临床上以腹痛反复发作、脂肪便、高血糖及糖尿病为主要特征。

【病　因】 目前尚不十分清楚,一般认为与下列因素有关。

(1)感染 胰腺附近的某些器官如胆囊、胆管的感染可经淋巴转移至胰腺,急性局限性胰腺炎久治未愈者及幽门、十二指肠感染等,往往发展为慢性胰腺炎。

(2)胰血管病变 由于胰动脉硬化、血栓形成等,可导致胰血管病变,引发慢性胰腺炎。

(3)慢性胰管梗阻 由胰石、胆道口括约肌痉挛及胰管狭窄等所致。

【临床症状】 病犬精神不振,反复腹痛,剧烈疼痛时伴有呕吐。食欲异常亢进,但生长发育停滞,消瘦,皮毛无光泽。消化不良,粪便量多,其中含有多量脂肪和蛋白质,有恶臭气味,呈灰白色或黄色。当病变进一步发展到胃、十二指肠、总胆管或胰岛时,可产生消化道阻塞,出现高血糖及糖尿。

【治疗措施】 对患本病的犬,应喂以低脂肪、易消化的食物,并做到少食多餐。本病在急性发作时,可参照急性胰腺炎的治疗方法治疗。应用药物来维持胰腺的功能,可选用胰酶制剂或胰粉拌料,连日喂服,同时补充维生素 K、维生素 A、维生素 D、维生素 B_1、叶酸和钙剂。为抑制胰腺分泌,应给予制酸解痉药。对于反复发作、病情不断恶化、胆总管梗阻、引起黄疸者,应及时采取手术疗法。

腹 膜 炎

腹膜炎是指因各种致病因素的作用而引起的腹膜炎症,临床上以腹部剧烈疼痛和腹腔积有炎性渗出物为特征。

【病 因】 急性腹膜炎多因腹膜受到损伤、内脏穿孔和破裂等引起,如各种腹腔手术、腹腔穿刺、去势等,常因消毒不严格而感染细菌引起腹膜炎;腹腔某些脏器穿孔,如消化道穿孔、膀胱穿孔、子宫穿孔时以及肝、脾、胆囊及胆管破裂或穿孔时常引起急性腹膜炎;某些传染病和寄生虫病往往继发腹膜炎。此外,治疗过程中因误在腹腔内注射某些有刺激性的药物,如钙制剂、各种消毒剂以及磺胺类药物等常引起腹膜炎。

慢性腹膜炎多因急性腹膜炎转变而来,并逐步转为慢性弥漫性腹膜炎。

【临床症状】 急性腹膜炎时,病犬精神高度沉郁,不愿走动，食欲废绝，体温升高，心跳加快，心律失常，脉搏急速而微弱。呼吸急促，出现明显的胸式呼吸。剧烈腹痛，痛苦呻吟，低头收腹，拱背蜷缩，反射性呕吐，排粪迟缓。腹腔积液时，下腹部向两侧对称性膨大。触诊病犬躲避或抵抗，腹壁紧张，压痛明显。听诊肠音初期增强，后期减弱。叩诊呈水浊音，浊音区上方呈鼓音。腹膜炎时腹腔内有大量炎性渗出，纤维蛋白沉着，肠管粘连，出现腹腔积液。

慢性腹膜炎病情发展较缓慢，症状较轻，体温一般正常或轻度升高，由于肠管常发生粘连而使肠蠕动减弱，进而表现出消化不良和疼痛，有时伴有腹腔积液和水肿。

【治疗措施】 治疗原则是除去病因，抗菌消炎，控制渗出。

及时治疗原发病，对因外伤或腹腔内脏穿孔、粘连、破裂引起的急性腹膜炎病例，要及时进行手术。对有大量腹腔积液者，要进行腹腔穿刺放液后，再注入抗生素。可在腹腔内注入青霉素、链霉素各 20 万单位，0.25％普鲁卡因注射液 10 毫升和 5％葡萄糖注射液 5 毫升。为控制腹膜炎症，应全身使用抗生素，可选用氨苄西林、头孢菌素、庆大霉素等肌内注射或静脉滴注。

纠正脱水，维持电解质平衡，改善微循环。可静脉滴注复方氯化钠溶液、5％～10％葡萄糖注射液和等渗盐水，同时补给 B 族维生素、维生素 C 等。

进行对症治疗。解除便秘，可进行灌肠通便，镇痛可应用安痛定等。要使病犬安静休息，给予易消化食物。

黄　疸

黄疸是由于胆色素代谢障碍，血清胆红素浓度增高，使巩膜、黏膜和其他组织染成黄色的一种病理状态。黄疸是各种肝胆疾病及溶血性贫血的一个症状。临床上把黄疸分为溶血性黄疸、肝细胞性黄疸及阻塞性黄疸 3 种。

【病　因】

(1)**溶血性黄疸**　凡能引起红细胞大量破坏而产生溶血现象的疾病,都能发生溶血性黄疸。此时,血清总胆红素多为 5 毫克/100 毫升以下,主要是间接胆红素升高,尿胆原增加,但尿液中胆红素呈阴性。

(2)**肝细胞性黄疸**　各种肝炎、肝硬化、钩端螺旋体病、败血症等,因肝细胞受损,其摄取、结合和排泄胆红素的能力发生障碍,故胆红素不能全部结合,以致有相当量的非结合胆红素滞留在血液中。同时,因肝细胞损害及肝小叶结构的破坏,使结合胆红素也不能正常地排入细小胆管,从而反流入肝淋巴液及血液中而发生黄疸。此时,直接及间接胆红素都升高,尿胆红素呈阳性。

(3)**阻塞性黄疸**　根据阻塞部位,可分为肝外阻塞性黄疸和肝内胆汁淤滞性黄疸两种。

肝外阻塞性黄疸是由机械性胆道阻塞及狭窄所致,见于胆结石、胆道寄生虫、肿瘤及十二指肠炎症、胰腺炎等邻近器官的炎症引起胆管壁的炎症等。其发生原理是阻塞上端,胆管内压力不断提高,胆管逐渐扩大,最后使肝内小管淤滞胆汁或破裂,胆汁直接或由淋巴管流入体循环,结果血液中结合胆红素增高而发生黄疸。

肝内胆汁淤滞性黄疸见于胆小管性肝炎、药物性肝炎、妊娠中毒症及部分病毒性肝炎时,由于胆盐形成不足,水分向细小胆管的渗入减少,胆汁浓缩形成胆栓,从而引起胆汁淤滞。

发生阻塞性黄疸时,血清直接胆红素和间接胆红素均升高。完全阻塞时,尿胆素原缺乏,粪便色浅。

【临床症状】　可视黏膜及皮肤黄染,阻塞性黄疸时皮肤瘙痒。血清胆红素升高,出现胆色素尿。粪便有异常臭味。同时,有相应疾病的临床症状。

【治疗措施】 因黄疸是发生各种疾病时的一个症状,故主要在于治疗原发病。对症治疗主要是清热解毒、利尿除湿,可用10％葡萄糖注射液加维生素 C 50～100 毫克静脉注射。另外,大剂量应用 B 族维生素,给予三磷酸腺苷、辅酶 A 等能量制剂。肝外阻塞者,可口服消疸胺 2～4 克,每日 3 次。

猫肝脏脂质沉积综合征(脂肪肝)

猫肝脏脂质沉积综合征是猫常见的肝脏疾病,是指肝细胞内沉积了大量的脂质,影响了肝脏的正常功能。

【病　因】 本病分可分为原发性肝脏脂质沉积和继发性肝脏脂质沉积。原发性脂质沉积的病因还不清楚,目前认为主要与肥胖、应激和厌食等因素有关。继发性肝脏脂质沉积与Ⅱ型糖尿病、肝病、肾病、心脏病、胰腺炎、肿瘤、甲状腺功能亢进、肾上腺功能亢进、下泌尿道疾病和肠道疾病等有关。

【临床症状】 病猫精神沉郁、食欲减退或废绝、脱水、呕吐、黄疸、体重下降、肌肉萎缩,部分病猫腹部触诊可见肝肿大。

【治疗措施】 治疗原则是营养支持和治疗并发症,目的是恢复蛋白质和脂肪的代谢,恢复肝功能。由于病猫不耐应激,因此应避免对猫的刺激,食物应通过鼻饲管投服,避免强行口服。喂给的食物应是高蛋白质、高能量的全价饲料,并额外补充牛磺酸、精氨酸、维生素 B_1 和维生素 B_{12},血钾低的病例应补钾。出现肝脑病的病猫开始时应饲喂低蛋白质食物,蛋白质的含量可随神经症状的缓解而增加。因有些病猫血液内乳酸含量高,故静脉输液时应避免使用乳酸钠林格氏液;因右旋糖酐可增加肝脏甘油三酯的积聚,并有利尿作用,故也应避免使用。

二、呼吸系统疾病的诊断与防治

感　冒

本病是以上呼吸道黏膜炎症为主要症状的急性全身性疾病。多发生于气候多变的季节，幼犬发病率高。

【病　因】　饲养管理不当、营养不良、长途运输、过度疲劳、突然受寒冷刺激等因素均可导致本病的发生。当机体抵抗力降低、上呼吸道黏膜防御功能减退及对犬饲养管理不当时，呼吸道内的常在菌大量繁殖，亦可导致本病的发生。

【临床症状】　病犬突然发病，精神沉郁，食欲减退，结膜潮红，羞明流泪，体温升高，流水样鼻液，常发生咳嗽。呼吸加快，胸部听诊肺泡呼吸音增强，心跳加快。

【治疗措施】　康泰克0.5～2粒/次，口服，每日1次；复方氨基比林2毫升，肌内注射，每日2次。为防止继发感染，可配合应用抗生素治疗。

鼻　炎

鼻炎即鼻黏膜的炎症。按病程可分为急性鼻炎和慢性鼻炎；按病因可分为原发性鼻炎和继发性鼻炎，以原发性浆液性鼻炎多见。

【病　因】

(1)原发性鼻炎　主要由于鼻黏膜受寒冷、化学性、机械性因素刺激所致。

①寒冷刺激　寒冷刺激引起的原发性鼻炎占很大比例。由于季节变换、气温骤降，耐寒能力差、抵抗力不强的动物，鼻黏膜在寒冷刺激下发生充血、渗出，鼻腔内条件性病原菌趁势繁殖而引起黏

膜炎症。

②化学因素刺激 包括挥发性化工原料（如二氧化硫、氯化氢等泄漏）；饲养场产生的有害气体（如氨、硫化氢），以及某些环境污染物等直接刺激鼻黏膜引起炎症；战争中的化学毒气也可致病。

③机械性因素刺激 包括粗暴的鼻腔检查，吸入粉尘、植物芒刺、昆虫、花粉及真菌孢子，鼻部外伤等直接刺激鼻黏膜引起炎症。

(2)继发性鼻炎

①继发于某些传染病 如犬瘟热、副流感、腺病毒感染、猫泛白细胞减少症、猫大肠杆菌病、β-溶血性链球菌感染、支气管败血波氏杆菌感染、出血性败血性巴氏杆菌感染等。

②继发于某些寄生虫病 如犬鼻螨、肺棘螨等寄生虫感染。

③继发于某些过敏性疾病 如药物过敏、环境因素过敏等。

④邻近器官炎症蔓延 如咽喉炎、副鼻窦炎及齿槽骨膜炎、呕吐所致的鼻腔污染等可波及鼻黏膜发生炎症。

【临床症状】

(1)急性鼻炎 病初鼻黏膜潮红、肿胀，因黏膜发痒而引起打喷嚏，患病犬、猫摇头后退，以前爪抓搔鼻部。随着炎症的发展，自一侧或两侧鼻孔流出鼻液，初为水样透明浆液性鼻液，后变为黏液性或黏液脓性鼻液，若混有血液，则表现血性鼻液。急性期患病犬、猫出现呼吸急促、张口呼吸及吸气性鼻呼吸杂音等呼吸困难症状。伴有结膜炎时，尚可见羞明流泪，有眼分泌物。下颌淋巴结明显肿胀时可引起吞咽困难，常并发扁桃体炎和咽喉炎。

(2)慢性鼻炎 病情发展缓慢，临床症状时轻时重，长期流黏液脓性鼻液，鼻腔黏膜有糜烂和溃疡。如伴有副鼻窦炎则引起骨质坏死和组织崩解，鼻液有腐败气味并混有血丝。

【治疗措施】 对于轻症病例，将其置于温暖、通风的环境，除去病因，往往无须特殊治疗即可自愈。

对非细菌性鼻炎,可选用 2‰~3‰硼酸溶液、0.1‰高锰酸钾溶液、1‰~2‰碳酸钠溶液或 1‰明矾溶液冲洗鼻腔,然后向鼻内滴入消炎药水或涂搽消炎药膏;如属于植物花粉和真菌孢子过敏引起,充血严重者,可应用肾上腺素溶液滴鼻,或全身应用去甲肾上腺素、扑尔敏、地塞米松等抗过敏药物;对于原发性或继发性的细菌感染所引起的鼻炎,可选用抗生素,如头孢菌素、氨苄西林等口服或注射,必要时可以局部用药。

患真菌性鼻炎的病犬,可用 1‰复方碘甘油喷入鼻腔,连续用药 10 天。长期的顽固性鼻炎,经药物反复治疗无效时,可采用手术方法治疗。

【预防措施】　注意预防受寒感冒和其他致病因素的刺激。对于继发性鼻炎,应及时根治原发病。

鼻 出 血

鼻出血是指鼻腔或副鼻窦黏膜血管破裂出血并从鼻孔流出的一种症状。

【病　因】　原发性鼻出血多见于外伤、异物、寄生虫等损伤鼻黏膜所致;继发性鼻出血常由出血性素质疾病引起,如慢性鼻窦炎、鼻炎引起的鼻黏膜溃疡、钩端螺旋体病等感染性疾病、肿瘤、息肉及香豆素类毒鼠药中毒等。

【临床症状】　单侧或双侧鼻孔内流出血液,一般为鲜血,呈滴状或线状流出,不含气泡或含有几个大气泡。继发性鼻出血一般多持续流出棕色鼻液。当出现大出血并持续不止时,病犬、猫可出现严重的贫血症状,表现为可视黏膜苍白,脉搏弱而快。如治疗不及时,可因严重失血而死亡。

【治疗措施】　轻度鼻出血一般无须特殊治疗,除去病因,加强饲养管理,使犬安静休息,即可止血。如仍不能止血,可在额、鼻梁上实施冷敷数分钟至半个小时;也可用浸有 1:50 000 倍液的盐酸肾上腺素等止血药的纱布或棉球塞入鼻腔。此外,应进行全身性用药,可肌内注射安络血、止血敏、维生素 K 等药物,静脉注射 10％氯化钙注射液,补给适量的维生素 C,必要时可给予输血。

【预防措施】 避免鼻部损伤,及时治疗可能引起鼻出血的原发性疾病。

喉 炎

喉炎是喉黏膜及黏膜下层组织的炎症。喉头由软骨、韧带、黏膜及肌肉组成,可关闭呼吸系统,防止异物进入气管,调节声带发音,抵抗进入呼吸道的空气。因此,喉部疾病的初期症状主要表现病犬叫声异常。喉炎是呼吸系统或全身疾病的一个症状。

【病 因】 侵害呼吸系统的病毒、细菌及外伤,骨、针、别针的刺伤,温热或化学物质的刺激,浅表呼吸及咳嗽时激烈的空气流动刺激等,均可引起本病的发生。

【临床症状】 病犬叫声嘶哑或完全叫不出,吸气时可听到刺耳的呼吸音且用力呼吸。病犬运动后可视黏膜发绀,采食或饮水时咽下困难,初期表现干而痛性的短咳,随渗出物增多,咳嗽声长而带湿性。并发气管炎和肺炎时,体温升高。喉部触诊敏感性增高,病犬摇头伸颈。喉头严重肿胀而高度狭窄时,喉部听诊可闻喉头狭窄音。慢性喉炎时咳嗽音粗哑。

【治疗措施】 呼吸道阻塞明显时,行气管切开术。炎症反应明显的可用 50％硫酸镁溶液湿敷喉部,每日 2 次;青霉素 80 万单位,肌内注射,每日 2 次,或喉腔内膜喷雾冰硼散。同时,用泼尼松0.5 毫克/千克体重,口服,每日 2 次,连用 3 天。

急、慢性喉炎可向喉腔内滴入 1％明矾溶液等,或用六神丸3～10 粒,口服,每日 2 次。

支气管炎

支气管炎是指气管、支气管黏膜及其周围组织的急性或慢性非特异性炎症。临床上以咳嗽、气喘、胸部听诊有啰音为特征,多反复急性发作于寒冷季节。

【病　因】 原发性支气管炎主要是寒冷刺激和机械、化学因素的作用;继发性支气管炎多为病原体感染所致。

化学性刺激包括吸入烟、刺激性气体、尘埃、真菌孢子、强硫酸等。

机械性因素有过度勒紧脖圈、食道内异物及肿瘤、肺肿瘤或心脏异常扩张等超负荷压迫支气管使支气管内分泌物排泄不畅等,均可刺激呼吸道黏膜而引起支气管炎症。

【临床症状】 急性支气管炎主要表现剧烈的短而干性的咳嗽,随渗出物增加而变为湿咳。人工诱咳阳性。两侧鼻孔流浆液性、黏液性乃至脓性鼻液。肺部听诊支气管呼吸音粗厉。发病2～3天后可听到湿性啰音。并发于传染病的支气管炎,体温升高,出现严重的全身症状。

慢性支气管炎多呈顽固性湿咳,有的持续干咳。体温多正常。肺呼吸音多无明显异常,有时能听到湿性啰音和捻发音。如果支气管黏膜结缔组织增生变厚,支气管管腔狭窄时,则发生呼吸困难。

【治疗措施】 使病犬安静,犬舍内要保温、通风及环境清洁。

清除炎症可使用氨苄西林 40 毫克/千克体重,静脉滴注,每日1 次;酪氨酸 5～10 毫克/千克体重,肌内注射,每日 2 次。急性病例可并用地塞米松 0.3 毫克/千克体重,肌内注射,每日 2 次。

镇咳、祛痰、解痉可用磷酸可待因 1～2 毫克/千克体重,口服,每日 2 次;氯化铵 0.2 毫克/千克体重,口服,每日 2 次。必要时镇咳药物和抗组胺药物可同时使用。

有条件的可采用吸入疗法,大量吸氧。

慢性支气管炎,可口服碘化钾或碘化钠 20 毫克/千克体重,每日 1～2 次。

支气管肺炎

支气管肺炎是包括细支气管及肺泡的炎症,也叫卡他性肺炎或小叶性肺炎。临床上以弛张热、呼吸次数增多、叩诊有散在的局灶性浊音区和听诊有捻发音为特征。多见于幼龄犬、猫和老龄犬、猫。

【病　因】　支气管肺炎多为继发性疾病,发生在犬瘟热、犬腺病毒病、犬疱疹病毒病等过程中,当机体抵抗力降低时,某些细菌(如化脓杆菌、肺炎球菌、巴氏杆菌、葡萄球菌)大量繁殖,以致引起本病。此外,有的真菌、弓形虫感染或吸入性肺炎,也可转为支气管肺炎。

营养不良、受寒感冒、饲养管理失宜、幼弱衰老、维生素缺乏等,均可成为本病的诱因。某些化脓性疾病的病原菌通过血源途径进入肺脏,也可导致本病。

【临床症状】　患病犬、猫初期精神沉郁、食欲不振或废绝,体温升高(40℃以上),呈弛张热,心跳加快,可视黏膜发绀。重症犬呼吸急促或呼吸困难,有的表现鼻翼呼吸及颊部呼吸。胸部叩诊,肺尖叶或心叶下部为浊音。听诊可闻湿性啰音、捻发音、粗厉的支气管呼吸音。继发胸膜炎时,胸壁有压痛和胸膜摩擦音。本病病程为 7～30 天。呼吸困难并伴有心力衰竭的犬、猫,预后不良。

【治疗措施】　本病与支气管炎的治疗方法相同。

制止渗出,可用 10% 葡萄糖酸钙注射液 20 毫升静脉注射,维生素 D 1 000～2 000 毫克、10% 水杨酸钠注射液 10～20 毫升混于 5% 糖盐水中静脉滴注。出现低氧血症的犬、猫,应尽快输氧。

肺　炎

肺炎主要是指肺实质的炎症,以高热稽留、呼吸障碍、低氧血症、肺部听诊有广泛性浊音区为特征。肺炎常并发支气管炎、气管炎或咽炎。

【病　因】　本病主要是病毒、细菌侵害呼吸系统所致。受寒感冒、劳役过度等因素也可诱发本病。此外,组织胞浆菌、球孢子菌等可引起真菌性肺炎。变态反应、过敏反应、寄生虫幼虫的移行对支气管黏膜的损伤及刺激性物质的吸收,都可直接引起肺炎。

【临床症状】　病犬、病猫精神不振,食欲减退或废绝,体温高热稽留,脉搏增数至140～150次/分,结膜潮红或发绀。咳嗽、呼吸急促、进行性呼吸困难,常流铁锈色鼻液。肺部叩诊,病变部呈浊音或半浊音,周围肺组织呈过清音。初期听诊呼吸音减弱,以后转为湿性啰音。

【治疗措施】　对不同的感染源应使用不同药物。对细菌感染,应使用广谱抗生素。治疗48小时后不能控制体温时,要更换药物。可用头孢菌素30毫克/千克体重,口服,每日2次;氨苄西林10～20毫克/千克体重,静脉注射,每日3次;乳糖酸红霉素50万～100万单位,稀释后静脉滴注。为解除支气管痉挛,可用盐酸麻黄碱5～15毫克,口服,每日2次;醋酸泼尼松0.5～1毫克/千克体重,口服,隔日1次。

维持胸膜腔内压,胸腔内有渗出液和气胸时,可通过胸腔穿刺排除。

对湿性咳嗽的病犬应给予氯化铵100毫克/千克体重,口服,每日2次。重症犬要注意监测酸、碱及电解质平衡情况。

肺 水 肿

肺水肿是肺毛细血管内血液量异常增加,血液的液体成分渗漏到肺泡、支气管及肺间质内的一种非炎症性疾病。临床上以极度呼吸困难、流泡沫样鼻液为特征。

【病　因】　肺毛细血管压升高,见于各种原因所致的左心功能不全、肺静脉栓塞性疾病、输血及输液过量等。

血浆胶体渗透压降低(低蛋白血症),见于肝病时蛋白质合成能力降低、肾小球肾炎及淀粉样变性的蛋白质丢失、蛋白质漏出性肠炎、消化吸收不良综合征等。

肺泡毛细血管通透性改变,见于吸入毒物、外源性循环毒、内源性循环毒、弥漫性血管内凝血、免疫反应、过敏、休克等。

【临床症状】　突然发病,有弱而湿的咳嗽,头颈伸长、鼻翼扇动甚至张口呼吸、高度混合性呼吸困难,呼吸数明显增多(60～80次/分)。

患病犬、猫惊恐不安,常取犬坐姿势,结膜潮红或发绀,体温升高,眼球突出,静脉怒张,两侧鼻孔流出大量浅黄色泡沫状鼻液。胸部可听到广泛的水泡音。

发生心功能障碍时,患病犬、猫呈休克状态。

【治疗措施】　首先使犬、猫安静,放入笼内。可用硫酸吗啡0.2～0.5毫克/千克体重,静脉注射;或戊巴比妥钠6～10毫克/千克体重,静脉注射。

为改善气体交换,应立即输氧。扩张支气管可用氨茶碱6～10毫克/千克体重。降低肺毛细血管压可用速尿2～4毫克/千克体重,口服。另外,异羟基洋地黄毒苷0.01～0.02毫克/千克体重,静脉注射(分3次用药),或盐酸多巴胺2～8毫克/千克体重,静脉注射,也有一定效果。

为缓解循环血量,可放血6～10毫克/千克体重。对心律失常的犬、猫,给予心得安 0.04～0.06 毫克/千克体重,静脉注射。

渗透性肺水肿可大量使用类皮质酮,如甲基去氧氢化可的松 30 毫克/千克体重,静脉注射,每日 2 次。

肺 气 肿

肺气肿是肺的肺泡性气肿和间质性气肿的统称,是因肺组织内空气含量过多而致使肺体积膨胀的疾病。肺泡性肺气肿是指肺泡内空气量增多。间质性肺气肿是气体进入间质的疏松结缔组织中使间质膨胀。

【病　因】　有原发性和继发性两种。原发性肺气肿主要是因剧烈运动、急速奔跑、长期挣扎导致强烈的呼吸所致。老龄犬、猫因肺泡壁弹性降低较容易发生本病。继发性肺气肿常因慢性支气管炎、支气管狭窄、气胸时的持续咳嗽导致气体通过障碍而发病。

【临床症状】　患病犬、猫呼吸困难、气喘,张口呼吸,表现明显的缺氧症状,可视黏膜发绀,精神沉郁,易于疲劳,脉搏增数,体温一般正常。听诊肺部肺泡音减弱,可听到碎裂性啰音及捻发音。在肺组织被压缩的部位,可听到支气管呼吸音。叩诊呈过清音,叩诊界后移。

【治疗措施】　治疗原则是积极治疗原发病,改善肺的通气和换气功能,控制心力衰竭。

如因慢性支气管炎、支气管扩张引起,应祛痰止咳,抗菌消炎,改善支气管扩张状态,同时给予输氧疗法。每天多次低浓度吸氧疗法,能缓解呼吸困难和控制心力衰竭。当出现水肿时可用利尿剂,如氢氯噻嗪 10～20 毫克,口服,每日 2 次。服药时,要注意补充钾。雾化吸入支气管扩张药,如茶碱类、拟肾上腺素等,效果更好。可选用呼吸调节剂,如福米诺苯盐酸盐 50～80 毫克,口服,每日 3 次,以提高患病犬、猫的血氧分压和降低二氧化碳分压。

对较大的局限性肺气肿可采取手术疗法。

此外，要加强护理，使患病犬、猫保持足够的休息。舍内要通气良好，清洁，温度、湿度适宜，给予富含蛋白质和维生素的食物。

胸 膜 炎

胸膜炎是胸膜发生炎性渗出和纤维蛋白沉积的炎症过程。犬的胸腔由于纵隔不完整，左右两侧互相联系，因此胸膜炎多为两侧性。正常情况下，由壁层胸膜产生的浆液，其水分及电解质由肺胸膜的毛细血管及淋巴管吸收，蛋白质由壁层及纵隔胸膜的淋巴管吸收，使胸腔内保留有 25～30 毫升浆液。当胸腔吸收减少而使液体增加时，就要造成胸腔内蓄留渗出液。但胸膜炎的蓄留渗出液，不是吸收减少，而是产生增加的结果。

【病　因】　继发性胸膜炎多发生于支气管肺炎、胸部食管穿孔、结核病、犬传染性肝炎、钩端螺旋体病、猫传染性腹膜炎、猫传染性鼻气管炎等疾病经过中。原发性胸膜炎多由胸壁严重挫伤、胸膜腔肿瘤及寒冷刺激或过劳使机体防御功能降低，病原菌乘虚侵入而致病。

【临床症状】　患病犬、猫取站立或犬坐姿势，体温升高至40℃以上，呼吸浅表，呈断续性呼吸和明显的腹式呼吸。多数患病犬、猫烦躁不安，疼痛性咳嗽，拒绝胸部检查。如胸膜腔有渗出液，胸部叩诊呈水平浊音。

【治疗措施】　可用氨苄西林 10～20 毫克/千克体重，静脉注射，每日 3 次。

除去胸腔积液可用速尿 2～4 毫克/千克体重，口服，每日 2 次。

制止渗出可用 10%葡萄糖酸钙注射液 20～40 毫升，静脉注射。排除脓液和清洗胸腔选用近于体温的林格氏液加抗生素和胰凝乳蛋白酶 50 000 单位/100 毫升，以 10 毫升/千克体重的量，每日冲洗 2 次,通常注入清洗液后 30～60 分钟排液。

此外,可进行补液、输氧等支持疗法。

胸腔积液

本病是炎性或非炎性的浆液性液体在胸腔内蓄留,表现以呼吸困难为特征的疾病。

【病　因】　主要是胸腔积液过多、吸收不全或某种机制使液体向胸腔内漏入,如心功能不全、心内膜炎、低蛋白血症、恶病质、肿瘤、中毒、胸腔内淋巴管扩张等,均可引起本病。

【临床症状】　患病犬、猫初期呼吸急促和呼吸困难,常发生于运动或兴奋后。听诊肺泡音减弱,胸壁叩诊两侧呈水平浊音,而且随体位变化而异,胸部背侧可叩到鼓音,腹侧消失。严重呼吸困难时,患病犬、猫仰头伸颈,两侧肘关节外展,取犬坐姿势。

【治疗措施】　根本在于治疗原发病。对严重呼吸困难的犬,要穿刺排液,然后注入醋酸可的松,但不要反复抽液,以免丢失大量蛋白质。强心利尿可用咖啡因、洋地黄制剂,对衰弱、脱水及低氧状态的犬要补液、输氧或直接补给血浆蛋白。

气　胸

气胸是胸膜腔内蓄留气体,抑制肺的扩张运动而产生呼吸困难的病理状态。

【病　因】　主要由外伤和自发性原因所致。犬之间咬架、枪伤及交通事故等造成胸壁穿透性损伤,肺组织、呼吸道及食道损伤等,使空气进入胸膜腔。自发性气胸多由肺气肿、肺结核等引起。本病通常呈单侧性病变,分为开放性气胸、闭合性气胸及张力性气胸 3 种。

【临床症状】　患病犬、猫表现呼吸急促、腹式呼吸、间或疼痛性呼吸困难,可视黏膜发绀。患病犬、猫移动体位或运动时,症状加重。患侧胸廓运动性差,肋间隙张开,胸廓扩大。叩诊呈鼓音,心尖偏于健康侧。

【治疗措施】 轻症病犬未出现肺不张的或轻度肺不张的,主要采用安静疗法。重症犬可用 18 号针头穿刺胸腔,分 3 个方向抽气,然后缝合穿孔。但气管或支气管损伤引起的气胸,要先缝合创伤部位。对开放性气胸,要直接缝合伤口,明显呼吸困难的犬要尽早吸氧。疑似胸膜腔感染时,应投予抗生素。

三、循环系统疾病的诊断与防治

心力衰竭

心力衰竭是心肌收缩力减弱,使心脏排血量减少、静脉回流受阻、动脉系统供血不足而呈现的全身血液循环障碍的一系列症状和体征的综合征。

【病　因】

(1)心脏负荷加重 后负荷(收缩期负荷)加重的原因为主动脉瓣、肺动脉瓣狭窄或体循环、肺循环动脉高压;前负荷(舒张期负荷)加重常见于心脏瓣膜闭锁不全及先天性心脏畸形等。

(2)心肌发生病变 见于心肌炎、严重贫血、甲状腺功能亢进及维生素 B_1 缺乏等。

(3)继发于某些疾病 如急性传染性疾病(犬瘟热、细小病毒病、弓形虫病、寄生虫病等)、中毒性疾病、慢性肾炎及慢性肺泡水肿等。

(4)其他 在治疗疾病过程中,过快或过量的输液以及不常剧烈运动的犬突然运动量过大等,均可导致发病。

【临床症状】 急性心力衰竭的犬、猫表现高度呼吸困难,精神极度沉郁,脉搏细数而微弱。可视黏膜发绀,体表静脉怒张。神志不清,突然倒地痉挛,体温降低,并发肺水肿,胸部听诊可见广泛性湿性啰音,两侧鼻孔流出泡沫样鼻液。慢性心力衰竭的犬、猫,病程发展缓慢,精神沉郁,不愿活动,易疲劳,呼吸困难,黏膜发绀。四肢末端发生水肿,运动后水肿会减轻或消失。听诊心音减弱,出现机械性杂音和心律失常。心脏叩诊浊音区扩大。左心衰竭时,主要呈现肺循环淤血,由于肺脏毛细血管内压急剧升高,可迅速发生肺水肿,表现为呼吸加快和呼吸困难,听诊有各种性质的啰音,并发咳嗽等。右心衰竭时,主要呈现体循环淤血和心脏性水肿,由于肾脏血液量不足,肾小球的滤过性降低,使尿液的生成减少。同时,由于有效循环血液量不足,引起钠和水在组织内潴留,进一步加重了心脏性水肿,引起脑、胃肠、肝、肾等实质脏器的淤血,并表现出各实质脏器功能障碍的一系列症状。

　　【治疗措施】　急性心力衰竭的治疗,应采取胸部按压心脏、输氧、心脏内注射肾上腺素、10％氯化钙注射液或10％葡萄糖酸钙注射液。把舌拉出口腔外以利于呼吸,必要时进行气管插管。慢性心力衰竭的治疗原则是减轻心脏负担,提高心肌收缩力。可使用强心剂、利尿剂(减轻前负荷)和血管扩张剂(减轻后负荷),辅以对症治疗。

　　减轻心脏负担,使犬保持安静,避免过量运动,必要时可给予镇静剂。少量多次饲喂易消化的食物,适当限制食盐的摄入量。

　　强心药物主要使用洋地黄类药物,对病情不太严重的犬,可口服洋地黄粉,每千克体重0.03～0.04毫克,首次投予1/3的量,每8小时逐渐减少1/2的量,当心脏情况有所改善,心率减慢并排尿时,以1/10量作为维持量。

　　对病情严重的犬,应用洋地黄毒苷注射液静脉注射,首次量为0.2～0.4毫克,以后每隔8小时注射0.2毫克,待呈现作用后,每天给予维持量(总量的1/10)。也可使用毒毛旋花子苷K 0.25～0.5毫克,用5％葡萄糖注射液稀释10～20倍,缓慢静脉注射。必要时,2～4 小时后小剂量重复注射 1 次。

投予利尿剂,消除水肿,可用速尿 0.6～0.8 毫克/千克体重,肌内注射或静脉注射,每日 1 次。或用氢氯噻嗪 0.05～0.1 克,肌内注射,每日 1～2 次,连用 3～4 天,停药 1～2 天后再用 3～4 天。

应用血管扩张剂,减轻心脏后负荷,如氢化可的松等皮质激素。

对症治疗,纠正酸碱平衡失调和电解质紊乱,注意纠正低钾血症。必要时进行氧气疗法。用三磷酸腺苷、辅酶 A、细胞色素 C、B 族维生素和葡萄糖能量合剂进行辅助治疗。

心 包 炎

心包炎是指心包壁层和脏层的炎症。在犬和猫中,临床上最常见的是引起心包纤维化的缩窄性心包炎。多数继发于病毒性疾病(猫传染性腹膜炎、流行性感冒、传染性单核细胞增多症等)、细菌性疾病(结核病、放线菌病、脑膜炎双球菌感染等)、真菌性疾病(球孢子菌病)、免疫性疾病(系统性红斑狼疮)及外伤等。

【临床症状】 患病犬、猫精神沉郁,食欲减退或废绝,拱背,肘头外展,结膜潮红或发绀。多数有发热表现,脉搏细弱,触诊心区敏感,患病犬、猫往往躲避检查,若强行检查,则可见狂吠或呻吟。病初心搏动亢进,而后出现心包摩擦音。当心包内渗出液增加时,心音明显减弱。后期出现右心衰竭的症状,如浅表静脉怒张、皮下水肿、发绀、肝肿大、腹腔积液等。心电图检查可见 QRS 复波电压降低,P 波时限延长(85% 大于 0.045 秒),并有早搏、心房纤颤等心律变化,当炎症波及心肌时还可见 S-T 段偏移。

【治疗措施】 治疗要点是将患病犬、猫置于安静的环境中,避免兴奋和运动。给予抗生素和磺胺类药物,积极治疗原发病,同时采用利尿剂以消除水肿。对于心包内有大量积液(犬达到 200～300 毫升,猫达到 20～100 毫升)的患病犬、猫,应进行心包穿刺排液,以免产生"心压塞",穿刺部位在左侧第四至第五肋间、肘关节后方、躯体下 1/3 处。心包穿刺放液时,应注重防止并发气胸。

心 肌 炎

心肌炎是伴发心肌兴奋性增加和心肌收缩功能减弱为特征的心肌炎症。多为其他疾病继发或并发,单独发生较少。按其炎症的性质可分为化脓性和非化脓性;按其侵害的组织可分为实质性和间质性;按其炎症的病程可分为急性和慢性。临床上常见急性非化脓性心肌炎。

【病　因】　急性心肌炎主要并发于某些传染病,如犬瘟热、钩端螺旋体病、结核病等。犬细小病毒病能引起犬心肌的慢性变性,寄生虫病、脓毒败血症、毒物中毒的经过中及严重贫血,也可发生心肌的炎症和变性。

【临床症状】　急性心肌炎以心肌兴奋的症状开始,脉搏快速而充实,心悸亢进,心音高朗。运动后心率次数和力量仍维持一个时期而后降低。冠状循环障碍和心肌变性时,脉搏增强,第二心音减弱,伴发收缩期杂音,常出现期前收缩和心律失常。重症心肌炎可见全身衰竭、震颤、昏迷,突然死亡。慢性心肌炎呈周期性心脏衰竭,体表水肿,病犬剧烈运动后,出现呼吸困难,黏膜发绀,脉搏加快,心律失常。

【治疗措施】　治疗原则是减少心脏负担、改进心肌营养、抗感染及对症治疗。

使患病犬保持安静,避免过度运动,多次少量的饲喂易于消化而富含营养和维生素的食物。

大剂量投予维生素,可用维生素 C 50 毫克/千克体重、维生素 B_1 30 毫克/千克体重,口服,每日 2 次,有助于损伤心肌的修复和改善心肌代谢。

针对原发病和防止继发感染,可大量投予广谱抗生素。

当病犬的可视黏膜发绀或高度呼吸困难时,应给予氧气治疗,其方法是将人用氧气瓶吸氧管插进病犬鼻孔,调整氧气流量和氧浓度,一般以 30%～60% 为度。对犬应禁止使用洋地黄制剂。

贫　血

贫血是指一定容积的循环血液中红细胞数、血红细胞压积值(比容)低于正常以下,红细胞向组织输送氧的能力降低的异常状态。贫血不是特定的疾病,而是各种原因引起的不同疾病的一种症状。根据贫血可再生与否,分为再生障碍性贫血和可再生性贫血。

【病　因】

(1)再生障碍性贫血

①营养性贫血　机体缺乏铁、铜、泛酸、维生素 B_{12} 等,均可导致发病。

②化学因素引起的贫血　多见于药物中毒,如氯霉素投予过量、抗肿瘤药物中毒、含硫药物中毒、有机磷农药中毒、砷等重金属中毒、慢性苯中毒、三硝基甲苯中毒等。

③慢性感染性疾病引起的贫血　细菌、真菌、病毒的慢性感染,慢性肝病、慢性肾病、慢性间质性肾炎、甲状旁腺功能减退症、肾上腺皮质功能减退症等,均可导致发病。

④骨髓造血功能障碍性贫血　见于 X 线照射、电离辐射、淋巴细胞性白血病、多发性骨髓瘤等。

(2)可再生性贫血

①失血性贫血　见于各种外伤、胃肠道寄生虫病、弥散性血管内凝血、膀胱炎出血、尿结石出血等。

②溶血性贫血　见于巴贝斯虫病、埃利希氏体病、血巴尔通氏体病、利氏曼原虫病、自身免疫溶血性贫血、初生犬黄疸症、洋葱中

毒、铅中毒、全身性红斑狼疮、钩端螺旋体病、丙酮酸激酶缺乏性贫血等。

【临床症状】　患病犬根据贫血的程度不同而表现出轻重不同的临床症状，常见的有可视黏膜苍白，精神沉郁，嗜睡，不耐运动，心跳和脉搏数明显增加，气喘，被毛粗乱，血色素尿或血尿。感染性疾病则出现体温升高。

【治疗措施】

(1)再生障碍性贫血　凡是可能引起再生障碍性贫血的病因都应设法去除，疑似药物或食物过敏的要立即停止饲喂，同时投予具有同化作用的非特异性红细胞生成刺激剂雄激素，常用的有丙酸睾酮、复康龙等，复康龙每千克体重 0.5～2 毫克，每日分 3 次口服。肾上腺糖皮质激素具有造血和止血作用，可用于有出血和溶血症状的犬，强的松的剂量为每日每千克体重 0.5～1 毫克，对再生障碍性贫血病犬要尽量少输血。有发热及中性粒细胞明显降低的要投予广谱抗生素。

(2)可再生性贫血　首先要除去病因，同时对重度贫血要尽快输血。对免疫性溶血性贫血，如果输入血液被不断地破坏，应配合使用肾上腺糖皮质激素加以控制。补充造血物质如铁制剂、维生素 B_{12}、维生素 B_6、叶酸等。对于溶血性和免疫性贫血病犬药物治疗无效时，可实施脾切除手术。

白血病

白血病是造血系统的恶性肿瘤，其特征是骨髓中有广泛的幼稚白细胞（白血病细胞）增生，并进入血液浸润破坏其他组织。本病根据增生的细胞不同，可分为粒细胞性白血病（骨髓性白血病）和淋巴细胞性白血病（淋巴性白血病）；根据病程不同可分为急性白血病和慢性白血病；根据血液中白细胞多少分为白血性白血病（白细胞明显增多）和非白血性白血病（白细胞明显减少）。

【病　因】　本病的病因与发病机制尚未完全明确。通常认为引发本病的因素有病毒感染、致癌物质及遗传三方面的原因。犬的粒细胞性白血病、淋巴细胞性白血病、肥大细胞性白血病是由病毒感染引起的。

【临床症状】

(1)粒细胞性白血病　此型白血病多见于1～3岁的犬,但发病率很低。表现为食欲不振或废绝,体温升高,严重贫血,有的犬呕吐,腹泻,饮欲增加,多尿,肝、脾、淋巴结肿大。临床症状超过1个月的犬,多预后不良。血象检查,白细胞计数逐渐增高,最高可达4万以上,个别病例有白细胞数减少的,但白细胞比例变化明显,粒细胞可达70%～90%,主要为中性粒细胞。淋巴细胞的比例急剧降低,而单核细胞有所增加。骨髓象检查,幼稚粒细胞和各种未成熟的粒细胞显著增加,涂片上可见大量的不成熟和不正常的中性粒细胞,骨髓中的其他成分如幼红细胞系和单核细胞系均被这种异常原始细胞所取代。

(2)淋巴细胞性白血病　此型白血病多见于4岁以下的青年犬。病犬表现精神沉郁,食欲不振,消瘦,呼吸急促或轻度呼吸困难,体表淋巴结如颌下淋巴结、咽部淋巴结、浅颈淋巴结、膝窝淋巴结、腋窝淋巴结、腹股沟淋巴结等肿大,并出现跛行、呕吐、腹泻,皮下组织形成多发性小结节,腹腔积液增多。腹部触诊可见脾肿大,剖检肠系膜淋巴结有肿瘤块。血象检查,红细胞数减少,呈轻度低色素性贫血,多染性红细胞和幼稚红细胞增加。白细胞总数高达3万～6万个/毫升,个别犬白细胞数正常或减少。在白细胞分类上,淋巴细胞绝对增加,出现分化型和未分化型淋巴细胞。骨髓象检查,多数病犬出现异形和大量幼稚淋巴细胞。

(3)单核细胞性白血病　表现为精神沉郁,食欲废绝,可视黏膜苍白,发热,咳嗽,体表淋巴结和脾脏肿大。血象检查,红细胞数轻度减少,白细胞高度增加,最高达8万个/毫升。单核细胞增加。

骨髓象检查,可见未分化和分化型的细胞增生。

(4) 肥大细胞性白血病　多见于老龄犬。表现为食欲不振,体温稍升高,烦渴,呕吐,腹泻,呼吸急促。特征变化为皮肤出现结节,结节直径多为 3 厘米以下,多发于躯干,再向四肢和头颈部蔓延,有时可并发化脓性炎症及溃疡性变化。血象检查,红细胞数稍降低,白细胞肥大细胞明显增多。骨髓象检查,肥大细胞增高可达 70%。

【治疗措施】　尚无可靠治疗方法,主要是控制病情,延长生命。

抗肿瘤药物氨甲喋呤,每千克体重 0.3～0.8 毫克,静脉注射,每周 1 次。环磷酰胺,每千克体重 2 毫克,连日口服,或每千克体重 1 毫克,静脉注射,每周 1 次。阿糖胞苷,每千克体重 2～5 毫克,静脉注射,每日 1 次,连用 5～7 天。口服或皮下注射泼尼松和氟美松合剂,效果较好。根据病情,投予蛋白质合成激素,强心、保肝,给予维生素等,也可注射卡介苗等免疫增强剂,以增强机体的免疫力。

四、泌尿系统疾病的诊断与防治

肾　炎

肾炎是指肾小球、肾小管或肾间质组织的炎症。临床上分为急性肾小球肾炎、慢性肾小球肾炎、间质性肾炎。多见于中年犬、猫,犬发病率高,其中母犬更为常见。

【病　因】　目前认为肾炎的发生与感染、中毒、变态反应等因素有关。

(1) 感染因素　多继发于某些病毒(如犬瘟热病毒、犬传染性肝炎病毒、猫传染性腹膜炎病毒、猫白血病病毒)、细菌(溶血性链球菌、葡萄球菌、肺炎双球菌、犬钩端螺旋体、结核杆菌)和寄生虫(犬恶丝虫、弓形虫)等感染。由病毒、细菌及其毒素作用于肾脏所引起,或是由于病愈后的变态反应所致。

(2)中毒因素

①内源性毒物中毒　如胃肠道炎症、皮肤疾病、代谢障碍性疾病、皮肤大面积烧伤或烫伤时所产生的毒素以及代谢产物或组织分解产物等。

②外源性毒物中毒　应用有强烈刺激性的药物(松节油、石炭酸、水杨酸等),误食有毒植物及被砷、汞、铅、磷等毒物污染的食物等,均可引起发病。

(3)邻近器官的炎症　膀胱炎、子宫内膜炎、阴道炎及乳腺炎蔓延等均可引起本病。

(4)机械因素　因撞击、踢打等外力造成肾脏损伤所致。

(5)受寒感冒　由于机体遭受寒冷的刺激,引起全身血管发生反射性收缩(尤其是肾小球毛细血管的痉挛性收缩),导致肾血液循环及营养发生障碍,肾脏防御功能降低,病原微生物侵入,促使肾炎发生。

【临床症状】

(1)急性肾小球肾炎　患病初期精神沉郁,体温升高,食欲减退。由于肾区敏感,犬、猫不愿活动。站立时背腰拱起,强迫行走时步态强拘,小步前进。肾区轻轻压迫表现不安,躲避或抗拒检查。频频排尿,但每次尿量较少,有的甚至无尿,尿液的相对密度增高,并有血尿现象。出现肾性高血压、主动脉口第二心音增强。尿液检查发现尿液中蛋白质含量增高,出现肾上皮细胞,并见有透明及颗粒管型、红细胞管型、上皮细胞管型、白细胞、病原菌等。血液生化检验呈现低蛋白血症。

严重病例由于大量含氮物质蓄积,使血液中非蛋白氮含量增高,有不同程度的肾功能障碍,内生肌酐清除率或尿素清除率均显著降低,呈现尿毒症症状,如机体衰弱无力、昏迷、全身肌肉呈发作性痉挛、严重腹泻、呼吸困难等。

(2)慢性肾小球肾炎 多由急性肾炎发展而来。初期表现全身衰弱,无力,食欲不定。继则出现食欲减退,消化功能障碍,间歇性呕吐和腹泻,逐渐消瘦。后期可见眼睑、胸腹下或四肢末端出现水肿,严重时发生肺水肿和体腔积液。早期多饮多尿,尿量为正常时2倍左右,相对密度降低;后期尿少,相对密度增高。尿液中有多量肾上皮细胞、管型及少量红细胞和白细胞。晚期尿蛋白反而减少。严重病例由于血液中非蛋白氮大量蓄积,引起慢性氮质潴留性尿毒症。同时,心血管系统发生功能障碍。

(3)间质性肾炎 主要表现为初期尿量增多,后期减少。尿沉渣中亦见有少量红细胞、白细胞及肾上皮,一般无蛋白尿。压迫肾区时动物无疼痛表现。血压升高,心脏肥大,皮下水肿(心性水肿),最后可因肾功能障碍导致尿毒症而死亡。

【治疗措施】 治疗原则是消除病因,抑制免疫反应,消炎利尿及对症治疗。

(1)加强饲养管理 首先,在发病初期使患病犬、猫处于1~2天的饥饿或半饥饿状态,置于温暖、干燥的房间中安静休养。在食物中酌情给予营养丰富、易消化的乳制品,适当限制肉和食盐的摄入量(急性肾小球肾炎少尿期及出现水肿的犬、猫),而慢性肾小球肾炎多尿期易造成低钠血症,可适当补给食盐。

(2)消除感染 可选用氨苄西林、硫酸链霉素,或氟苯尼考10~20毫克/千克体重,肌内注射,每日2~3次。亦可肌内或静脉注射环丙沙星、恩诺沙星、洛美沙星等。最好不用磺胺类药物,亦不宜使用卡那霉素或庆大霉素(对肾脏毒性较大)。

(3)抑制免疫反应 可应用肾上腺皮质激素。抗肿瘤药物因能抑制抗体蛋白的形成,亦具有免疫抑制效应。

(4)利尿消肿 当有明显水肿时,可选用利尿剂水药,如氢氯噻嗪、甘露醇,同时应注意补钾。

(5)对症治疗 心衰时强心;出现尿毒症时,用5%碳酸氢钠注射液(犬5～30毫升)静脉注射;有严重血尿时,应用止血药物。

多尿的病例,补给乳酸林格氏液,适当补钾;少尿的病例(急性肾炎、慢性肾炎后期),要限制输液,不宜补钾。当发生脱水、高钙血症、代谢性酸中毒时,以5%葡萄糖注射液与乳酸林格氏液按2:1比例输液,同时补给维生素 B_1。

(6)缓解尿毒症 及时治疗肾功能衰竭,改善肾脏微循环,解除尿道阻塞。

膀 胱 炎

膀胱炎是指膀胱黏膜和黏膜下层的炎症。临床上以疼痛性尿频、尿沉渣中有多量膀胱上皮、脓细胞、红细胞为特征。常见于母犬、猫和老龄犬、猫。

【**病 因**】 主要由于病原微生物感染、邻近组织器官炎症的蔓延和膀胱黏膜的机械性刺激或损伤等因素所引起。

(1)病原微生物感染 常见病原菌有化脓杆菌、葡萄球菌、大肠杆菌、变形杆菌、绿脓杆菌等,通过血液循环或经尿道侵入膀胱引起感染。此外,膀胱穿刺或导尿时,消毒不严也会造成感染。

(2)邻近组织器官的炎症蔓延 如肾炎、输尿管炎、尿道炎、阴道炎、子宫炎等,都可蔓延至膀胱而导致发炎。

(3)机械性损伤 当膀胱结石或新生物刺激膀胱黏膜,以及导尿管损伤膀胱黏膜等,都可引起炎症。

【**临床症状**】 患病犬、猫频频排尿或做排尿姿势,排尿时表现疼痛不安,排出的尿量少,或呈点滴状流出。尿液混浊,有强烈的氨臭味,并混有多量黏液、血液或血凝块和大量的白细胞等。触诊膀胱疼痛,多呈空虚状态。一般无明显全身症状,当炎症波及深部组织,或同时伴有肾炎、输尿管炎时,出现体温升高、精神沉郁、食欲不振等全身症状。

【治疗措施】 治疗原则是改善饲养管理、抑菌消炎、防腐消毒及对症治疗。

(1)改善饲养管理 首先使犬、猫安静,饲喂无刺激性、富含营养且易消化的优质食物,如奶、蔬菜等,给予充足的饮水,并在饮水中添加适量的食盐,造成生理性稠尿,有利于膀胱的净化和冲洗。适当限制高蛋白质食物。

(2)局部疗法 进行膀胱冲洗。冲洗前,先用导尿管经尿道外口插入膀胱内,使膀胱内积尿排出,然后用消毒或收敛性药液反复灌洗2～3次。严重的膀胱炎在继发膀胱麻痹而排尿困难时,导尿管先不拔出,留置于膀胱内以便随时将尿液放出,并每天用消毒液冲洗膀胱,直至膀胱炎症消退,再拔出导尿管。

(3)全身疗法 应用尿路消毒药或抗生素等。最好抽取尿液做细菌培养和药敏试验,选用最有效的抗菌药物。

(4)净化尿液 口服氯化铵,每千克体重50～100毫克,每日1次,能使尿液酸化起到净化作用,并可增强抗菌药物的效果。

(5)止血 安络血,每千克体重0.1～0.3毫克,肌内注射,每日2次;止血敏,每千克体重5～15毫克,肌内注射,每日2次。

尿道感染

尿道黏膜的细菌感染称为尿道感染,因主要表现为尿道黏膜的炎症变化,故又称尿道炎。临床上以排尿困难、插入导尿管疼痛、排出尿液浑浊(内混有黏液、脓液)等为特征。本病多发生于雄性犬、猫。

【病 因】 主要由于尿道黏膜受到机械性、化学性致病因素的刺激,引起尿道损伤后继发感染所致。

也可由邻近器官的炎症蔓延所引起,如包皮炎、膀胱炎、阴道炎、子宫内膜炎等。

【临床症状】 患病犬、猫频频排尿,但排尿困难,排尿时痛苦不安,尿液呈线状、点滴状排出。因尿液中混有炎性分泌物,所以尿液混浊,严重者混有脓液或血液,有时排出脱落的黏膜。触诊患部敏感,探诊时导尿管插入困难,患病犬、猫表现疼痛不安,一般全身症状不明显。尿道口肿胀,流出脓性分泌物。

【治疗措施】 治疗原则是消除病因、抑菌消炎和尿道消毒。

(1)清洗尿道 选用膀胱冲洗药物进行尿道冲洗,每日 1～2 次。

(2)抗菌消炎 在进行尿道冲洗的同时配合应用尿路消毒剂、磺胺类药物和抗生素。当尿液呈碱性时,可改用樟脑酸、乌洛托品。

(3)对症治疗 止血可肌内注射安络血,每千克体重 0.1～0.3 毫克,每日 2 次;缓解排尿困难,可用 0.1％高锰酸钾溶液清洗尿道和外阴。

尿 结 石

尿结石是由尿液中的无机盐类析出形成结石,引起尿路黏膜发炎、出血和尿路阻塞的疾病,又称尿石症,临床上以排尿困难、阻塞部位疼痛和血尿为特征。根据尿结石形成和阻塞部位不同,可分为肾盂结石、输尿管结石、膀胱结石和尿道结石。

尿结石是在某些核心物质(如黏液、凝血块、脱落的上皮细胞、坏死组织碎片和异物等)的外周由矿物质盐类(如磷酸盐、碳酸盐、草酸盐、尿酸盐等)和保护性胶体物质(如黏蛋白、胱氨酸、核酸、黏多糖)环绕凝结而形成。临床上以磷酸盐结石最为多见(约占犬结石的 60％)。尿结石的形状很不相同,有的呈球形、椭圆形或多边形,有的呈细颗粒状或沙石状,其大小也不一样。

本病多发生于老龄犬、猫,公犬、公猫以尿道结石多见,母犬、母猫以膀胱结石多见。

【病　因】　目前病因及发病机制不完全清楚。一般认为尿结石的形成乃是诸因素综合作用的结果,但主要与机体矿物质代谢障碍、泌尿器官疾病尤其是肾脏的功能活动密切相关。所以,尿石症并非一种单纯的泌尿器官疾病,亦非某些矿物质的简单堆积,而是一种伴有泌尿器官病理状态的全身矿物质代谢紊乱的结果。促使尿结石形成的因素主要有:①饮水不足引起尿液浓缩,致使盐类浓度过高。②食物不当(饲喂高蛋白质、高镁饲料易促进磷酸铵镁结石的形成)或食物、饮水中矿物质含量过高(长期饲喂富含钙质的食物或饮水)。③维生素 A 缺乏或雌激素过剩(肾及尿路上皮不全角化及脱落,使尿结石的核心物增多)。④肾脏及尿路感染(尿液中细菌和炎性产物积聚,可成为盐类晶体沉淀的核心)及尿液潴留(尿素分解而生成氨,使尿液呈碱性,碱化的尿液有利于盐类结晶的沉淀)。⑤其他疾病,如甲状旁腺功能亢进(甲状旁腺激素分泌过多,血钙升高,致使肾脏排出的钙盐增多,尿液晶体浓度增高),磺胺类药物及某些重金属(如铅)中毒等,亦可促进尿结石的形成。

【临床症状】　当尿结石的体积细小而数量较少时,一般不显任何症状。当结石体积较大或阻塞尿路时,则出现明显的临床症状。

(1)肾结石　结石位于肾盂时,称为肾结石。多呈现肾炎和肾盂肾炎症状,并有血尿、脓尿及肾区敏感现象。当结石移动时,引起短时间的急性疼痛,此时犬、猫拱背缩腹,运步强拘,步态紧张,大声悲叫,同时患病动物常做排尿姿势。触摸肾区发现肾肿大并有疼痛感。

(2)输尿管结石　临床不常见,呈现剧烈持续性腹痛,输尿管部分阻塞时,可见尿频尿痛、血尿、蛋白尿,若两侧输尿管阻塞,则出现尿闭现象,腹部触诊发现膀胱空虚。

(3)膀胱结石　临床最常见,结石位于膀胱腔时,有时并不出现任何症状,但多有频尿、血尿,膀胱敏感性增高,类似膀胱炎的症状。当结石位于膀胱颈部时，可出现明显的疼痛和排尿障碍，动物频频做排尿姿势，强力努责，但尿量很少或无尿，腹部触诊膀胱轮廓十分明显，压迫不见尿液排出。腹壁触诊可摸到膀胱内结石。

(4)尿道结石　犬的尿道结石多发生于阴茎骨的后端。当尿道不完全阻塞时，动物排尿疼痛且排尿时间延长，尿液呈断续或点滴状流出，多排出血尿。当尿道完全阻塞时，则出现尿闭或肾性腹痛现象。拱背缩腹，频频做排尿姿势而无尿液排出。尿道探诊时，可触及结石部位，尿道外部触诊有疼痛感。腹壁触诊膀胱时，感到膀胱膨满，体积增大，按压也不能使尿液排出。当长期尿闭时，可引起尿毒症或发生膀胱破裂。

【治疗措施】　治疗原则是加强护理，及时排除结石，控制感染。

(1)加强饲养管理　应改善饲养，减少富含钙质的食物；大量饮水，以便形成大量稀释尿，借以冲淡尿液晶体浓度，减少析出并防止沉淀，起冲洗作用。

(2)手术疗法　肾结石，一般应切除肾脏。对体积较大的膀胱结石和尿道结石，特别是伴发尿路阻塞时，要施行膀胱或尿道切开取石术。

(3)激光、超声波碎石　有条件的，可用激光、超声波碎石，然后排除结石。

(4)疏通尿路、排除结石　对于肾结石和输尿管结石，为了促进结石的排出，对犬可试用中药。同时，应用利尿剂，促进细沙粒状结石的排除。亦可用生理盐水冲洗尿路，扩张尿道，使体积细小的结石随冲洗液排出。

(5)膀胱减压　尿液潴留时，应及时减压(导尿管导尿或膀胱穿刺导尿)，以防膀胱破裂引起尿毒症。

(6)控制继发感染及对症治疗　应用抗生素等控制继发感染，同时针对出现的症状采取对症疗法。

肾功能衰竭

肾功能衰竭是指肾组织发生的急、慢性肾功能不全或肾衰竭，以及肾单位绝对数减少所致的临床综合征。可分为急性肾功能衰竭和慢性肾功能衰竭。

急性肾功能衰竭又称急性肾功能不全，是指由多种原因造成的急性肾实质性损害而导致的肾功能抑制。临床上以发病急、少尿或无尿、代谢紊乱和尿毒症等为主要特征。

慢性肾功能衰竭是由于功能性肾组织长期或严重丧失，承担肾功能的肾单位绝对数减少，不能维持机体环境的相对平衡所致。临床上以出现各种代谢紊乱为主要特征。

【病　因】

(1) 急性肾功能衰竭　多由外伤或手术造成的大出血、急性左心衰竭、严重脱水(呕吐、腹泻失去大量水分)等因素引起的肾脏严重缺血和由于某些化学毒物(如氯仿、磺胺类药物等)、生物毒素(如蛇毒、生鱼胆)等因素引起的肾脏中毒所致。

(2) 慢性肾功能衰竭　多由急性肾功能衰竭转化而来。各种疾病引起的肾小球滤过率下降，约有 75% 的肾单位进行性破坏是导致慢性肾功能衰竭产生的原因。由于肾脏排泄和调节功能失常，蛋白质分解产物积聚于血液中导致氮血症，若无其他症状，称为肾功能不全期。随着血浆非蛋白氮积聚(高达 1 毫克/毫升)并出现酸碱平衡紊乱，即为尿毒症期，继而发生全身性疾病。

【临床症状】

(1) 急性肾功能衰竭　可分为 3 期。

①少(无)尿期　多数病例此期可持续 15 天左右。患病犬、猫在原发病症状的基础上，排尿明显减少或无尿。由于水、盐及代谢产物排泄障碍，出现水肿、心力衰竭、高钾血症、低钠血症、代谢性酸中毒、氮质血症，且易发生感染等。

②多尿期 若能度过少尿期,则尿量开始增加。但水及氮质代谢产物潴留依然显著,由于钾排出过快而发生低钾血症,有些犬、猫出现心力衰竭、后肢瘫痪等症状。患病犬、猫多死于该期,亦称危险期。耐过者,水肿开始消退,症状逐渐好转。

③恢复期 经过多尿期后,尿量逐渐恢复正常。但由于患病犬、猫体力消耗严重,表现肌肉无力、萎缩等。恢复期的长短,取决于肾实质病变的程度。重症者,肾小球滤过功能长期不能恢复,可转变为慢性肾功能衰竭。

(2)慢性肾功能衰竭 根据临床发展过程,可分为 4 期,见表4-1 所示。

表 4-1　慢性肾功能不全分期及有关指标

病　期		Ⅰ　期	Ⅱ　期	Ⅲ　期	Ⅳ　期
		储备能减少期	代偿期	非代偿期	尿毒症期
肾小球滤过率		＞50％	50％～30％	30％～5％	＜5％
电解质	尿量	正常	多尿	少尿	尿闭
	钠	正常	有时降低	多降低	降低
	钾	正常	正常	有时降低	升高
	钙	正常	正常	降低	降低
	磷	正常	正常	升高	升高
酸碱平衡		正常	正常	代谢性酸中毒	代谢性酸中毒
其他		血清缺酐和血液尿素氮(BUN)轻度升高	轻度贫血、脱水、心力衰竭等	中度至重度贫血,血液尿素氮可高达1.3毫克/毫升以上	出现尿毒症临床症状,尤以神经症状和尿素氮升高明显,尿素氮可高达2～2.5毫克/毫升

【治疗措施】

(1)急性肾功能衰竭　治疗原则是防止休克和脱水,及时补液,纠正酸中毒和减缓氮质血症。

①少(无)尿期治疗　治疗原发病并纠正高血钾和水钠潴留。

饮食疗法:补充高能量和富含维生素的食物,控制蛋白质的摄入量。

补液、纠正高血钾及氮血症:根据红细胞压积容量和临床症状确定脱水程度及补液量。若伴有酸中毒,可根据 CO_2-CP 静脉注射碳酸氢钠注射液。对有肾小管坏死的危险病例,纠正脱水后可用渗透性利尿剂。

对症疗法:为防止发生败血症,可肌内注射氨苄西林。为防止休克,可肌内注射地塞米松。解除痉挛,可肌内注射氯丙嗪。

②多尿期治疗　多尿期开始时,为尿毒症高峰期,仍需按少尿期的治疗方案进行。随着尿量渐多,水肿消退,转入多尿期治疗。此时排尿量增加,电解质大量流失,应注意补充电解质,尤其是要注意钾的补充,避免低血钾的出现。

③恢复期治疗　血尿素氮为 20 毫克/100 毫升,可作为恢复期开始的指标,此期应注意营养,加强护理并适当锻炼,使之早日康复。

(2)慢性肾功能衰竭　此时肾脏的损害是不可逆的,故治疗原则是控制病程发展,恢复代偿,延长生命。

①加强护理　减少食料中的蛋白质,必要时给予高生物价蛋白质。

②纠正水与电解质平衡紊乱　按脱水程度(见急性肾功能衰竭)予以补液,多给饮水。失钠多者可用 3% 高渗盐水静脉滴注。有水肿及血压高者限制饮水和摄盐量。尿少时限制钾的摄入,而尿多者适当补钾。对慢性尿毒症并伴缺钙和肾性骨病者,给予维生素 D 和大剂量钙。

③纠正酸中毒　用乳酸林格氏液静脉注射,或口服碳酸氢钠。

④对症治疗　有感染者给予抗生素;出现抽搐、昏迷等神经症状者,可直接向腹腔内注射苯巴比妥溶液(常规量减半),但禁用镁盐;为促进患病犬、猫恢复代偿,可用腹膜透析疗法。

五、神经系统疾病的诊断与防治

脑　炎

脑炎是指由于传染性或中毒性因素的侵害,引起脑膜与脑实质的炎症。根据病灶的性质分为化脓性脑炎和非化脓性脑炎。

【病　因】　化脓性脑炎是由头部创伤、邻近部位化脓灶波及、败血症及脓毒血症经血行性转移所致。非化脓性脑炎多由传染病和细菌毒素中毒引起,偶有寄生虫(线虫的幼虫)进入脑内引起脑炎的。

【临床症状】　依炎症部位和程度以及犬、猫的神经类型而异,主要表现不定型的神经症状。病初高度兴奋,行为异常,触摸体表发出嚎叫,对人有攻击性。少数患病犬、猫瞳孔缩小,结膜充血,步态不稳,视力逐渐减弱、失明,可见癫痫样发作及转圈运动。末期晕厥,陷入昏睡状态。

化脓性脑炎伴有高热或微热,单纯性脑炎通常不发热。犬瘟热性脑炎主要表现抽搐和运动障碍(后躯麻痹)。

【治疗措施】　病毒所致的脑炎无特效治疗药物。细菌引起的脑炎可肌内或静脉注射抗生素。髓膜炎可用氨苄西林2～10毫克/千克体重静脉或皮下注射,庆大霉素2～4毫克/千克体重肌内注射。当犬、猫狂躁不安时,可用氯丙嗪1～2毫克/千克体重静脉滴注或肌内注射,或用苯巴比妥2～5毫克/千克体重口服,每日3次。

为降低颅内压及消除脑水肿,可静脉注射 20% 甘露醇注射液。

应将患病犬、猫置于阴凉通风处,犬舍、猫舍保持安静,光线要暗。给予牛奶、鸡蛋、肉汤等易消化且营养丰富的食物。

癫　痫

癫痫是脑神经功能的突发性一过性障碍,表现为骤然发生,突然停止,以短时间的阵发性意识障碍(晕厥)和反复出现间歇性强直性痉挛为主要症候群。癫痫分为原发性和继发性两种,犬的发病率比猫高。

【病　因】

(1)原发性癫痫　可能由于脑组织代谢障碍,大脑皮层下中枢受到过度刺激,以致兴奋与抑制过程中,相互间关系扰乱而引起。

(2)继发性癫痫　其痉挛和肌紧张的特点与原发性癫痫类似,主要见于多种脑部疾病和引起脑组织代谢障碍的一些全身性疾病过程中,因此也称假性癫痫。如小型犬于产褥期血钙浓度降低、原因不明的脑缺血、心肺功能降低造成的低氧血症、剧烈运动后功能性低血糖或因胰腺肿瘤所致的高胰岛素血症、犬瘟热病毒感染、寄生虫感染、一氧化碳中毒、有机磷农药中毒以及过敏反应等,均可表现癫痫症候。

【临床症状】　依大脑皮质功能障碍程度而异。

原发性癫痫多见于德国牧羊犬、圣伯纳救护犬,表现突然倒地,惊厥,发生强直性或阵发性痉挛,全身僵硬,四肢伸展,意识丧失,牙关紧闭。有的大小便失禁,口吐白沫,瞬膜突出,瞳孔散大。反复发作且间隔时间短,持续时间长。意识丧失的发作和恢复快,数分钟病犬呈现沉郁状态,对周围刺激淡漠,逐渐自动起立。极少数病犬狂奔或咬人。

继发性癫痫依病因而表现不同症状,但痉挛和肌紧张与原发性癫痫类似。因低钙血症和维生素缺乏所致病的犬,数分钟内重复间歇性痉挛。脑缺血及低血糖性痉挛以意识丧失为主。

【治疗措施】

(1)**加强管理** 癫痫发作时,应设法使动物安静,避免外界刺激,最好蒙上眼睛抱在怀里,以防意外事故发生。

(2)**抗痉挛疗法** 原发性癫痫由于病因不清,主要应用抑制痉挛发作的药物进行对症治疗。对继发性癫痫,在对症治疗的同时,应积极治疗原发病。

日射病和热射病

日射病是在高温季节动物头部受阳光直射,引起脑膜充血和脑实质急性病变导致中枢神经系统功能严重障碍的现象。而热射病是在高温潮湿环境下,机体产热和散热平衡失调,积热过多而引起中枢神经功能紊乱的现象。犬多发生,猫对热抵抗力强,较少发生。

【病　因】 多发生于饲养在通风换气不良的高温环境中的犬,如阳光直射的密闭汽车内、水泥地面的铁皮小屋、通风不良的饲养场所等。热性疾病、心血管系统及泌尿系统疾病、过度肥胖阻碍散热、手术中长时间的气管插管也是致病因素。容易发生上呼吸道疾病的短头品种犬及经常不安、神经质的犬容易发生。

【临床症状】 通常没有前驱症状,突然出现特征性的高热(体温急剧升高至41℃～42℃);呼吸浅表急促,严重者并发肺充血和肺水肿,出现呼吸困难;心跳加快,末梢静脉怒张,黏膜开始时呈鲜红色,随后发紫;皮肤发热、干燥,瞳孔散大;如不治疗则站立困难,出现肌肉痉挛和抽搐。

【治疗措施】

(1)**迅速消除病因** 将动物放在阴凉、通风良好的环境中安静休息。

(2)降温 采用冷水冲洗、灌肠或冰袋冷敷,以及灌服 0.2%冷盐水等措施降温。

(3)维护心肺功能 对心力衰竭的犬,要注意适当应用强心药如匹莫苯丹、地高辛等;为缓解呼吸困难,可实施正压吸氧,对伴有肺水肿的病例,可肌内注射地塞米松和呋塞米,以减少渗出和促进液体排出。

(4)抗休克,控制神经症状 大量输液以降低体温,缓解脱水导致的休克;对有神经症状的犬,可使用镇静剂如地西泮、颠安舒等。

六、营养代谢性疾病的诊断与防治

低血糖症

低血糖症是由多种原因引起的血糖浓度过低所致的综合征,常见于幼龄犬、猫和产后哺乳母犬。

【**病 因**】

(1)暂时性低血糖症

①特发性新生犬、猫低血糖症 多发生在 3 月龄前的玩具犬及小型品种犬,一般多因受凉、饥饿或因仔多奶少、奶质差、胃肠功能紊乱、肠内寄生虫、肝糖原合成酶不足等引起。

②工作犬超负荷工作 多见于工作犬和猎犬。

③母犬、母猫低血糖症 母犬、母猫妊娠后期和哺乳期严重营养不良,胎儿数过多,初生仔大量哺乳而致病。临床多见于分娩前后 1 周左右的母犬、母猫。

④胰岛素使用过量 如治疗犬高血糖时,长时间超量使用胰岛素。

(2)持久性低血糖症

①Ⅰ型糖原累积病 因6-磷酸葡萄糖酶先天性不足,最终导致肝脏累积糖原而发生低血糖症。多发生于断奶前后(6~12周龄)的玩具犬及小型犬。

②继发于胰岛瘤(β-细胞瘤) 犬的胰腺癌发病率高达60%,且多见于右侧胰叶。胰岛瘤(β-细胞瘤)是由于胰岛β-细胞产生过多的胰岛素,使血糖转入细胞增加,从而造成低血糖。多发生于成年犬、老龄犬(一般为6~13岁)。

③非胰腺性肿瘤引起的低血糖症 多由肝癌、肺癌、胃肠癌、肾上腺癌、迁移性腹膜瘤及其他癌症性疾病引起。

④肝源性低血糖症 肝脏疾病所致,因肝糖原的分解和合成异常而引起低血糖症。

【临床症状】 发病犬、猫精神沉郁,四肢软弱无力,甚至卧地不起;食欲减退或废绝,呈现全身性或局部性神经症状,肌肉抽搐,共济失调,惊厥,反射功能亢进,全身癫痫样发作,体温达41℃以上。幼龄犬、猫发病时站立不稳,步态蹒跚,随即全身肌肉阵发性痉挛,体温下降至37℃以下,甚至昏迷死亡。

血糖浓度明显降低,血糖值低至0.5毫克/毫升以下。

【治疗措施】 10%~25%葡萄糖注射液5~10毫升/千克体重,三磷酸腺苷10~20毫克,维生素C 0.25~0.5克,肌苷50~100毫克,静脉注射,每日1次,连用2~3天。

地塞米松磷酸钠注射液0.25~1毫克/千克体重,肌内注射或静脉注射。

氢化可的松注射液2~5毫克,静脉注射。

葡萄糖粉20~50克,加温水溶解,口服。

佝偻病(维生素D缺乏症)

佝偻病是犬、猫在生长发育期由于维生素D缺乏及钙、磷缺乏或比例不当,使钙、磷代谢失常,钙盐不能正常沉着所引发的一种营养性骨骼疾病。本病以1岁内的犬、猫,尤其是2~5月龄的幼犬多发。

【病　因】

(1)**食物中钙、磷不足或比例不当**　食物中钙、磷不足或比例不当是导致本病发生的重要原因。犬、猫食物中最合适的钙、磷比,犬为1.2~1.4:1,猫为0.9~1.1:1,并应占食物总成分的0.3%。生、熟肉中钙、磷比为1:20,所以用去骨骼鱼和肉饲喂犬、猫时容易发生钙缺乏,导致钙、磷比例不当引发本病。

(2)**食物中维生素D不足**　由于喂养不当,母乳不足或早期断奶;幼龄犬、猫的饲料以淀粉食物为主体,缺乏矿物质、蛋白质和维生素D。

(3)**光照不足**　幼年犬、猫长期家养,尤其是长毛品种,舍饲犬由于运动场狭小,运动不足,缺乏阳光照射,尤其冬季出生的犬更易发病。

(4)**需要量增加**　生长迅速的犬容易缺乏。

(5)**维生素A过量**　犬、猫喜食肝脏(含大量维生素A),过量的维生素A竞争性抑制维生素D在肠道的吸收,影响骨骼的生长和代谢而发生骨质疏松。

(6)**先天性佝偻病**　常由于妊娠母犬、母猫营养失调或缺乏阳光照射,运动不足,饲料中缺乏矿物质、维生素D和蛋白质,以致胎儿发育不良导致。

(7)**其他因素**　慢性腹泻可影响脂溶性维生素D的吸收;肝肾疾病使维生素D原不能转化为活性维生素D;饲料中金属离子(铁、镁、锶、锰、铝)过多影响钙、磷的吸收。

【临床症状】　患先天性佝偻病的犬、猫出生后骨质软弱,肢体有异常弯曲,出生数天仍不能站立。后天性佝偻病往往被忽视,直至关节、肢体变形后才引起注意。病初精神不振,食欲减退,消化不良,逐渐消瘦,生长缓慢;中期发生异嗜,喜舔食泥土、石块、垃圾等,表现腹泻和便秘等消化障碍。四肢关节疼痛,运动时四肢僵硬,屈伸不灵活,出现跛行或卧地不能站立。

【治疗措施】 应重视早期治疗,发现佝偻病早期症状即应治疗。

经常带犬、猫在户外活动,进行日光浴。冬季舍内以紫外线灯照射。

使用维生素 D 制剂,可用维生素 D_3 注射液 10 万～30 万单位/次,肌内注射,每 2 周使用 1 次;或用鱼肝油胶丸 5～10 丸/次,口服,每日 1 次。

加强饲养管理,补充钙剂,防止钙、磷比例不当。

肥 胖 症

肥胖症是由于代谢障碍而引起的脂肪过度蓄积,是成年犬、猫较常见的一种脂肪过多性、营养性疾病。

【病　因】

(1)品种等遗传因素 犬的肥胖症在某些品种的犬中较为常见,如金毛犬、比格犬、腊肠犬和北京犬等。

(2)年龄和绝育手术 老龄犬、猫和青壮年犬、猫容易发胖,体内新陈代谢减慢、不爱运动等原因均可造成犬、猫年纪越大越胖。一般 4 岁前的犬肥胖症发生率较低,母犬生育前比生育后肥胖症发生率低。公犬将睾丸摘除,母犬切除卵巢,手术后,犬只在两性激素分泌方面明显不足,都会明显影响犬的新陈代谢,造成绝育后肥胖。

(3)饮食习惯 导致犬肥胖症的绝大部分原因是饲喂食物过量。大多数人对饲喂量把握不够准确,宁可多给,也不想让爱犬挨饿,结果往往都是吃多了。

(4)生活环境和运动 群养比单养的犬发生肥胖症的概率低,

群养可相互间嬉戏玩耍,在游戏中运动锻炼身体,消耗能量的同时增强机体抵抗力;单养的犬大多数都不爱活动,每天的运动量不足,没有良好的锻炼习惯,造成犬长时间处在贪吃贪睡而且嗜暖怕冷的状态,容易引起肥胖。

(5)**疾病因素**　犬、猫的肥胖还可能与某些疾病有关,如内分泌疾病(甲状腺分泌失调、肾上腺皮质功能亢进和糖尿病等)和肿瘤疾病(胰岛腺体肿瘤及某些脑肿瘤),此类犬、猫会经常饥饿,大量进食,体重失控。

【临床症状】　犬、猫皮下脂肪丰富,体态丰满,用手摸不到肋骨,不耐热,易疲劳,反应迟钝不灵活,不愿走动,走路摇摆。肥胖犬、猫易发生骨折、关节炎、椎间盘疾病等,严重者易引起心脏病、糖尿病、皮肤病和影响生殖功能。由内分泌失调引起的肥胖症,还可见特征性的脱毛、皮屑和皮肤色素沉积等变化。

【治疗措施】　调整日粮组成,减少日粮中脂肪和碳水化合物的含量,给予高蛋白质食物并逐渐增加运动量等。

药物治疗可用甲状腺素浸膏,犬22微克/千克体重,猫20～30微克/千克体重,口服,每日2次,增加基础代谢,用于因甲状腺功能减退而引起的肥胖症。已烯雌酚注射液,犬0.1～0.5毫克,猫0.1～0.3毫克,肌内注射,用于母犬生殖功能减退引起的肥胖症。

丙酸睾酮注射液,犬25～50毫克,猫15～50毫克,肌内注射,用于公犬生殖功能减退引起的肥胖症。

泌乳惊厥

以低钙血症和产后突发全身强直性痉挛为特征的代谢性疾病称为泌乳惊厥,又称产后痫、产后抽搐症。多发生于分娩后2～4周(早发型多发生于分娩后2～4天)的产仔数多的小型母犬,中型母犬亦可发病。

【病　因】　泌乳惊厥的直接原因是分娩后血钙浓度的急剧降低。

产后大量泌乳,大量钙质进入初乳,是血钙浓度下降的主要原因。这是临床产仔数多的母犬发病率高的原因。当血钙低于 0.07 毫克/毫升(正常为 0.084～0.113 毫克/毫升),就会发病。

动用骨骼中储备钙能力的降低和骨骼中钙储备量减少,也是导致血钙浓度下降的重要原因。

分娩前后,母体从肠道吸收的钙量减少,也是引起本病的原因。

【临床症状】　典型症状为全身肌肉强直、痉挛、抽搐。开始时运步蹒跚、后躯僵硬、步态失调,以后表现烦躁不安、到处乱跑、易惊恐、对外界刺激表现敏感。站立不稳,倒地抽搐,呼吸急迫,口不停开合并流出白色泡沫。多有呕吐、心跳加快及体温明显升高。病犬、病猫瞳孔散大或昏睡。若未及时治疗,反复发作以至死亡。发病后经补钙治疗症状很快缓解或消失,如不坚持治疗或继续哺乳,数小时或数日后可复发,且第二次发作症状比上一次更加明显。

【治疗措施】

(1)补钙疗法　确诊后立即缓慢静脉注射 10％葡萄糖酸钙注射液。心律失常者改服钙片,伴有低血糖者同时静脉注射 50％葡萄糖注射液,并口服维生素 D。

(2)镇静　投服镇静药。

(3)肾上腺皮质激素治疗　泼尼松,每千克体重 2 毫克,口服或皮下注射,每日 2 次,至断奶为止。

(4)加强饲养管理　母犬发病后要与仔犬隔离,采取提早断奶措施,仔犬采用人工喂养。同时,改善母犬的营养状态。

七、中毒性疾病的诊断与防治

有机磷农药中毒

有机磷农药中毒是由于犬、猫接触、吸入或采食某种有机磷农药或舔食被其污染的食物、器械等所致的病理过程。犬、猫对有机磷农药比其他动物敏感。

【病　因】　有机磷农药可经犬、猫的消化道、呼吸道和皮肤进入机体内,并与体内胆碱酯酶结合,使其失去水解乙酰胆碱的能力,导致体内乙酰胆碱蓄积,从而导致一系列的神经生理功能紊乱。

误食撒布有机磷农药的食物,误饮撒布有药物的饮水,或舔舐沾有药物的用具、被毛或灭蝇纸;误用配药用具作犬、猫食盆或饮水盆;滥用或误用其杀灭犬、猫体内外寄生虫,或将犬、猫留放在喷有药液的房间等,均可导致中毒。

【临床症状】　有机磷农药中毒主要表现为副交感神经过度兴奋,包括以下 3 种类型。

(1)毒蕈碱样症状　唾液分泌增多,瞳孔缩小,呕吐,腹泻,尿频,腹痛,由于支气管收缩和分泌物增多引起呼吸困难。

(2)烟碱样症状　肌肉无力或自发性收缩,引起肌肉震颤。

(3)中枢神经系统症状　表现神经质、兴奋、运动失调、惊恐,逐渐发展为惊厥或癫痫等。

中毒症状多在毒物进入机体后几小时内出现,中毒轻重程度受毒物量多少和进入机体途径影响。急性严重中毒表现呼吸困难,呼吸衰竭,最后死于呼吸麻痹。

【治疗措施】　避免犬、猫再接触有机磷农药。若是口服中毒,未超过 2 小时的,用催吐疗法。口服活性炭,吸附胃肠内毒物,然后随粪便排出。若经皮肤接触中毒,可用清洁水冲洗。

药物治疗可用解磷定、氯磷啶、双复磷与阿托品联合疗法。硫酸阿托品注射液 15～30 毫克/千克体重；硫酸阿托品注射液，0.2～0.5 毫克/千克体重，静脉注射，每日 2 次。直至瞳孔散大恢复正常，流涎停止，呼吸正常。

中毒严重导致休克时，采用人工呼吸、吸氧等措施。呕吐、腹泻严重者需静脉输液治疗。

抗凝血杀鼠药中毒

本病主要是由于犬、猫误食含有敌鼠钠、杀鼠醚、杀鼠灵（华法令钠）、溴敌隆等毒饵或病死动物尸体而导致中毒的现象。

【病　因】　犬、猫误食抗凝血杀鼠药，干扰凝血酶原及凝血因子的合成，导致凝血功能减退，使出血时间延长。

用华法令钠等抗凝血药物，防治血栓性疾病，用药量大或用药时间过长，或者在用华法令钠时，同时应用能增强其毒性的保泰松、阿司匹林、广谱抗生素和氯丙嗪等，均可导致发病。

【临床症状】　急性中毒病例无任何明显症状而死亡，死后剖检多见脑、心包、胸腹腔有出血。亚急性中毒病例从吃入毒物到死亡，一般需 2～4 天时间，中毒初期精神不振、厌食、不愿活动、持续呕血、血便、血尿、眼内出血、共济失调，最后痉挛、昏迷而死亡。妊娠犬、猫流产，死后剖检可见全身广泛性出血。病程较长的犬、猫可见体温升高和黄疸。

【治疗措施】　维生素 K 是治疗抗凝血杀鼠药中毒的特效药物，尤其是维生素 K_1，在发病最初使用效果较好。

如果出血过多，应输血治疗，再配合一些支持疗法。

已中毒的犬、猫不能行手术或放血；皮下或胸、腹腔的血液，如果不危及生命，可让其慢慢吸收。

病愈恢复期应加强饲养管理，多饲喂些有营养的食物，最好是犬、猫商品性食品。

有机氟中毒

有机氟中毒是犬误食氟乙酰胺等有机氟杀鼠药引起的中毒，临床上以发生呼吸困难、口吐白沫、兴奋不安为特征。

【病　因】　犬、猫误食有机氟杀鼠药，或采食了被有机氟杀鼠药杀死的老鼠，发生二次性中毒。

【临床症状】　氟乙酰胺进入机体 30 分钟后就可中毒发病，主要侵害犬、猫的中枢神经系统和心脏。急性中毒表现为精神沉郁、呕吐、喘息、排粪和排尿失禁。严重中毒时，主要表现为兴奋、嚎叫、痉挛、突然倒地、全身震颤、四肢划动、抽搐、角弓反张、呼吸加快、黏膜发绀、心率快而弱、心律失常，安静片刻后又重复发作，如此 3～4 次后，往往休克死亡，整个病程只有十几分钟至数小时。

【治疗措施】　避免犬、猫再接触有机氟杀鼠药及有机氟杀鼠药杀死的老鼠。

用 0.02％高锰酸钾溶液洗胃，然后口服蛋清以保护胃肠黏膜，最后用盐类泻剂导泻。

解氟灵注射液，犬 50～100 毫克/千克体重，猫 30～50 毫克/千克体重，肌内注射，每日 2 次，连用 5～7 天。

20％硫代硫酸钠注射液，1～2 克/次，肌内注射或静脉注射。

氯丙嗪注射液，1～2 毫克/千克体重，肌内注射，每日 1 次；或用 0.5～1 毫克/千克体重，静脉注射，每日 1 次。

铅中毒

铅中毒是犬、猫直接或间接食入含铅的化合物，引起以流涎、腹痛、兴奋不安和贫血为主要临床特征的一种疾病。

【病　因】　在人类和动物周围环境中，铅和含铅物质普遍存在。汽油中的铅经燃烧会散布于空气和土壤中。其他含铅物还有油画颜料、漆布、铅玩具、油漆、铅锤、焊锡、油毡、电池、滑润油、子弹，以及铅厂烟灰及污物等。铅和含铅物经消化道、呼吸道和皮肤进入动物机体，引起中毒。犬、猫铅中毒量为每千克体重 10～20 毫克。

【临床症状】 急性中毒表现为厌食、流涎、贫血、腹痛、呕吐、腹泻、神经过敏、意识不清、发抖、痉挛、狂叫、咬牙、狂奔乱跑、运动失调等。慢性铅中毒表现为贫血、多动、好斗、易激怒、呼吸道及泌尿系统损伤等。临床上以慢性中毒多见。

【治疗措施】 治疗原则是清除胃肠道中的铅，防止进一步吸收；从血液和机体组织中尽快排出铅；积极治疗铅中毒的神经症状。

(1)排除毒物 如果发现较早，可采用催吐、洗胃和导泻等措施，以促进毒物从机体内清除.

(2)解毒 如经过治疗仍不能控制神经症状，则预后不良。

在使用依地酸钙钠治疗的同时，配合应用青霉胺效果更好，用量为每千克体重 100 毫克/天，分 4 次口服，连用 1～2 周。如果出现呕吐、不安和厌食时，可空腹时口服，或服药前半小时口服茶苯海明 2～4 毫克/千克体重。

(3)镇静 投服镇静药，如戊巴比妥钠 20～30 毫克/千克体重，或用盐酸氯丙嗪 0.5～1 毫克/千克体重，静脉注射。

(4)支持疗法 包括输液、补充电解质、调节酸碱平衡等。

蛇毒中毒

蛇毒中毒是由于犬、猫被毒蛇咬伤而引起。

【病　因】 犬、猫为了狩猎、配种、觅食、玩耍或活动，常到野外、草地、森林等处，被毒蛇咬伤后引起中毒。毒蛇的生活有一定规律，在长江以南地区活动期为 4～11 月份，以 7～9 月份最活跃，不同毒蛇每天活动规律不同，以白天活动为主的有眼镜蛇和眼镜王蛇;白天、晚上都活动的有蝮蛇、五步蛇、竹叶青,它们在闷热天气活动更盛,五步蛇还喜欢在雷雨前后出来活动。最活跃的月份和爱活动的时间,也是犬、猫最易被咬伤的月份和时间。

毒蛇都有毒牙和毒腺,它们咬伤犬、猫后,把毒液注入犬、猫体内,引发中毒。蛇毒进入动物体内后,有两种扩散方式:一是随血液扩散,很快散布到全身,使犬、猫很快中毒死亡;二是蛇毒随淋巴扩散,散布速度缓慢,有利于吸出蛇毒和急救。

【临床症状】　犬、猫被毒蛇咬伤后,局部有两个特征性的毒牙穿刺孔。

(1)神经毒中毒　咬伤局部一般无明显反应,只有被眼镜蛇咬伤后,局部组织有坏死和溃烂,不易愈合。临床表现为流涎或呕吐,声音嘶哑,牙关紧闭,吞咽困难,呼吸急迫,四肢无力,共济失调,全身震颤或痉挛等。严重中毒时,动物出现肢体瘫痪,惊厥后昏迷,心力衰竭,最后因呼吸中枢麻痹而死亡。

(2)血液毒中毒　咬伤局部红肿、发硬、灼热和剧痛,并不断扩延(向心性扩散)。局部淋巴结肿大有压痛。皮下出血,有时有水疱或血疱,组织溃烂坏死。烦躁不安,呕吐及腹泻,黏膜和皮肤呈现广泛性出血,排尿减少或无尿,甚至排血尿或蛋白尿。有溶血性黄疸和贫血,呼吸急迫,心律失常,有的犬、猫出现休克,严重者几小时内死亡。

(3)神经血液混合毒中毒　临床症状为两种蛇毒中毒的综合症状,常死于呼吸肌麻痹导致的窒息或心力衰竭性休克。

【治疗措施】　治疗原则是防止蛇毒扩散,排毒和解毒,配合对症治疗。

(1)防止蛇毒扩散　让被咬伤的犬、猫安静。咬伤四肢时,立即在伤口上方2～3厘米处缠束一止血带,防止带蛇毒的血液和淋巴回流,必要时每20分钟松带1～2分钟。

(2)冲洗伤口和扩创　可用清水、肥皂水、3%过氧化氢溶液或

0.1%高锰酸钾溶液冲洗伤口,洗去蛇毒和污物。冲洗伤口后,用小刀或三棱针挑破伤口或扩创(将伤口周围组织切除),然后挤压排毒,再用3%过氧化氢溶液或0.1%高锰酸钾溶液冲洗伤口。在扩创的同时,可用0.5%普鲁卡因注射液作伤口局部封闭。

(3)解毒 早期可注射多价抗蛇毒血清,同时口服和外用南通蛇药片、上海蛇药或群用蛇药片等,每日4次。

(4)对症疗法 可应用大剂量糖皮质激素(如强的松、地塞米松等),以增强抗蛇毒和抗休克作用。同时,要应用咖啡因或樟脑等强心药物,必要时再静脉注射复方氯化钠、葡萄糖或葡萄糖酸钙注射液等。

洋葱和大葱中毒

洋葱和大葱都属百合科、葱属植物,犬、猫采食后易引起中毒,主要表现为排红色或红棕色尿液。犬发病较多,猫较少见。

【病　因】 犬、猫采食了含有洋葱或大葱的食物后可引起中毒。研究表明,洋葱或大葱中含有具有辛香味挥发油N-丙基二硫化合物或硫化丙烯,可降低红细胞内葡萄糖-6-磷酸脱氢酶的活性,从而使红细胞更易氧化、变性、溶解。红细胞溶解后,从尿液中排出血红蛋白,使尿液变红,严重溶血时,尿液呈红棕色。

【临床症状】 犬、猫采食洋葱或大葱中毒1~2天后,最特征性表现为排红色或红棕色尿液。中毒轻者,症状不明显,有时精神欠佳,食欲差,排淡红色尿液。中毒较严重的病例,表现精神沉郁,食欲减退或废绝,步态蹒跚,不愿活动,喜卧,眼结膜或口腔黏膜发黄,心搏增快,喘气,虚弱,排深红色或红棕色尿液,体温正常或降低,严重中毒可导致死亡。

【治疗措施】 立即停止饲喂洋葱或大葱;应用抗氧化剂维生素E;进行输液、补充营养等支持疗法;给予适量利尿剂,促进体内血红蛋白排出;溶血引起贫血严重的犬、猫,可进行输血治疗。

变质食物中毒

变质食物中毒指犬、猫采食变质食物后引起的中毒病。

【病　因】　在温暖季节,所有食物,尤其是肉类、奶类及其制品、蛋和鱼等富含营养和水分的食品,极易腐败变质。在夏季即使放在冰箱里的食物,时间长了也会变质。变质食物不再适合人类食用,常用来饲喂犬、猫,引起犬、猫食物中毒。变质食物引起中毒的毒素,包括肠毒素、内毒素和真菌毒素等。

食物中的链球菌、葡萄球菌、沙门氏菌和其他杆菌等,在温暖条件下,能大量繁殖产生肠毒素。犬、猫采食后,肠毒素刺激和腐蚀胃肠上皮,引起损伤和坏死,导致呕吐,胃肠分泌增多甚至出血,肠蠕动增强发生腹泻。

在变质食物中繁殖的革兰氏阴性菌,死亡崩解后,细胞壁释放出大量内毒素(类脂多糖体),内毒素进入胃肠道引起胃肠炎,吸收后毒害心血管系统,产生弥散性血管内凝血,使血容量减少,引起休克。内毒素通常和肠毒素一起,引起犬、猫中毒。

【临床症状】　犬、猫采食变质食物后,一般 1～3 小时就发生呕吐,采食量少,呕吐完变质食物后便康复。严重中毒者,出现腹泻,粪便中带血,腹壁紧张,触压疼痛。随后肠蠕动变弱,肠内充气,肚腹膨胀,更有利于革兰氏阴性菌生长繁殖,释放内毒素,使病情进一步恶化,甚至发生内毒素性休克。

内毒素中毒,体温常在采食后 2～24 小时升高,同时发生呕吐、腹泻、排水样便。腹部膨大,腹壁紧张,触压疼痛。毛细血管再充盈时间延长,心搏增快,脉搏细弱,精神沉郁,最后休克。

【治疗措施】　变质食物中毒尚无特效药物治疗,平时应注意不用腐败变质食物饲喂犬、猫,不要让犬、猫采食过量鱼及肉食品。一般治疗措施如下。

(1) 一般解毒措施　发病初期,呕吐有利于排出食入的变质食物,等呕吐完后,才可应用止吐药物。应用止吐药物的同时,还应使用吸附剂。

(2)**止泻** 腹泻初期,不要止泻,在肠内容物基本排空后,方可使用止泻药物。

(3)**抗菌消炎** 为了防止肠道内细菌继续生长繁殖,产生毒素,应使用广谱抗生素。

(4)**维持水、电解质和酸碱平衡** 静脉输液,补充水分和电解质,调节酸碱平衡失调。

(5)**防止休克** 应用皮质类固醇类药物,如静脉或肌内注射地塞米松,应用强的松或强的松龙。

八、内分泌系统疾病的诊断与防治

甲状腺功能减退

本病是由于甲状腺激素合成或分泌不足而导致全部细胞的活性与功能降低的疾病,临床上以代谢率下降、黏液性水肿、嗜睡、畏寒、性欲减退、皮肤被毛异常为特征。本病常见于犬。

【病　因】 本病 90% 以上是甲状腺萎缩以及甲状腺滤泡细胞持续坏死所致。

(1)**先天性甲状腺功能减退** 主要是幼龄犬甲状腺发育不全、结构缺陷或缺乏以及遗传性甲状腺炎所致。

(2)**后天性甲状腺功能减退** 成年犬常见的原因有淋巴性甲状腺炎和自发性甲状腺萎缩,导致甲状腺激素及促甲状腺激素缺乏所致。

(3)**继发性甲状腺功能减退** 常见原因是占位性病变引起脑垂体促甲状腺细胞损伤所致。

【临床症状】 甲状腺激素缺乏可影响所有器官系统的功能,

临床表现是多方面的。常见 4～10 岁的犬发病。先天性病犬主要表现体型矮小，四肢短，皮肤干燥，体温降低。后天性病犬表现为精神沉郁，嗜睡，畏寒，运动易疲劳。皮肤呈两侧对称性无瘙痒性脱毛，患部由颈、背、鼻梁、胸侧、腹侧、耳郭及尾部等处开始，逐渐扩展到全身。皮肤光滑干燥，触之有冷感。有的脱屑增加而转为脂溢性病变，并有轻度瘙痒。重病犬发生黏液性水肿，面部和头部皮肤形成皱纹，触之有肥厚感和捻粉样，但无指压痕。

雌犬休情期延长，发情减退或停止。雄犬的性欲或精子活力降低。

【治疗措施】　投予三碘甲状腺原氨酸 10～15 毫克，每日早晨喂 1 次，2～3 周可见好转。对临床上有明显心脏疾病和代谢迅速增强的犬应投予半量。在对症疗法中，应及时补充铁制剂、叶酸、维生素 B_1 等。

甲状腺功能亢进

甲状腺功能亢进是由于甲状腺激素分泌过多、基础代谢亢进所致的一种内分泌疾病。

【病　因】

(1)犬甲状腺功能亢进　犬甲状腺功能亢进多发于 4～18 岁的拳师犬、比格犬和金毛寻回犬。

犬甲状腺功能亢进系甲状腺肿瘤（位于颈部腹侧咽至胸口处）引起。犬甲状腺原发性肿瘤有 1/3 是腺瘤，其余 2/3 是腺癌。甲状腺原发性腺瘤的 15％和腺癌的 60％呈现临床症状，其余只有在尸体剖解时才能发现。甲状腺腺瘤通常直径小于 2 厘米，很薄，呈透明囊样。个别的较大，具有厚的纤维囊，囊内充满黄褐色液体。甲状腺腺癌常转移到肺和咽背淋巴结。

(2)猫甲状腺功能亢进　在剖检猫尸体中发现，90％的老龄猫甲状腺发生腺瘤或腺瘤性增殖。甲状腺腺瘤通常是两侧性的，而分散性腺瘤和腺癌则是单侧性的,并且很少转移,6～20岁的猫多发。

【临床症状】

(1)犬甲状腺功能亢进 病犬食欲不振,呕吐,便秘,肌无力,走路摇晃,定向力丧失,反应迟钝,心律失常。多饮,多尿,有时出现血尿和尿路结石,常伴有代谢性酸中毒。假性甲状旁腺功能亢进病犬症状除与原发性相同外,还有病理性骨折以及恶性肿瘤等其他综合征。营养性继发性甲状旁腺功能亢进病犬则主要表现骨质疏松,触诊呈多发性骨病和骨折,可见跛行和步态异常。成年犬颌骨明显脱钙,齿槽硬膜消失。肾性甲状旁腺功能亢进病犬除表现全身骨吸收(尤其是头部骨骼)外,尚可见肾功能不全和尿毒症所致的多饮、多尿、脱水、呕吐以及呼出气有氨臭味。仔犬的先天性肾功能异常,可见头部肿胀和乳齿异常。

(2)猫甲状腺功能亢进 发生缓慢,9岁以下的病猫很少出现临床症状。9岁以上的病猫突出症状是消瘦和食欲旺盛。排便次数增多和量大,粪便发软,多尿和烦渴,烦躁不安,喜欢走动,经常嘶叫,抗拒日常的被毛梳理。心脏增大,心搏增快,心律失常并有杂音,心电图电压升高。

【治疗措施】

(1)犬甲状腺功能亢进 早期尚未转移的甲状腺癌采用外科摘除术。已转移或难以完全摘除的甲状腺腺癌,不要手术摘除,可进行放射碘疗法。严重甲状腺功能亢进的病犬,在手术摘除甲状腺腺瘤前,应先用碘或抗甲状腺药物治疗一段时间。甲状腺腺瘤通常个体小,生长慢,如果影响甲状腺功能时,也可行摘除术。两个甲状腺都被摘除的犬需终生饲喂甲状腺粉。

(2)猫甲状腺功能亢进 采用外科手术摘除肿大的甲状腺。如甲状腺功能严重亢进,并有一系列心脏并发症,为了减少危险性,手术前可用丙硫氧嘧啶治疗(50毫克/天,每日分3次口服),

或用甲巯基咪唑(5毫克/天,分2～3次口服),一般治疗1～2周。心脏功能好转后再行手术摘除。应用碘化钠1～2毫克,水溶后口服,也能降低甲状腺的分泌。或把放射碘注入甲状腺内,一次注射治愈率可达95%以上。

糖 尿 病

糖尿病是由胰岛β-细胞分泌功能降低,胰岛素绝对(Ⅰ型糖尿病)或相对不足(Ⅱ型糖尿病)引起碳水化合物、蛋白质、脂肪代谢紊乱的综合征。

【病　因】　本病目前病因不清,现在普遍认为与基因倾向、感染、胰岛素拮抗疾病和药物、肥胖、免疫介导性胰岛炎和胰腺炎有关。

【临床症状】　糖尿病典型症状为多尿、多饮、多食和体重减轻。有50%的糖尿病病犬由于高血糖导致白内障,使犬失明。

长期严重糖尿病可发展为糖尿病性酮症酸中毒,此时动物厌食,沉郁,不耐运动,呼吸急促,呕吐和腹泻,饮水减少或拒饮,呼出气体具有烂苹果味(丙酮味)。

【治疗措施】

(1)纠正代谢紊乱,降低血糖　每天注射胰岛素以控制病情。

口服降糖灵(0.2～1克/次,每日3次)或优福糖(每千克体重0.2毫克,每日1次)可促进葡萄糖的利用。

(2)补充体液,纠正酸中毒　饮水不限量,在饮水中加入适量碳酸氢钠。

(3)加强护理　糖尿病动物一旦确诊后,应饲喂单糖或双糖比例小的耐消化食物,如含高纤维或低碳水化合物性食物。每天以80%的肉和20%的米饭按每千克体重25克的量分3次饲喂。治疗期间,运动宜减少,如果病犬活动量大,胰岛素剂量要适当减少。为防止脂肪肝,应在食物中每天加入氯化胆碱0.5～2.5克。

第五章　宠物外科疾病的诊断与防治

一、损伤的诊断与防治

由外界各种因素作用于机体所引起的组织、器官形态及功能的破坏，并伴有局部和全身反应的，称为损伤。皮肤或黏膜的完整性受到破坏的损伤，称为开放性损伤。反之，称为非开放性损伤。

创　伤

【病因及分类】　创伤是指由锐性外力或强大的钝性外力作用于机体所引起的开放性损伤。除无菌手术创外，均有不同程度的污染。

（1）擦伤　是皮肤表层遭受粗糙物体摩擦所致的损伤，创面有擦痕和出血。

（2）刺伤　尖锐物体刺入组织而引起，创口不大，创道窄而深，易伤及深部组织和器官，出血少，不易发现。异物易存留在创内，形成瘘管，也可造成厌氧性感染。

（3）砍伤　由柴刀、斧头等劈砍组织而造成的损伤。创口裂开大，组织损伤严重，出血较多，疼痛剧烈。

（4）切割伤　由锐利的刀刃、玻璃片、铁片等切割组织造成的损伤。创缘和创壁整齐，挫灭组织较少，易造成神经、血管断裂，出血较多。

（5）裂伤　创面皮肤发生撕裂或剥脱，创缘、创面不整，创内深浅不一，创口裂开明显，有创囊或组织碎片，疼痛明显。

(6)挤压创 因车轮或重物挤压而发生的损伤。创形不整,挫灭组织较多,重者皮肤缺损,发生粉碎性骨折,一般出血少,污染严重,易感染化脓。

(7)咬伤 是由动物牙齿咬伤所致的损伤,呈管状创,组织有时缺损,因受口腔细菌感染,易继发蜂窝织炎。

【临床症状】 创伤的一般症状为创口裂开,初发时出血,有程度不同的疼痛,创围肿胀,功能障碍。新鲜创的症状为创口有不同程度污染,创内有被毛和异物,创面被细菌污染。有时会伤及附近组织和器官,可出现创伤并发症。化脓创的症状为创缘、创面肿胀、疼痛,创围皮肤增温,创内流出脓性分泌物,常为化脓性细菌的混合感染。根据脓液的颜色、气味和黏稠度,可初步鉴别化脓性细菌的种类。脓液为黄白色或微黄色,黏稠,且无不良气味,则是以葡萄球菌感染为主所致的脓液;脓液呈淡红色液状,多为链球菌为主所致的脓液;脓液呈黄绿色或灰绿色,浓稠,且有生姜味,多为绿脓杆菌所致的脓液;脓液呈淡褐色、黏稠样,且有粪臭味,多为大肠杆菌所致的脓液。

新芽创的症状为化脓性炎症消退,创围炎症缓解,创内出现红色、平整颗粒,为较坚实的新生肉芽组织,肉芽组织表面附有少量灰白色、黏稠的脓性分泌物,创缘周围则生长灰白色的新生上皮。若肉芽组织不被上皮组织覆盖,则老化形成瘢痕。当肉芽组织受到机械、化学、物理等因素经常刺激,易形成赘生肉芽组织。赘生肉芽组织高出于创围皮肤表面,易出血,不易治愈或久治不愈。

【治疗措施】

(1)新鲜创的治疗 采用压迫止血、钳压止血或结扎止血。用灭菌纱布将创伤覆盖,剪除被毛,用温肥皂水或消毒药液将创围清洗干净,严防异物、药液流入创内,然后再用5%碘酊或0.1%新洁尔灭溶液消毒。用生理盐水或0.1%新洁尔灭溶液反复清洗创内,除去异物。扩大创口,充分暴露创底,除去挫灭和变色组织,用消毒液清洗创内,除去组织碎片和血块。然后以磺胺类药物或抗生素粉剂撒布创内。上药后,包扎创口,防止创伤污染。如认为创内清理彻底,可缝合。如认为有厌氧性或腐败性感染时,可进行开放治疗。

(2)化脓创的治疗 清洁创围后,用 3% 过氧化氢溶液或 0.1% 新洁尔灭溶液冲洗创腔,清除脓液。清理创内,除去异物,剪除坏死组织,创口小时可扩创,使脓液易于排出。用 0.1% 雷佛奴尔溶液冲洗创内,并撒布磺胺类药物或抗生素粉剂。

(3)肉芽创的治疗 以保护肉芽肉组织和促进上皮生长为原则,多采用软膏或流膏制剂。可用鱼肝油凡士林合剂(比例为 1:1)、碘仿鱼肝油合剂(比例为 1:9)、磺胺软膏、磺胺针剂、氧化锌软膏、青霉素软膏等涂抹创面。赘生肉芽可用手术刀将其切除,然后用药。

挫 伤

【病 因】 挫伤是指因钝性物体的打击和冲撞,造成软部组织的非开放性损伤。

【临床症状】 局部出现血斑、血液浸润和血肿,皮肤变色。肿胀呈坚实样,有弹性。受伤部位疼痛。挫伤发生部位不同,出现不同的功能障碍。肌肉、骨及关节受到挫伤后,影响运动功能;发生于头部,则出现意识障碍;发生在胸部,影响呼吸功能;发生在腹部,形成腹壁疝、内出血,影响全身功能;发生在腰荐部,则易导致后躯瘫痪。

【治疗措施】 挫伤的治疗原则是制止和促进溢血,消炎镇痛,防止感染,加速组织修复能力。病初局部冷敷,亦可涂布复方醋酸铅散等。经过 24 小时后改用温热疗法、红外线疗法或采用病灶周围普鲁卡因封闭疗法。局部涂擦樟脑酒精、樟脑软膏或 5% 鱼石脂软膏等,并发感染者可用磺胺类药物或抗生素。

二、外科感染的诊断与防治

毛囊炎

【病　因】　毛囊炎是由致病微生物引起的皮肤毛囊的炎症。临床上导致毛囊炎发生的主要原因是毛囊口被堵塞（包括不洁物或者皮肤分泌物）、毛囊内蠕形螨寄生、毛囊内细菌繁殖、内分泌失调等。毛囊炎的主要致病菌是中间型葡萄球菌。

【临床症状】　单纯性散在性毛囊炎在临床上十分常见，主要发生在口唇周围、背部、四肢内侧和腹下部，一般并不会对犬、猫造成大的影响。病犬表现局部皮肤潮红、脱毛、肿胀，形成脓疱或有裂隙，排出或可挤出带血的稀脓液，病程可达数月。

【治疗措施】　根据诊断结果用药。可以采取皮肤消毒、涂擦抗生素软膏、杀灭螨虫和细菌、调节激素等治疗措施，一般疗效较好。

蜂窝织炎

蜂窝织炎是疏松结缔组织内发生急性弥漫性化脓性炎症，常发生于臀部、大腿等部位的皮下、筋膜下及肌肉间疏松结缔组织内，其特征是脓性渗出物浸润，迅速扩散，常伴有全身症状。

【病　因】　致病菌主要是化脓菌，特别是金黄色葡萄球菌、溶血性链球菌和腐败菌感染；也有化脓菌和腐败菌混合感染的病例。静脉注射强刺激性药物，如钙制剂等，也能引起蜂窝织炎。犬、猫由于相互抓咬最易发生原发性感染。

【临床症状】　病初，局部出现弥漫性水样肿胀。随后出现全身症状，触诊局部增温，疼痛明显，有坚实感；体温升高、精神沉郁、食欲减退。不久后因细菌作用使局部组织坏死，溶解液化，形成脓肿,皮肤破溃,流出较臭的脓性分泌物,此时全身症状好转,局部疼痛和增温均有好转。发生在筋膜、肌肉间组织内的蜂窝织炎,局部肿胀、坚实、界限不清,触之疼痛明显。体温升高、精神沉郁、食欲下降等全身症状明显,如不及时治疗易发生败血症而死亡。

【治疗措施】 病初,局部可用冷敷,或用醋酸铅明矾外敷,或用金黄散、鱼石脂软膏等外敷,以达到控制炎性渗出的目的。也可进行普鲁卡因青霉素封闭疗法。如果局部肿胀严重,可及时在肿胀处多处切开,并用高渗盐水引流,使渗出液排出。在局部处理的同时,全身应用抗菌药物,以防全身性感染。

当局部已形成脓肿,应及时切开排脓,用消毒药冲洗,将坏死组织切除,再用抗菌药物引流纱布条,必要时可做反对孔。

脓　肿

任何组织或器官内形成外有脓肿膜包裹、内有脓液蓄积而形成的局限性脓腔称为脓肿。

【病　因】 主要是化脓性细菌,如葡萄球菌、化脓性链球菌、大肠杆菌、腐败性细菌等细菌直接感染,或由血液、淋巴系统转移而来形成脓肿。任何组织和器官都会发生。

因静脉注射刺激性药液漏到皮下或肌肉间,也能造成脓肿,如氯化钙、砷制剂、水合氯醛等。

【临床症状】 浅在性脓肿,初期局部出现无明显界限的肿胀,触诊时局部增温,坚实和疼痛。以后肿胀的界限逐渐清晰和局限,四周较硬,肿胀中心因组织细胞、致病菌和白细胞崩解破坏而出现波动。由于脓液溶解表层的脓肿膜和皮肤,可自溃流出脓液。

深在性脓肿常发生于深层肌肉、肌间等组织内。由于脓肿部位深在,局部肿胀不明显,但局部增温、疼痛。皮下出现炎性水肿,手压有指压痕。在急性炎症时有全身变化,如体温升高、食欲下降等。一旦脓肿形成,则局部、全身症状都有改善。由于外力的作用使脓肿膜破裂,脓液流到组织间,经血液或淋巴系统转移到其他组织或器官,可引起败血症或转移性脓肿。

【治疗措施】　病初期从消炎、止痛和促进炎症渗出物的吸收入手,局部应用冷敷、普鲁卡因封闭等方法。2～3天后,可用轻刺激性药物,如鱼石脂软膏、热酒精绷带、温热疗法和理疗等。在局部治疗的同时,还需全身性注射抗菌药物。脓肿成熟后应及时切开排脓,用消毒液冲洗创腔,再用5％碘酊消毒,必要时可引流。

败 血 症

败血症是全身的化脓性感染,即有机体从局部感染病灶吸收致病菌及其生活活动产物和组织分解产物而引起的全身性病理过程。

【病　因】　多因化脓性病原菌,如金黄色葡萄球菌、溶血性链球菌、大肠杆菌、厌气菌和腐败菌等而引起的脓肿、蜂窝织炎等化脓病灶引发全身性感染。也有因大面积烧伤、泌尿系统感染、子宫感染、腹膜炎和某些传染病等引起。

临床上分为毒血症和脓血症。毒血症是由致病菌所产生的毒素或组织的病理分解产物被机体吸收到血液循环所致。脓血症是指细菌栓子或感染的血栓进入血液循环所致。

【临床症状】

(1)毒血症　当毒素进入机体后,可引起中枢神经系统发生严重的中毒,新陈代谢发生急剧变化,网状内皮系统、造血器官及氧化过程出现抑制。临床表现精神极度沉郁,步态蹒跚,躺卧,体温持续升高,间歇期短,仅死前体温才下降。出现食欲废绝、呼吸困难、心跳快而弱等全身症状。有时有出血点、结膜黄染。

(2)脓血症　当细菌栓子或被感染的血栓进入血液循环和各组织、器官,在条件适宜时,细菌即生长繁殖,产生大量毒素和坏死组织,并在这些组织和器官内形成转移性脓肿。局部出现脓肿前,除破坏局部组织或器官功能,还出现全身性症状,如体温升高、呈弛张热、精神沉郁、食欲下降或废绝、呼吸加快、心跳快而弱等。一旦形成脓肿时,则全身症状有所改善。如机体抵抗力下降或不及时治疗,则长期高热,全身症状加重,可导致动物死亡。如果肝脏发生转移性脓肿,眼结膜可出现高度黄染;如肾脏发生转移性脓肿则出现血尿。

【治疗措施】 全身性感染必须及早采取局部和全身性综合治疗措施,否则预后不良。

(1)局部治疗 对原发病灶及时切开排脓,切除坏死组织,用消毒药彻底冲洗、引流。

(2)全身治疗 及早全身应用抗菌药物,如大剂量抗生素或磺胺类药物及磺胺增效剂等。为了防止酸中毒,可用碳酸氢钠疗法。对症疗法不可忽视,如补液、强心、利尿等。

三、休克的诊断与防治

休克是机体受到各种致病因素的作用,引起有效循环血量锐减、微循环障碍、组织血液灌流量不足和细胞缺氧而出现的全身性反应。临床上主要表现为急性有效循环衰竭和中枢神经系统功能活动降低。

【病因与分类】 临床上导致休克的病因较多,如严重的创伤、大出血、外科感染、中毒、大面积烧伤等。临床上常按病因分类。

(1)创伤性休克 犬、猫常发生此类休克,如骨折、胸壁透创、挫伤、火器伤、挤压伤及大面积烧伤的早期。由于损伤产生剧烈疼痛,强烈刺激中枢神经系统,引起心血管中枢兴奋,反射性地引起末梢血管收缩后再扩张,血管容积增大,血管外周阻力下降,血液淤滞于循环中,使有效循环血量不足而产生休克。损伤时由于出血、丢失大量体液和坏死组织分解产物的毒素被吸收,更加重了休克的发生。

(2)失血性休克　创伤时大出血,挤压伤或物体撞击造成内脏(肝、脾、肾)破裂引起的大出血,手术不慎造成大血管出血,这些急性大出血使血容量急剧减少,有效循环血量减少,组织血液灌流量不足,从而引起休克。犬、猫的胃、肠阻塞,常引起呕吐或腹泻,丢失大量体液造成严重脱水,使血容量锐减,有效循环血量不足而发生休克。

(3)中毒性休克　严重感染,如脓毒败血症、化脓性腹膜炎、子宫蓄脓、大面积烧伤、外科感染创等,感染发炎后,由于坏死组织分解产物和细菌毒素被吸收导致休克发生。

(4)过敏性休克　常由于药物或注射异种血清引起的过敏反应所致。因致敏原使细胞释放大量组胺等引起血管扩张,血液淤滞,毛细血管通透性增高,血浆渗出,血容量减少,导致有效循环血量不足而引起休克。

【临床症状】　休克的临床表现与其病程和严重程度有关。休克的初期又称休克代偿期,主要表现为兴奋不安,心搏快而弱,呼吸加快,可视黏膜苍白,无意识排尿、排粪,此期时间较短。兴奋不安后,转为精神抑制,又称休克抑制期,表现为精神沉郁,心动过速,脉细弱,可视黏膜苍白或发绀,四肢发凉,肌肉无力,毛细血管充盈时间延长,呼吸困难,口渴,呕吐,饮欲、食欲废绝,反应迟钝(痛觉、视觉、听觉反应完全消失),瞳孔扩大,血压下降,最后昏迷,易导致死亡。

【治疗措施】　休克发展急剧,应早发现、早治疗,采取综合性治疗措施。

(1)抢救　使呼吸道通畅,保证病犬、病猫有足够的通气量,也可采取输氧措施。

(2)补充血容量　补充血容量是治疗休克最基本的措施。补充血容量的液体有生理盐水、林格氏液、乳酸林格氏液、葡萄糖注射液、全血、血浆或血浆代用品（如右旋糖酐）。如是出血性休克，应及时止血，立即输入全血或补充液体，输液量必须达到出血量的2～3倍。如是中毒性休克，因组织缺氧而产生酸中毒，应及时纠正酸中毒，一般通过测定血气值来确定中毒程度，常用碳酸氢钠溶液进行治疗。

(3)肾上腺皮质激素疗法 休克早期大剂量静脉注射肾上腺皮质激素，常用的有甲基强的松龙，每千克体重15～30毫克；或地塞米松，每千克体重5～15毫克。还可注射强的松龙丁二酸钠，每千克体重5～10毫克。初次可用大剂量，每隔4～6小时注射1次，注意必须与抗生素合用。

(4)广谱抗生素疗法 使用抗生素对各种休克的治疗都是必要的，尤以对感染引起的中毒性休克更为重要，因其可控制感染。初次应用剂量要大，且应静脉滴注，待病情稳定后可改用肌内注射，除此还可选用磺胺类药物。

四、肿瘤的诊断与防治

肿瘤是机体在各种致瘤因素作用下，局部易感细胞发生异常的反应性增生所形成的病理性新生物。肿瘤细胞是由正常细胞获得了新的生物学遗传特性转变而来的，伴有分化和调控的障碍，当致瘤因素停止作用后，它仍可继续生长。肿瘤细胞与受连累组织的生理需要无关，无规律生长，丧失正常细胞功能，破坏原器官结构，有的转移到其他部位，危及生命。

【病　因】　迄今尚未完全清楚，根据大量实验研究和临床观察认为与外界环境因素有关，其中主要是化学因素，其次是病毒和放射线。另一方面是机体的内因，如免疫状态、内分泌系统、遗传因子、神经系统、营养因素、微量元素和年龄等。现在已知的病理学说和某些致瘤因子，只能解释不同肿瘤的发生，而不能用一种学说来解释各种肿瘤的病因,因此肿瘤的致病因素是多方面的,肿瘤的发生和发展,可能是很长时间内接受许多致瘤因素综合作用的结果。

【分　类】　根据肿瘤对机体的影响,可分为良性肿瘤与恶性肿瘤两大类。

(1)良性肿瘤　良性肿瘤多呈膨胀性生长,发展缓慢,有包膜,因而与周围组织之间有明显界限,而瘤细胞分化程度较高,其细胞形态和组织结构与其起源的组织细胞形态和结构很相似,细胞比较成熟。其瘤体多呈圆形或椭圆形,表面光滑,有活动性,在生长或手术后不发生转移。但也有少数良性肿瘤可发生恶变。良性肿瘤通常称为瘤,冠以组织来源和部位的名称,如皮肤纤维瘤、直肠腺瘤等。

(2)恶性肿瘤　恶性肿瘤生长快,以浸润性生长方式不断地增长,侵入周围的正常组织或器官,肿瘤周围无包膜,或不完整,可沿淋巴或血管转移,瘤细胞分化程度较低,与其起源组织细胞形态和结构很少相似,一般细胞较幼稚和不成熟。瘤体形状不规则,呈菜花样、蕈状,表面粗糙,凹凸不平,常有破溃。恶性肿瘤通常可分为3种:①凡来自上皮组织的恶性肿瘤称为癌,其具体名称加上组织来源和部位的名称,如眼鳞状细胞癌、腺癌。②凡来自间叶组织、淋巴组织、网状组织和骨骼的恶性肿瘤称为肉瘤,其名称同样加上组织来源和部位的名称,如纤维肉瘤、淋巴肉瘤、脂肪肉瘤等。③对部分恶性肿瘤,因其组织来源不单一或者无法肯定,则加上"恶性"二字,如恶性畸胎瘤、恶性淋巴瘤(白血病)。

【临床症状】　肿瘤症状决定于其性质、发生组织、部位和发展程度。肿瘤早期多无明显临床症状,但如果发生在特定的组织器官上,可能有明显症状出现。

(1)局部症状

①肿块(瘤体)　发生于体表的浅在肿瘤,肿块是主要症状,常

伴有相关静脉扩张、增粗。肿块的硬度、可动性和有无包膜创与肿瘤种类各有不同。

②疼痛　肿块膨胀生长、损伤、破溃、感染时，使神经受到刺激或压迫，表现不同程度的疼痛。

③溃疡　体表和消化道的肿瘤，若生长过快，可引起供血不足继发坏死，或感染导致溃疡。恶性肿瘤呈菜花状，肿块表面常有溃疡，并有恶臭和血性分泌物。

④出血　浅表性肿瘤，易损伤、破溃、出血。消化道肿瘤，可能呕血或便血；泌尿系统肿瘤，可能出现血尿。

⑤功能障碍　肠道肿瘤可致肠梗阻；乳头状瘤发生于上部食管，可引起吞咽困难；睾丸肿瘤可引起生殖功能障碍。

（2）全身症状　良性和早期恶性肿瘤，一般无明显全身症状，或有贫血、低热、消瘦、无力等症状。如肿瘤影响营养摄取或并发出血与感染时，可出现明显的全身症状。恶病质是恶性肿瘤晚期全身衰竭的主要表现，肿瘤发生部位不同则恶病质出现的迟早也各异。

【治疗措施】

（1）良性肿瘤

①手术切除　此法效果良好，即切开皮肤后剥离瘤体与周围连接组织，尽可能将瘤体组织剥净，以免复发。

②结扎法　用于有蒂的瘤体，即在瘤体蒂根部紧贴体表处，用缝合线进行结扎，使瘤体失去血液供应，经一段时间后瘤体可脱落。

③烧烙法　多用于有蒂的瘤体，即瘤体组织不能完全被切除干净或用于止血时，可用烧烙法。

④冷冻疗法　适用于大小犬、猫，可直接破坏瘤体，以致短时间内阻塞血管而破坏细胞，被冷冻的肿瘤日益缩小乃至消失。

（2）恶性肿瘤　如能及早发现和诊断则可望获得临床治愈。

迄今为止,早期手术切除仍不失为一种有效的治疗手段,前提是肿瘤尚未扩散或转移,手术切除病灶,连同部分周围的健康组织一同切除,应注意切除附近的淋巴结。

另外,可用放射疗法、激光治疗、化学疗法、免疫疗法等,根据具体情况适当选用。

五、骨骼疾病的诊断与防治

骨　折

骨的连续性和完整性遭到破坏,称为骨折。

【病　因】

(1)直接暴力　车祸为最常见的病因,此外还见于枪击、打击、高空坠落等。

(2)间接暴力　暴力通过骨骼或肌肉传导到远处发生骨折。多见于奔跑、跳跃、急停、急转、失足踏空、突然跌入洞穴或裂缝等。

(3)骨骼疾病　宠物患骨营养不良、骨髓炎、骨软症、佝偻病、骨肿瘤时在较小外力作用下易发生骨折。

(4)应激作用　宠物前后肢最常发生疲劳性(应激因素)骨折,如猫趾爪疲劳性骨折就属于这种类型。

【分　类】　骨折根据不同的分类方法划分成不同的类型。根据骨折处皮肤、黏膜的完整性划分为开放性骨折和闭合性骨折。根据骨折断端是否完全分离划分为全骨折和不完全骨折。根据全骨折的骨折线方向分为横骨折、纵骨折、斜骨折、螺旋形骨折等。如果骨断离成两段以上,称为粉碎性骨折。不完全骨折分为青枝骨折(幼龄动物)和骨裂。根据骨折部位划分为骨干骨折(成年动物多见)和骨骺骨折(幼龄动物多见)。按骨折病因划分为外伤性骨折和病理性骨折。根据骨折复位后的稳定性划分为稳定性骨折和非稳定性骨折。稳定性骨折经适当固定后不易再移位,如横骨折、青枝骨折、嵌入骨折等;非稳定性骨折复位后易发生再移位,如斜骨折、粉碎性骨折、螺旋形骨折等。

【临床症状】

(1)特有症状

①骨变形　完全骨折后骨断端发生成角、旋转、伸长、重叠等移位,使患肢弯曲、扭转、伸长或缩短。

②骨摩擦音　活动骨折断端可听到断端间摩擦音,但不全骨折或骨折端分离较远时无骨摩擦音。

③异常活动　四肢长骨全骨折后,骨干可在骨折点异常伸屈扭转。

(2)其他症状

①疼痛　犬、猫骨折后表现不安、痛叫,局部敏感或顽抗。直接触诊不易区别软组织痛和骨痛,间接触诊即握住骨长轴两端向中央压迫引起的疼痛表明是骨痛。

②局部肿胀　骨折时骨膜、骨髓及周围软组织血管破裂出血,经创口流出或在局部发生淤血或血肿。由于软组织损伤、水肿,使局部肿胀更明显。但四肢远端骨折时,局部肿胀不甚明显。

③功能障碍　骨折后由于构成肢体支架的骨骼断裂和疼痛,使肢体出现部分或全部功能障碍。例如,四肢骨折引起跛行,椎体骨折可引起瘫痪,颅骨骨折可引起意识障碍,颌骨骨折引起咀嚼障碍等。另外,骨折如伴有内出血或内脏损伤,可发生失血性休克。1~2天后血肿分解或开放性骨折继发感染可引起体温升高、食欲减退等症状。有时还可见骨折点局部组织缺血性坏死、外周神经麻痹等症状。

【急救措施】　骨折引发的危重病例应及时采取急救措施。包括限制宠物活动,保持呼吸畅通(必要时做气管插管)和血液循环容量;防治休克、控制感染、整复胸腹透创和内脏破裂等。如开放性骨折大血管损伤,应在骨折部上端安装止血带或在创口填塞纱布止血。对骨折局部,应止血消肿、保护创口、临时固定或保护患肢,然后再深入检查,以防局部软组织损伤加重或骨折加重。

【治疗措施】　在骨折发生后,应根据骨折部位及骨折性质制订相应的治疗方案。骨折端的整复、固定方法一般分为两种,即闭合性整复与外固定和开放性整复与内固定。

(1)闭合性整复与外固定　骨骺、肘、膝关节以下的骨折经手整复易复位者,可施加一定的外固定材料进行固定。闭合性整复应尽早实施,一般不晚于骨折后 24 小时,以免血肿及水肿过重而影响整复。整复前病犬、病猫应全身麻醉或局部麻醉配合镇痛或镇静,确保肌肉松弛和减少疼痛。整复时,术者手持近侧骨折段,助手沿纵轴牵引远侧段,保持一定的对抗牵引力,使骨断端对合复位。有条件者,可在 X 线监视下进行整复。整复完成后立即进行外固定,常用夹板绷带、石膏绷带、金属支架等。固定部位剪毛,衬垫棉花。固定范围一般应包括骨折部上、下两个关节。

(2)开放性整复与内固定　适用于开放性骨折和某些复杂的闭合性骨折,如粉碎性骨折、嵌入骨折等。该方法能使骨断端达到解剖对位,促进愈合。根据骨折性质和骨折部位不同,常选用髓内针、骨螺钉、接骨板、金属丝等内固定材料进行固定。为加强内固定效果,在内固定之后,可配合外固定。新鲜开放性骨折或新鲜闭合性骨折做开放性处理时,应彻底清除创内凝血块、碎骨片。骨折断端缺损大时,应进行自体骨移植,以填充缺陷,加速愈合。对陈旧开放性骨折,应按感染创处理,清除坏死组织骨片,安置外固定器以整复固定骨折,或用石膏绷带固定,保留创口开放,便于术后清洗。

(3)术后护理　①全身应用抗生素预防或控制感染。②适当应用消炎镇痛药,加强营养,补充维生素 A、维生素 D、鱼肝油及钙剂等。③限制犬、猫活动,保持内、外固定材料牢固固定。④医嘱宠物主人适当对患肢进行功能恢复锻炼,防止肌肉萎缩、关节僵硬及骨质疏松等。⑤外固定时,术后及时观察固定远端,如有肿胀、皮温下降,应解除绷带,重新包扎固定。⑥定期进行 X 线检查,掌握骨折愈合情况,适时拆除内、外固定材料。

骨 髓 炎

骨髓炎是骨及骨髓的炎症,按其病因可分为细菌性骨髓炎、真菌性骨髓炎和非感染性骨髓炎。临床上以细菌性骨髓炎多见。

【病　因】

(1)外源性感染　多数骨髓炎病例经此途径感染。病原菌经创口或手术切口感染骨组织,多见于直接伤及骨的咬创、深刺创、枪伤和开放性骨折、骨矫形手术后等。感染也可经骨周围软组织的化脓性炎症蔓延引起。

(2)血源性感染　主要发生于幼龄犬、猫,系身体其他部位感染灶的病原菌通过血液循环转移到骨组织后引起的感染,常见的原发性疾病有脐带炎、肺炎、胃肠炎、关节炎等。

【临床症状】　急性骨髓炎全身症状急剧,患部热、痛、肿胀,患肢跛行,血液分析可见中性粒细胞增多,血沉加快。严重病例可转为败血症。久不愈者可转为慢性,患部肿胀、变软、有波动感,切开或自行破溃后形成脓窦,此时全身症状一般减轻,疼痛和跛行减弱,但经常有脓液流出。创伤直接引起的骨髓炎创口常有脓液外流,无自愈倾向,骨愈合延迟或不愈合。血源性骨髓炎的病灶位于干骺端,且常呈多肢发病或同一肢多处发病。

【治疗措施】　全身应用大剂量抗生素,如头孢菌素等,疗程 4~6 周或用药至炎症消失后 1 周。

局部出现脓肿或持续数日用药无效者应扩创排脓,冲洗引流。疑有髓腔蓄脓者应手术钻通骨皮质排脓减压。探诊或 X 线检查发现有死骨片或腔洞者手术取除死骨,匙刮窦壁。

若系骨折内固定感染,应除去内固定材料,固定不稳者应加强固定。

四肢骨髓炎如无法控制炎症或阻止炎症蔓延者可考虑从病灶近端截肢。

关节脱位

关节因受到机械外力和病理性作用引起骨间关节面失去正常的对合称为关节脱位,又称脱臼。犬、猫最常发生髋关节、髌骨脱位,肘关节、肩关节也有发生。

【病　因】　分为先天性和外伤性两种。前者与遗传有关,因出生时或出生后关节发育异常而容易发生脱位,犬较常见,如髌骨脱位。后者多因强烈的外力作用,包括间接和直接作用,犬、猫多见于直接外力作用。

【临床症状】　患病犬、猫出现关节变形。由于关节错位,加之肌肉和韧带异常牵引,关节活动受到限制;关节下方发生肢势改变,如内收、外展、伸展和屈曲等;若伴有严重外伤和周围软组织受损,关节肿胀和疼痛,出现功能障碍如跛行等。犬、猫常见髋关节和髌骨脱位。

(1)髋关节脱位　依据股骨头变位方向,有前上方、内侧和后方脱位。患肢似缩短或变长,并呈内收、外展或外旋,站立时悬提或趾尖着地,行走呈混合跛行。观察或触摸患病关节可能异常突出或低下,与对侧比较容易发现异常变化。

(2)髌骨脱位　依据髌骨变位方向,有上方、外侧和内侧脱位,多见于小型品种犬,以内方或外方脱位多见。发生内、外方脱位后,患肢膝关节高度屈曲,患肢似明显缩短,重度跛行或三脚跳跃行进。

【治疗措施】　有保守疗法和手术治疗两种,其治疗原则是整复、固定和功能锻炼等。为减少肌肉、韧带的张力和疼痛,整复时应全身麻醉。

(1)保守疗法 不全脱位或轻度全脱位,应尽早采用保守疗法,即闭合性整复与外固定。一般将动物侧卧保定,患肢在上,采用牵拉、按压、内旋、外展、伸屈等方法,使关节复位。如复位正确,手可触觉或听到一种声响。整复后,为防止再发,应立即进行外固定。常选择夹板绷带、可塑性绷带(包括石膏绷带)、托马斯支架和外固定器等。

(2)手术疗法 中度或严重的关节脱位和慢性不全脱位,多采用手术疗法,即开放性整复与内固定。犬、猫常因肥胖、体重和活泼,保守疗法无效时,也可施开放性整复与内固定。根据不同的关节脱位,使用不同的手术径路。通过牵引、旋转患肢,伸展和按压关节或利用杠杆作用,使关节复位。根据脱位性质,选择髓内针、钢针和钢丝等进行内固定,有的韧带断裂,应尽可能将其缝合固定。内固定完成后常配合外固定以加强内固定效果。

有些关节脱位,如先天性髌骨脱位,可通过关节矫形术,恢复关节功能。如非创伤性颞下颌关节脱位,可施部分颧弓切除术,防止颌骨被锁。

关 节 炎

关节炎是关节囊滑膜层的渗出性炎症。按病原性质可分为无菌性关节炎和感染性关节炎。按渗出物性质可分为浆液性、浆液纤维素性、纤维素性、化脓性和化脓腐败性关节炎。按临床经过可分为急性、亚急性和慢性关节炎。

【病　因】 关节炎一般是由外伤和某些传染病感染及化脓灶的转移引起,也常继发于关节扭伤、关节挫伤及关节脱位等。此外,风湿病也可引发关节炎。

【临床症状】

(1)浆液性关节炎 患急性浆液性关节炎时,关节腔积聚大量浆液性炎性渗出物,或因关节周围水肿,患关节肿大、热痛,指压关节憩室突出部位有明显的波动。被动运动患病关节时疼痛明显,站立时患关节屈曲,不负重。运动时,表现以支跛为主的混合跛行。患慢性浆液性关节炎时,关节腔也蓄积大量渗出物,关节囊高度膨大,触诊有波动而无热痛。一般无明显跛行,但在运动时患病关节不灵活,关节外形随关节腔内积液窜动而改变。

（2）纤维素性关节炎　纤维素性关节炎的症状表现基本上与浆液性关节炎相同。被动运动检查时,有捻发音。

（3）化脓性关节炎　化脓性关节关节炎比浆液性关节炎的症状剧烈,常有明显的全身症状,体温升高、精神沉郁、食欲减退或废绝。患关节热痛、肿胀,关节囊高度紧张,有波动。站立时患肢屈曲,运动时呈混合跛行。

【治疗措施】　治疗原则是镇痛消炎、制止渗出、促进吸收、排出积液、恢复功能。

对于浆液性或浆液纤维素性关节炎,在急性炎症阶段应保持患病动物安静。使用镇痛药物,如萘普生或2%利多卡因注射液,于患关节周围注射,或用0.5%普鲁卡因青霉素注射液关节内注入。关节液过多、药物治疗无效时,可穿刺排液,然后再向关节腔注射普鲁卡因青霉素注射液。

肾上腺糖皮质激素对急、慢性关节炎有较好疗效,常用地塞米松5～20毫克加青霉素20万～80万单位,以0.5%盐酸普鲁卡因注射液1～2毫升稀释后于患关节内注射,隔日1次,连用3～4次。在注药前先抽出渗出液适量,然后再注射。

对于化脓性关节炎应及早控制与消除感染,排出脓液。根据细菌培养和药敏试验,可选用细菌敏感的抗生素,连用数周,直至感染消退。开始48小时可静脉给药,以迅速控制感染。适当活动关节,防止关节粘连,但3～4个月内不宜负重,以免关节软骨磨损破坏。当关节内脓液积聚过多时,可穿刺或切开安置引流管,便于排出脓性分泌物和冲洗。冲洗液用灭菌等渗溶液,每日 1 次。病程长者,关节软骨和关节骨一般破坏较严重,炎症控制后易转为退行性关节病,功能难以恢复。

对于疼痛严重的病例可喂服卓比林(替泊沙林冻干片)或萘普生缓释片。

关节扭伤

在间接的机械外力作用下,关节发生瞬间的过度伸展、屈曲或扭转,引起韧带和关节囊的损伤,称为关节扭伤。本病为关节多发病,以犬最为常见。

【病　因】　在执行任务、参加比赛或奔跑等活动中由于失步蹬空、滑走、急转、急跑骤停、跳跃、跌倒、一肢陷入洞穴而急速拔出等,使关节的伸、屈或扭转超越了生理活动范围,引起关节周围韧带和关节囊的纤维剧伸,发生部分断裂或全断裂所致。

【临床症状】　扭伤后立即出现跛行,上部关节扭伤时为悬跛,下部关节扭伤时为支跛。

患部肿胀,但四肢上部关节扭伤时,因肌肉丰满而肿胀不显著。

患部热痛,触诊被损伤的关节侧韧带有明显压痛点。被动运动使受伤韧带紧张时,疼痛剧烈。

当转为慢性经过时,可继发骨化性骨膜炎,常在韧带、关节囊与骨的结合部受损伤时形成骨赘。

【治疗措施】　治疗原则是制止溢血和渗出,促进吸收,镇痛消炎,防止增生,避免关节功能障碍。

(1)制止溢血和渗出　急性炎症初期 1～2 天内,用压迫绷带配合冷敷疗法,如用饱和硫酸镁盐水或 10%～20%硫酸镁溶液以及 2%醋酸铅溶液等。亦可用冷醋泥贴敷(取黄土用醋调成泥,加 20%食盐),必要时可静脉注射 10%葡萄糖酸钙注射液、肌内注射

维生素 K_3 或酚磺乙胺等。

(2) 促进吸收　当急性炎症缓和、渗出减轻后,及时改用温热疗法,如温敷、温脚浴等,每日 2～3 次,每次 1～2 小时。也可用鱼石脂酒精溶液、10％～20％硫酸镁溶液、热酒精绷带等。亦可涂抹中药四三一合剂(大黄 4 份、雄黄 3 份、冰片 1 份,研成细末,用蛋清调和)、扭伤散(膏)、鱼石脂软膏、热醋泥疗法等。

如关节内积血过多不能吸收时,在严格消毒无菌条件下,可行关节腔穿刺排出,同时向腔内注入 0.5％氢化可的松注射液或 1％～2％盐酸普鲁卡因注射液 2～4 毫升加入青霉素 20 万～80 万单位,而后进行温敷,配合压迫绷带。亦可不穿刺排液,直接向关节腔内注入上述药液。

(3) 镇痛消炎　局部疗法同时配合封闭疗法,用 0.25％～0.5％盐酸普鲁卡因注射液 10～20 毫升,加入青霉素 40 万～160 万单位,在患肢上方穴位(前肢抢风、后肢巴山和汗沟等)注射;也可肌内或穴位注射复方氨基比林注射液或萘普生 2～3 毫升。

(4) 局部疗法　当局部炎症转为慢性时,除继续使用上述疗法外,亦可涂擦刺激剂,如碘樟脑醚合剂(碘片 20 克、95％酒精 100 毫升、乙醚 60 毫升、精制樟脑 20 克、薄荷脑 3 毫升、蓖麻油 25 毫升)、松节油、四三一合剂等,用毛刷在患部涂擦 5～10 分钟,若能配合温敷,则效果更好。

椎间盘突出

椎间盘突出是指椎间盘变性、纤维环破坏、髓核向背侧突出压迫脊髓而引起以运动障碍为主要特征的脊椎疾病。本病可发生于各品种犬,多见于体型小、年龄大的软骨营养不良犬,如北京犬、腊肠犬、比格犬、西施犬、可卡犬等。非软骨营养障碍型犬也可发生。本病为犬、猫临床常见病,常发生于胸、腰椎和颈椎,其发病率前者占85％,后者占15％。临床上以疼痛、共济失调、麻木、运动障碍或感觉运动麻痹为特征。

【病　因】　一般认为椎间盘突出是在椎间盘退变的基础上发生的,但引起其退变的诱因仍不明确,下列因素可能与本病的发生有关。

(1)外伤因素　外伤可能是导致本病的重要因素。尽管外伤对引起椎间盘退变并不重要,但可促使椎间盘突出。

(2)内分泌因素　内分泌失调(如甲状腺功能减退)在椎间盘退变过程中起重要作用。

(3)自身免疫因素　自身免疫现象可作为椎间盘退变的启动因子。

(4)遗传因素　对软骨营养障碍型品种犬(如腊肠犬),遗传因素可以加速椎间盘的退变过程。

(5)椎间盘因素　受异常脊椎应激的影响、椎间盘营养缺乏(如缺钙)、溶酶体酶活性而引起椎间盘基质的变化。

【临床症状】

(1)颈部椎间盘突出　初期病犬颈部、前肢过度敏感,颈部肌肉疼痛性痉挛,鼻尖抵地,腰背弓起,头颈不愿伸展、抬起,甚至嘴唇也难高过碗口;行走小心,耳竖起,触诊颈部可引起剧痛或肌肉极度紧张。重者颈部、前肢麻木,共济失调或四肢截瘫。但多数病例即使椎间盘突出量多,也仅以疼痛为主。疼痛是颈椎间盘突出的示病症状,呈持续或间歇性发生。第二至第三和第三至第四椎间盘发病率最高。

(2)胸腹部椎间盘突出　初期严重疼痛、呻吟、不愿挪步或行动困难。有的犬、猫剧烈疼痛后突然发生两后肢运动障碍(麻木或麻痹)和感觉消失,但两前肢往往正常。病犬排尿失禁,肛门反射迟钝。膀胱充满,张力大,难挤压,下运动原损伤时,膀胱松弛,容易挤压。后肢有无深痛是重要的预后症候,感觉麻痹超过 24 小时意味着预后不良。

(3)颈、胸腰段椎间盘突出 X线检查可见椎间盘间隙狭窄，并有矿物质沉积团块，椎间孔狭小或灰暗，关节突异常间隙形成。如做脊髓造影术，可见脊索明显变细（被椎间盘突出物挤压），椎管内有大块矿物质阴影。

【治疗措施】

(1)保守疗法 适应症为疼痛、肌肉痉挛、疼痛性麻木及共济失调者，其目的在于减轻脊髓及神经根炎症，促使背侧纤维环愈合，常用强制休息、限制活动、镇静消炎等方法。糖皮质激素是缓解本病症状的常用药物，可用甲强龙 40～80 毫克/千克体重，每日 1 次，连用 2 天，静脉滴注；或泼尼松 2～4 毫克/千克体重，口服，每日 2 次；或地塞米松 0.2～0.4 毫克/千克体重，肌内注射，每日 2 次，连用 2～3 天。排尿失禁者每天定时挤压膀胱排尿 2～3 次，之后可采用白针、电针、按摩、温敷和穴位药物注射等疗法。

(2)手术疗法 适应症为严重的神经障碍，药物治疗无效，经常复发并且症状加剧，非感觉麻痹性截瘫及感觉运动麻痹不超过 24 小时者。手术包括开窗术和减压术两种。

六、疝的诊断与防治

脐 疝

腹腔脏器经脐孔脱至脐部皮下所形成的局限性凸起，称为脐疝。疝内容物多为网膜、镰状韧带或小肠等。本病是幼龄犬的常发病，猫较少发生。

【病 因】 本病的发生主要与遗传有关。先天性脐部发育缺陷，出生后脐孔闭合不全，以致腹腔脏器脱出，是犬、猫及其他动物发生脐疝的主要原因。此外，母犬、母猫分娩期间强力撕咬脐带可造成断脐过短，或分娩后过度舔舐仔犬、仔猫脐部，都易导致脐孔不能正常闭合而发生本病。也见于犬、猫出生后脐带化脓感染影响脐孔正常闭合而逐渐发生本病。

【临床症状】 脐部呈现局限性半球形肿胀,触摸质地柔软,也有的表现紧张、无热痛感。非粘连性脐疝多能还纳内容物,并可摸到疝轮。如发生粘连时,则发生嵌闭性脐疝,内容物不能还纳至腹腔,表现局部肿胀、疼痛,精神沉郁,拱背收腹,食欲废绝,严重者发生休克。

【治疗措施】 本病一经确诊,宜尽早施行手术修复。手术基本方法是:全身麻醉,仰卧保定,术部常规消毒,在疝囊部皮肤上做一纵向切口,切口长度略超过疝囊前后界,也可沿脐疝基部做一梭形切口。钝性分离或剪开皮下组织,即可暴露疝轮及腹腔内容物,如未发生粘连、嵌闭,将其还纳腹腔;如内容物发生粘连,小心剥离还纳腹腔或剪除部分网膜组织,然后进行纽孔状缝合,闭合疝孔。皮肤适度修剪后进行结节缝合。碘酊消毒,装上护创绷带。术后肌内注射抗生素。

腹股沟疝

腹腔脏器经腹股沟环脱出至腹股沟外侧皮下形成局限性隆起,称为腹股沟疝。疝内容物多为网膜或小肠,也可能是子宫、膀胱等脏器,母犬多发。公犬的腹股沟疝比较少见,临床上常见幼龄公犬的阴囊疝。

【病 因】 本病有先天性和后天性两类。先天性腹股沟疝的发生与遗传有关,即因腹股沟内环先天性扩大所致。后天性的腹股沟疝常发生于成年犬、猫,多因妊娠、肥胖或剧烈运动等因素引起腹内压增高及腹股沟内环扩大,导致腹腔脏器落入腹股沟管而发生本病。

【临床症状】 在股内侧腹股沟处出现大小不等的局限性卵圆形隆肿,疝内容物若为网膜或一小段肠管,隆肿直径为 2～3 厘米;

若为妊娠子宫或膀胱,隆肿直径可达 10～15 厘米。疝的早期多具可复性,触之柔软有弹性,无热痛。如将犬、猫倒立上下抖动或挤压隆肿部,疝内容物易还纳入腹腔,隆肿随之消失。当挤压隆肿或如前改变动物体位均不能使隆肿缩小时,多是由于疝内容物已与鞘膜发生粘连或被腹股沟内环嵌闭所致。嵌闭性腹股沟疝一般少见,但一旦发生肠管嵌闭,则局部显著肿胀,皮肤紧张,疼痛剧烈,犬、猫迅即出现食欲废绝、体温升高等全身反应。如不及时修复,很快因嵌闭肠管发生坏死,转入中毒性休克而死亡。

【治疗措施】　本病一经确诊,宜尽早施行手术修复。术前先对皮肤切口定位,倒提犬、猫后肢并压挤疝内容物使其返回腹腔,切口选在腹股沟环处(腹中线旁侧倒数第一对乳头附近),切口长度为 2～3 厘米。若疝内容物不可复,切口应自腹股沟环向后适当延伸,以便切开疝囊后分离粘连。手术的基本方法是:患病动物全身麻醉后仰卧或倒提保定,腹股沟环及其周围无菌准备,在腹股沟环处切开皮肤或皮下组织,向下分离以充分显露腹股沟管,将疝内容物完全还纳腹腔,靠近腹股沟外环处结扎疝囊颈部,切除多余疝囊。结节或螺旋缝合腹股沟环,常规闭合皮肤切口。若疝内容物过大或发生嵌闭难以还纳时,须适当扩大腹股沟环,于还纳疝内容物后缝合疝环和皮肤即可。术后适当控制犬、猫食量,防止腹压过高和减少活动。

阴 囊 疝

腹腔脏器经腹股沟环脱出并下降至阴囊鞘膜腔内,称为腹股沟阴囊疝或阴囊疝。疝内容物最常见是小肠,也可见网膜或前列腺脂肪,多见于幼龄公犬。

【病　因】　阴囊疝的发生主要是腹股沟内环先天性扩大所致,一般认为与遗传有关。

【临床症状】　阴囊疝多为一侧性发生,极少两侧同时发生。

犬的阴囊疝多具可复性,临床可见患侧阴囊明显增大,皮肤紧张,触之柔软有弹性,无热,疼痛。提起两后肢并挤压增大的阴囊,疝内容物易还纳入腹腔,阴囊随即缩小,但患侧阴囊皮肤与健侧相比,显得松弛、下垂。病程较久时,因肠壁或肠系膜等与阴囊总鞘膜发生粘连,即呈不可复性阴囊疝,但一般并无全身症状。嵌闭性阴囊疝发生较少,一旦发生,即表现与嵌闭性腹股沟疝相同的临床症状。

【治疗措施】 本病一经确诊,宜尽早施行手术修复。术前先对皮肤切口定位,倒提犬、猫两后肢并压挤疝内容物使其返回腹腔,切口选在腹股沟环处(腹中线旁侧倒数第一对乳头附近),切口长度为2~3厘米。若疝内容物不可复,切口应自腹股沟环向后适当延伸,以便切开疝囊后分离粘连。手术基本方法是:患病动物全身麻醉后仰卧或倒提保定,腹股沟环及其周围无菌准备,在腹股沟环处切开皮肤或皮下组织,向下分离以充分显露鞘膜管及腹股沟环,对不留作种用的公犬、公猫,将疝内容物完全还纳腹腔,靠近腹股沟外环处结扎疝囊颈部,同时施行去势术,结节或螺旋缝合腹股沟环,常规闭合皮肤切口。对欲留作种用的公犬、公猫,于还纳疝内容物后采用结节或螺旋缝合法适当缩小腹股沟环即可。若疝内容物过大或发生嵌闭难以还纳时,须适当扩大腹股沟环,然后接着进行处理。术后适当控制犬、猫食量,防止腹压过高和减少活动。

外伤性腹壁疝

腹壁外伤造成腹肌、腹膜破裂导致腹腔内脏器官脱至腹壁皮下,称为外伤性腹壁疝。疝内容物多为肠管和网膜,也可能是子宫或膀胱等脏器,犬比猫多发。

【病　因】 车辆冲撞、摔倒或从高处坠落等钝性外力引起腹壁肌层和腹膜破裂而表层皮肤仍保留完整,是导致本病发生的主要原因。犬、猫相互撕咬,腹壁强力收缩,也可引起腹肌和腹膜破裂而保留皮肤的完整,从而引发本病。此外,腹腔手术时,对腹壁肌层与腹膜缝合时如选择的缝合线过细或打结不牢,术后可能发生缝合线断开或线结松脱,结果在腹壁切口处或其下方发生本病。

【临床症状】　多在腹侧壁或腹底壁出现一个局限性柔软的扁平状或半球形凸起,其表现常有擦伤或挫伤痕迹。若疝囊位于腹侧壁,于犬、猫前方或后方观察,可看到左右腹侧壁明显不对称。在疝发生早期,局部出现炎性肿胀,触之温热疼痛,用力压迫凸起部,疝内容物可还纳入腹腔,同时可摸到皮下的破裂孔。随着炎性肿胀消退和病程延长,触诊凸起部无热痛,疝囊柔软有弹性,疝孔光滑,疝内容物大多可复,但疝孔周围腹膜、腹肌或皮下纤维组织发生粘连,很少有嵌闭现象。

【治疗措施】　本病一经确诊,宜尽早施行手术修复。外伤性腹壁疝在发生同时往往伴发其他组织器官的损伤,所以于手术修复前应先对犬、猫做全身检查,采用适宜的治疗方法控制并稳定病情,提高机体抗病力,改善全身状况。腹壁疝的修复手术与脐疝的修复手术基本相同。术后适当控制动物食量,防止便秘和减少活动,以促进愈合。

第六章 宠物产科疾病的诊断与防治

阴 道 炎

阴道炎是指母犬、母猫阴道和阴道前庭黏膜的炎症，主要由损伤和感染引起。本病多发于母犬，母猫一般少见。

【病　因】　成年犬、猫阴道炎可由解剖异常（阴道与前庭结合处狭窄）或分泌物及尿液在阴道内积聚所致，全身感染性疾病如疱疹病毒感染等，也可引起阴道炎。也可继发于子宫炎、膀胱炎、尿道炎等。发情时间过长、交配不洁、分娩时感染也可诱发阴道炎。

【临床症状】　患病犬、猫烦躁不安，不时舔其外阴，可见阴道黏膜肿胀、充血，并有黏液性或脓性分泌物排出，散发出一种能吸引公犬、公猫的气味，引起公犬、公猫爬跨，常被误认为发情。

【治疗措施】　全身应用抗生素，药物种类可根据细菌培养、药敏试验的结果进行选择。初期，可进行阴道灌洗，以清除蓄积的分泌物及尿液，常用1％过氧化氢溶液、0.02％洗必泰溶液、5％醋酸溶液等。阴道冲洗时，药液的用量应足以将阴道充满，每日冲洗1～2次。配种前72小时不宜用药，以防杀伤精子。若为病毒性阴道炎，应将有病犬、病猫与健康犬、猫分开饲养。青春前期犬、猫患病后，需坚持治疗，否则易复发。大部分犬、猫在第一情期过后，症状自行消失。若长期治疗无效，可行子宫切除手术。

阴 道 脱 出

阴道脱出是指阴道壁的一部分或全部脱出于阴门口或阴门之外。多见于发情前期和发情期的母犬，偶尔也发生于妊娠后期的母犬。

【病　因】　发情前期和发情期雌性激素分泌过多,致使阴道黏膜增生水肿,会阴部组织松弛,引起阴道脱出;便秘、尿闭、胃肠急性臌气、腹泻、妊娠后期母犬久卧等,均可引起母犬的强烈努责和腹内压的增高,导致阴道脱出;阴道受强烈刺激,小型母犬用大型公犬交配,或交配中强行使犬分离等,均可诱发阴道脱出。

【临床症状】　初期,当犬卧下时可见黏膜潮红、肿胀的阴道外露于阴门处,站立后可自行缩回。若时间稍长和脱出部分增大,则犬站立后也无法自动缩回。若脱出部分接触异物发生擦伤时,可引起黏膜出血、污染或糜烂等。阴道全部脱出时,可见阴道呈球状翻于阴门外,黏膜通常发紫、水肿、表面有裂口,裂口处有凝血块,有污物沾染,甚至感染、化脓。

【预防和治疗措施】　轻度的阴道脱出无须治疗,因为短期可自行恢复。阴道严重脱出者,经全身麻醉,局部用 2% 明矾溶液或 3% 硼酸溶液清洗后进行整复。黏膜严重水肿、难以整复者,除用手压迫组织外,可针刺或用高渗溶液(50% 葡萄糖溶液)外敷脱水,有助于减少肿胀。然后用手指或涂上润滑剂的塑料注射器活塞帮助整复。整复困难的,可行外阴上联合切开术或剖腹牵引子宫整复术。整复后需做阴门固定缝合(在阴门两侧做 2~3 个纽扣状缝合或做烟袋缝合)。如阴道脱出时间过长而引起感染和坏死,或妊娠母犬患阴道脱出而引起分娩困难的,可行阴道部分切除术,必要时也可以同时切除子宫和卵巢以防止复发。

子宫内膜炎

子宫内膜炎是指子宫黏膜及黏膜下层的急性或慢性炎症。

【病　因】　在发情期、配种、分娩、难产时助产、流产、胎衣不下,以及人工授精时,由于细菌(链球菌、葡萄球菌、大肠杆菌、变形杆菌或棒状杆菌等)的感染所致。子宫黏膜损伤和机体抵抗力降低,是促使本病发生的重要因素。此外,患阴道炎、子宫脱出以及发生死胎等,都可继发子宫内膜炎。

【临床症状】

(1)**急性子宫内膜炎** 体温升高,精神沉郁,食欲减少,烦渴贪饮,有时呕吐和腹泻,有时努责和频做排尿姿势。从阴道排出灰白色混浊含分泌物或脓性分泌物,特别在卧下时排出较多。子宫颈外口充血、肿胀和稍开张。通过腹壁触诊时,可见子宫角增大,有疼痛反应,呈面团样硬度,有时有波动感。

(2)**慢性子宫内膜炎** 多无明显全身症状。患病犬、猫发情不正常或不发情,屡配不孕,孕后易发生流产,有时从阴道排出混浊带有絮状物的黏液或脓性分泌物。子宫颈外口充血、肿胀。通过腹壁触诊时可触知子宫角粗大。有的由于子宫颈肿胀和增生,腔道变狭窄,脓性分泌物蓄积于子宫内,子宫角明显增大,触诊时子宫壁紧张有波动,有疼痛反应。

【预防与治疗措施】 使用抗生素进行全身治疗。子宫颈可开张者,冲洗子宫后注入抗生素,同时用缩宫素等使子宫收缩加速以排出内容物。根据临床症状纠正水及电解质紊乱,必要时静脉注射营养液。对没有明显好转者,尽早切除子宫。存活幼仔进行人工喂养。慢性子宫内膜炎病例进行长期抗生素治疗,无效者摘除子宫及卵巢。

子宫蓄脓

子宫蓄脓是子宫内潴留大量脓液的疾病。一般老龄犬、猫多发。

【病 因】 配种后无论妊娠与否,功能性长期分泌黄体或长期注射黄体素等,均可导致本病的发生。当子宫内膜囊泡状增生及血液中黄体酮浓度大时,子宫对感染抵抗力降低,易于感染、发炎、化脓。

【临床症状】　病犬精神沉郁,食欲减退或废绝,饮欲增加,持续发情出血,阴唇增厚肿大,阴门流出脓液或血样分泌物,阴门周围的毛沾染分泌物,气味恶臭。多饮多尿,体温 39℃～40℃。腹部稍膨大,触诊敏感,摸捏腹部,可摸到肥大的子宫角,有时按压可见阴门排脓,有时可见腹部或脐周围静脉怒张,子宫颈闭锁,容易引起脓毒败血症。

白细胞每立方毫米增至 27 000～40 000 个,核左移。阴道黏液涂片镜检,子宫颈收缩时,除大量中性粒细胞外,还有正常发情后期出现的核上皮细胞、角化细胞以及混合红细胞的非正常的阴道分泌物。子宫颈舒张时出现较多的中性粒细胞,聚集成块或在大量红细胞、黏液样物质中弥漫性分布。

【治疗措施】　施行卵巢子宫全切除术是根除本病的最好方法。但若将病犬、病猫作为种用,只好采取保守疗法,促进子宫内分泌物排出和子宫复原。可以选用天然前列腺素(合成的类似物可引起休克甚至死亡),犬每千克体重 0.2～1 毫克,猫每千克体重 0.22～1 毫克,皮下或肌内注射;也可先肌内注射苯甲酸雌二醇 2～4 毫克/次,4～6 小时后肌内注射缩宫素 5～10 单位/次。若用药物无明显疗效,也可施行子宫穿刺排脓,但应尽量抽净,并向子宫内及腹腔内注射适量的抗生素。这种方法通常能够取得明显效果,但有复发的可能。

假　孕

母犬在发情期后,无论配种与否,逐渐表现类似妊娠的症候,并显现保护其他幼犬的行为,若在配种后 50～60 天后不见胎儿产出,又恢复正常状态(肚腹缩小),称为假孕。

【病　因】　内分泌紊乱,母犬排卵后因交配不当而未受孕或根本未交配,但卵巢黄体已形成,并分泌黄体酮导致发病。公、母犬一方生殖器不健康,以致母犬子宫分泌物增多,同样可使卵巢分泌黄体酮导致发病。母犬长期拴养时更易发病。

【临床症状】 在发情后 4～5 周,母犬体重增加,脂肪沉积,腹部明显开始膨大,被毛光亮,初期食欲好坏不定,中期食欲增加,后期乳房增大,并可挤出乳汁,保持泌乳数周,但不见初乳,阴道分泌物呈牛奶样,母犬懒散不愿动,正常妊娠 50 天时可隔腹壁摸到胎儿,假孕母犬则触不到胎儿。55 天后,也做窝,拒食,不让陌生人接近收养仔犬,并允许吮乳或将玩具、线团等收罗在身旁仔细看守,自己吮食自己的奶。呕吐食物,然后吃掉呕吐物。上述产前症状一般在几天后即自然消失。

【治疗措施】 可给予睾酮制剂(每千克体重 1～2 毫克)调节内分泌平衡,一般在较短的时间内即可使泌乳停止。对精神异常兴奋的犬、猫可给予镇静剂。若假孕反复发作,可施行卵巢子宫切除术。

流 产

流产是指各种原因所致的妊娠中断,表现为排出死亡的胎儿、胎儿被吸收或者胎儿腐败分解后从阴道排出腐败液体和分解产物。

【病 因】 流产分感染性流产与非感染性流产两大类。前者见于大肠杆菌、葡萄球菌、胎儿弯曲杆菌及流产布鲁氏菌等感染,亦可见于弓形虫、血巴尔通体感染及某些病毒(如猫细小病毒、白血病病毒)等感染。后者多见于孕激素不足,若黄体形成不足于妊娠 2～5 周流产,黄体消退过早则于 6～7 周流产,7 周以上流产多由胎盘功能不良所致。胎盘结构或胎儿本身异常、母体营养不良或年龄过大(犬超过 6 岁,猫超过 4 岁)、妊娠毒血症、外伤及某些不明原因亦可造成流产。

【临床症状】 流产是在无任何先兆的情况下产出不足月胎儿,若为妊娠毒血症引起,母犬、母猫有贫血症状;习惯性流产可见阴道流出血样分泌物，并持续 5～6 天。流产母猫常因口渴吃掉胎儿，除注意观察外，亦可经 X 线检查，母猫体内可见有胎儿骨骼。

【治疗措施】 流产一般无保胎治疗价值，但需积极预防，如不与弓形虫阳性公犬、公猫交配，做好繁殖犬、猫布鲁氏菌病的检验等。

难 产

难产是指产程延长，胎儿娩出困难。

【病 因】 导致难产的原因有母体与胎儿两方面。母体最常见的为硬产道即骨盆异常，如发育不全、骨折愈合等。软产道异常可见单角子宫、阴道狭窄或畸形等。母体营养不良及贫血使宫缩无力及过度肥胖或老龄使子宫无力，分娩时子宫破裂或母体过于年幼均易导致难产。胎儿畸形如脑水肿、双头或双臀等，胎儿过大或胎位不正（图 6-1，图 6-2。）亦是导致难产的重要因素。

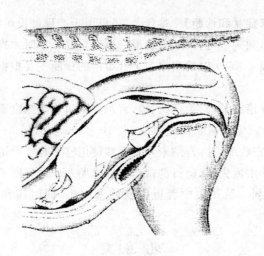

图 6-1 胎儿头部颈部向下弯曲的胎位不正

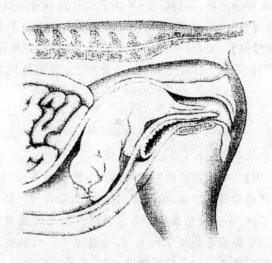

图 6-2　胎儿尾和臀部进入产道的胎位不正

【临床症状和诊断】　难产犬、猫可由于产程过长而痛苦鸣叫，精神不振，频频举尾排尿，分娩第一期后要经 4 小时才娩出第一个胎儿，间隔 4～6 小时娩出第二个。难产的诊断主要根据分娩时间判定。

【治疗措施】　对难产犬、猫，宫颈开张后给予缩宫素或缓慢静脉注射 10％葡萄糖酸钙注射液，犬 10～30 毫升，猫 5～10 毫升，以增强子宫收缩力。宫颈未开者严禁使用宫缩药。产道狭窄或胎位不正、羊水流失者，施行剖宫产术取出胎儿。对狂躁不安者给予少量镇静剂。胎死腹中者可行截胎术取出，同时需预防子宫内膜炎。

乳房炎

乳房炎为犬、猫一个或多个乳头的炎症过程，可分为急性、慢性及囊泡性乳房炎。除急性乳房炎外,均发生于产后较长时间。

【病　因】　急性乳房炎由幼犬、幼猫抓伤或咬伤后葡萄球菌、大肠杆菌及念珠菌等感染所致。慢性乳房炎则为乳汁滞留刺激乳腺的结果。囊泡性乳房炎与慢性乳房炎相似,但乳腺增生可形成囊泡样肿物。

【临床症状】　急性乳房炎可出现发热、精神沉郁、食欲不振等全身症状,发炎部位温热、疼痛、乳房硬肿、压迫时有少量血样或水样分泌物流出,乳汁呈絮状,若为化脓菌感染,可挤出脓液并混有血丝。血液检验,可见白细胞总数增多。

慢性乳房炎全身症状不明显,一个或多个乳房变硬,强压亦可挤出水样分泌物。囊泡性乳房炎多发于老龄犬、猫,触诊变硬的乳房可触及增生囊泡。

【治疗措施】　发现乳房炎应立即隔离幼仔,按时清洗乳房并挤出乳汁,以缓解急性炎症的疼痛,外涂鱼石脂或樟脑醋制剂,可行局部普鲁卡因青霉素封闭注射,以消除炎症。对有感染者,应用抗生素进行全身治疗。

泌乳不足及无乳

泌乳不足及无乳是指母犬、母猫泌乳量减少甚至全无而使仔犬、仔猫不能获得足够乳汁的一种疾病。

【病　因】　母犬、母猫饲养管理不良及营养低下(尤其在妊娠期)。产后严重疾病,如子宫疾病、胃肠道疾病。乳房外伤、乳房炎。母犬、母猫过早繁育,乳房发育不全,或母犬、母猫年龄太大,乳腺萎缩。母犬、母猫哺乳期受惊,饲料突然变更,气候突然变化。调节乳腺活动的激素分泌紊乱。

【临床症状】　母犬、母猫乳房肿胀(有乳房炎时)或松软、缩小。仔犬、仔猫寻乳频繁,但母犬、母猫屡屡躲让,不愿哺乳。

【防治措施】　一般实行综合性防治措施,改善饲养管理,注意补充营养；消除致病因素，积极治疗乳房炎及其他疾病，施以药物催乳。

不孕症

不孕症是指母犬、母猫性成熟以后或分娩后经 2～3 个性周期仍不发情或不予配种，或经几次配种后仍不能受胎的一种病理状态。

【病　因】　母犬、母猫不孕症可分为先天遗传性不孕和后天获得性不孕，其致病原因包括以下几方面。

(1) 疾病性不孕　是指生殖器官疾病和某些全身性疾病而引起的不孕，如卵巢炎、卵巢囊肿、持久黄体、子宫内膜炎、子宫蓄脓综合征等。全身性疾病如布鲁氏菌病、弓形虫病、钩端螺旋体病、结核病、李氏杆菌病等，都可导致母犬不孕。

(2) 营养性不孕　由于饲料量不足、品种单纯、品质不良或缺乏某种与繁殖功能密切相关的营养物质，如蛋白质、维生素 A、维生素 E、B 族维生素和矿物质钙、磷等，致使机体新陈代谢障碍，生殖系统发生功能性和病变性变化，造成不孕。或由于饲喂量过多，又缺乏运动，过于肥胖，致使卵巢内脂肪沉积，卵泡上皮发生脂肪变性，繁殖功能遭受破坏，造成不孕。

(3) 环境性不孕　由于母犬、母猫的生殖功能与气温、日照、湿度以及其他外界应激因素都有密切关系，当饲养环境突然改变，使母犬、母猫不能适应当地外界环境不良应激因素的刺激，也可引起母犬的不孕。

(4) 技术性不孕　由于错过适当的配种时机，或人工授精技术不熟练、精液处理不当等，往往引起母犬、母猫不孕。此外，患有不育症的公犬、公猫，也可引起母犬、母猫的不孕。

【临床症状】　本病的共同特征是性功能紊乱和障碍，如不发情、持续发情、屡配不孕或不能配种等。其他症状则因致病原因不同而有差异,如先天性不孕病例,除性功能紊乱外,主要表现为生殖器官的解剖构造异常(畸形、发育不全或细小等)。后天获得性生殖器官疾病引起的不孕病例,则有生殖器官疾病的症状,如子宫内膜炎、阴道炎、子宫蓄脓等病例均有炎性分泌物自阴道流出等表现。而其他疾病引起的不孕症,除表现性功能紊乱、不孕或流产外,主要表现为原发病的固有症状,如布鲁氏菌病、弓形虫病、钩端螺旋体病等。

【治疗措施】　对于不孕的犬、猫,属发育不全或幼稚型的,不宜作种用,亦可用激素刺激生殖器官发育或与公犬、公猫混养。犬可肌内注射孕马血清促性腺素 25～200 单位,猫可每 8 小时肌内注射环戊雌二醇 0.25～0.5 毫克。营养不良性不孕者在确定缺乏矿物质后予以补充,可恢复生殖功能。若生殖器官已发生器质性变化者则不能恢复。引入种犬、种猫需在适当季节,最好安排在休情期以利于其适应新环境,克服气候性不孕。疾病性不孕者,先治疗原发病。

产后缺钙

产后缺钙是动物分娩后的代谢性疾病,常见于小型品种犬,中型母犬也可发病。其临床特征为全身强直性痉挛、运动失调和呼吸困难。

【病　因】　导致产后缺钙的直接原因是分娩后血钙浓度的急剧降低,而引起血钙浓度急剧降低的因素有以下几种。

一是产后大量泌乳,使大量钙质进入初乳,这是导致血钙浓度下降的主要原因,也是临床产仔数多的母犬发病率高的原因。当血钙浓度低于 0.07 毫克/毫升(正常为 0.084～0.113 毫克/毫升)时,就会发病。

二是动用骨骼中储备钙能力的降低和骨骼中钙储备量减少。如妊娠前甲状腺功能减退,甲状旁腺素分泌不足,则动用骨骼中储备钙的能力降低。妊娠末期饲喂高蛋白质、高钙日粮,分娩应激,大脑皮质受抑制,影响甲状旁腺功能,降钙素的分泌增加。妊娠后期由于胎儿发育,母体钙储备量减少。分娩前后,母体从肠道吸收的钙量减少等,都是引起本病的原因。

【临床症状】 典型症状为全身肌肉强直、痉挛、抽搐,开始时运步蹒跚,后躯僵硬,步态失调,以后表现烦躁不安、到处乱跑、易惊恐、对外界刺激表现敏感。站立不稳,倒地抽搐,呼吸急迫,口不停开合并流出白色泡沫。多有呕吐、心跳加快及体温升高明显。病犬、病猫瞳孔散大或昏睡,若不及时治疗,则反复发作以至死亡。发病后经补钙治疗症状很快缓解或消失,如不坚持治疗或继续哺乳,数小时或数日后可复发,且第二次发作症状比上一次更明显。

【治疗措施】

(1)**补钙疗法** 确诊后立即缓慢静脉滴注 10%葡萄糖酸钙注射液(以适量 15%葡萄糖注射液稀释),犬 10~30 毫升、猫 5~10毫升,必要时也可皮下注射维丁胶性钙注射液,症状可迅速缓解。经 12 小时后重复注射 1 次,多数病犬可康复,严重病犬重复注射3~4 次亦可痊愈。

(2)**镇静** 补钙后症状无明显改善,可用戊巴比妥钠 20~30毫克/千克体重,静脉注射。

(3)**肾上腺皮质激素疗法** 泼尼松 2 毫克/千克体重,口服或皮下注射,每日 2 次,至幼年犬断奶为止。使用此法可不用给幼犬断奶。

(4)**加强饲养管理** 母犬发病后要与仔犬隔离,提早断奶,仔犬采用人工喂养。同时,改善母犬的营养状态。

第七章 宠物皮肤病的诊断与防治

一、细菌性皮肤病的诊断与防治

脓皮症

脓皮症是指皮肤感染化脓性细菌而引起的化脓性皮肤病。本病犬多发，猫少见。

【病　因】　常见的化脓性细菌有金黄色葡萄球菌、表皮葡萄球菌、链球菌（溶血性和非溶血性）、棒状杆菌、假单胞菌和变形杆菌等。代谢性疾病、免疫缺陷、内分泌失调或各种变态反应也可引起脓皮病。皮肤干燥、裂伤、创伤、烧伤或皮炎等亦可导致本病发生。

【临床症状】　可分为浅表、深部和幼年脓皮病。

（1）浅表脓皮病　特征为皮肤表面形成脓疱、滤泡样丘疹或蜀黍样红疹圈。后者最为常见，呈环形病变，其边缘脱落，常误认为癣。

（2）深部脓皮病　特征为皮肤深在性炎性水疱或脓疱，脓疱破溃，流出脓性液体或有脓性窦道。常发生于面部、四肢或指（趾）间等部位，亦可发生于全身。

（3）幼年脓皮病　又称幼犬腺疫。一般 12 周龄或更年幼的犬易发。特征为淋巴结肿大，耳、口及眼周围肿胀、有脓疱及脱毛，常伴有发热、厌食、嗜睡等全身症状。

对于犬来说，无论何种类型脓皮病，临床上应首先与犬毛囊蠕形螨病相区别。猫脓皮病临床症状与犬相同。

【治疗措施】 早期用防腐剂如30％六氯酚或聚乙烯酮碘溶液热浴；浅表或皮肤皱襞脓皮病使用2.5％过氧化苯甲酸洗发剂常有效，也可用5％龙胆紫溶液或抗生素软膏，每天局部涂布。深部脓皮病进行局部和全身治疗。除去痂皮，再敷以敏感的抗生素软膏，以促进溃疡愈合；如脓液较多，应使患部保持干燥，可用收敛、杀菌剂。全身选用敏感抗生素治疗。对于持久性或复发性的脓皮病可应用免疫刺激剂；幼年脓皮病（并非是细菌感染）的治疗应包括开始大剂量地使用皮质类固醇类药物，如强的松或强的松龙（每千克体重1毫克，每日2次），以后逐渐减少，连用1个月。同时，配合应用抗生素。

指（趾）间囊肿

指（趾）间囊肿是发生于犬指（趾）间的一种慢性炎症损害，临床上并不表现囊肿，实际是以肉芽肿为特征的多形性小结节，故又称指（趾）间脓皮病、指（趾）间肉芽肿等。

【病因】 本病病因复杂，包括毛囊细菌感染、皮脂腺阻塞、细菌或其他过敏反应、接触性变态反应、异物（如被毛、草芒、种子、沙粒等）损伤、免疫缺陷、免疫复合病等。

【临床症状】 发病初期表现为小丘疹，后来逐渐发展为结节，直径为1～2厘米，呈现紫红色，闪亮和波动。挤压可破溃，流出血样渗出物。在一个或多个脚上，可发生一个或多个结节。由异物引起的通常在一个前脚单个发生，而细菌感染的结节常多个发生。局部疼痛，跛行，并常舔咬患部。

【治疗措施】 对于异物性囊肿，应将异物除去，然后采用脚热浴疗法，每次15～20分钟，每天3～4次，持续1～2周，炎症可消除。如此法无效，可考虑手术切除。

因细菌感染的囊肿，应全身应用敏感的抗生素，但用量要大，治疗时间要长。也可将病变组织切除，敷以抗生素敷料，几日后，再每天用防腐剂进行浸泡或清洗。或用葡萄球菌疫苗和类毒素治疗。

对于慢性指（趾）间囊肿保守疗法无效时，需采用患指（趾）蹼全切除术。患肢无菌准备和肢端扎止血带后，切开指（趾）间蹼背、腹面及其邻近指（趾）的皮肤，然后将指（趾）间蹼全切除。切除的病变组织需进一步做组织病理学检查。电烙和结扎止血，用细的可吸收缝合线结节闭合两指（趾）间空隙，以防死腔形成。将两指（趾）间皮肤创缘对齐，用非吸收缝合线结节缝合。缝合后，两邻近指（趾）缝合在一起，无指（趾）间蹼。术后，患肢应包扎，防止舔咬和肿胀，其邻近两指（趾）用腹带缠绕在一起，以减少负重时缝合线的张力。术后 10 天拆除缝合线。

二、皮肤真菌病的诊断与防治

寄生于犬、猫等多种动物被毛、表皮、趾爪角质蛋白组织中的真菌所引起的各种皮肤疾病统称为皮肤真菌病。其特征是在皮肤上出现界限明显的脱毛圆斑，潜在性皮肤损伤，具有渗出液、鳞屑或痂、发痒等。本病为人兽共患病，人医称为"癣"。

【流行特点】　引起犬、猫皮肤真菌病的真菌包括犬小孢子菌、石膏样小孢子菌和须毛癣菌。其流行和发病率受季节、气候、年龄、性成熟和营养状况等因素影响较大，炎热潮湿季节发病率比寒冷干燥季节高。犬小孢子菌能使猫全年感染发病。

感染动物大多不呈现临床症状，但成为重要传染源。年老、弱小及营养差的犬、猫比成年、体强及营养好的动物易受感染。皮肤真菌主要是通过直接接触，或接触被污染的刷子、梳子、剪刀、铺垫物等媒介物而传染。犬、猫与人、其他动物能互相传染。皮肤真菌生命力极强，能存活 5～7 年。石膏样小孢子菌不但能在土壤中长期存活,还能繁殖,因而动物和人,尤其是幼龄犬、猫和儿童易被感染发病。

皮肤真菌病愈后的动物,对同种和他种病原性真菌再感染具有抵抗力,通常维持几个月到一年半不再被感染。皮肤真菌病又是一种自限性疾病,患病动物在 1~3 个月内,由于自身因素可不加医治而自行减轻,直到自愈。

【临床症状】 患病犬、猫的面部、耳朵、四肢、趾爪和躯干等部位皮肤常有典型病变。表现为被毛脱落,呈圆形、椭圆形、无规则的或弥漫状迅速向四周扩展(直径 1~4 厘米),皮肤出现鳞斑。

通常急性感染病程为 2~4 周,若不及时治疗转为慢性,往往可持续数月甚至数年。

【病理变化】 感染皮肤表面伴有鳞屑或呈红斑状隆起;有的形成痂,有痂下继发细菌感染而化脓的,称为脓癣。痂下的圆形皮损呈蜂巢状,并有许多小的渗出孔。石膏样小孢子菌和须毛癣菌的慢性感染,有时会出现大面积皮肤损伤。

【预防和治疗措施】

(1) **预防措施** 加强营养,饲喂全价宠物食品,增强动物机体的抵抗力。

发现犬、猫患有皮肤真菌病,立即隔离,对用具应用洗必泰、次氯酸钠等溶液进行严格消毒杀菌。

定期检疫,凡是阳性者,应隔离治疗。新引进的动物隔离观察30 天,确定为阴性,方能混群饲养。

兽医院平时应注意卫生,预防器械、用具发生污染,控制病原性真菌的传染。

兽医确诊犬、猫患皮肤真菌病后,要让主人了解本病对公共卫生的危害性并采取相应的防治措施。

接触患病动物的人,要特别注意防护。患有皮肤真菌病的人,应及时治疗,以免散播并传染给犬、猫等动物。

(2)治疗措施　通常有两种治疗方法。

①外用药物　每日 1～2 次涂擦皮康霜、克霉唑、硫黄等软膏或癣净直至痊愈。用前将患部及其周围剪毛,洗去皮屑和结痂等污物后,再涂软膏,也可用 0.5% 洗必泰溶液每周清洗 2 次。

②口服药物　口服药物有灰黄霉素和酮康唑等。灰黄霉素犬每日每千克体重 40～120 毫克,猫每日每千克体重 20～50 毫克,将药碾碎,一次或分几次拌食饲喂,连用几周,直到治愈。服药期间增饲脂肪性食物,可促进药物的吸收。灰黄霉素会引起胎儿畸形,妊娠动物禁止口服。酮康唑,每日每千克体重 10～30 毫克,分 3 次口服,连用 2～8 周。该药在酸性环境较易吸收,故用药期间不宜喝牛奶和饲喂碱性食物。其副作用是厌食、消瘦、呕吐、腹泻和导致死胎等。对慢性和重剧性皮肤真菌病,必须口服药物治疗或口服与外用药物配合使用。

三、寄生虫性皮肤病的诊断与防治

疥螨病

【虫体特征及其生活史】　犬疥螨呈圆形,微黄白色。背面稍隆起,腹面扁平,雌螨大小为 0.33～0.45 毫米×0.25～0.35 毫米,雄螨大小为 0.2～0.23 毫米×0.14～0.19 毫米。口器为假头,假头后方有一对粗短的垂直刚毛。胸腹部有 4 对足,粗而短。第一、第二对足突出体缘,雄螨第一、第二、第四对足的末端有吸盘,第三对足的末端为刚毛;雌螨第一、第二对足的末端有吸盘,第三、第四对足的末端为刚毛,吸盘有柄。虫体背面有细横纹、锥突、鳞片和刚毛。虫卵呈椭圆形,大小为 150 微米×100 微米(图 7-1)。

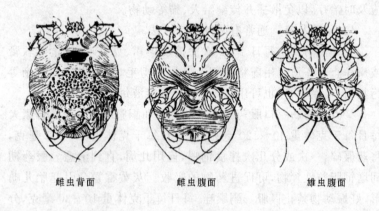

雌虫背面　　　　　　雌虫腹面　　　　　　雄虫腹面

图 7-1　疥螨成虫

疥螨的发育过程包括卵、幼虫、若虫和成虫 4 个阶段。雌、雄虫交配后,雄虫死亡,雌虫在宿主表皮内挖凿隧道,在隧道内产卵,卵经 3～8 天孵化为幼虫,幼虫移至皮肤表面,在毛间的皮肤上开凿小穴,在里面经 3～4 天蜕化变为若虫。若虫再钻入皮肤形成浅穴道,并在里面经 3～4 天蜕化变为成虫。整个发育过程需 2～3周,雌虫产卵后 3～5 周死亡。

【临床症状】　由于螨采食时直接刺激和分泌有毒物质产生刺激,使皮肤出现剧痒和炎症。幼犬症状严重,病变先起始于头部、口、鼻、眼及耳部和胸部,后遍及全身。病变部发红,有小丘疹和水疱、脓疱,水疱、脓疱破溃后形成黄色痂皮。有剧烈痒感,常因摩擦而使患部严重脱毛。

【预防和治疗措施】

(1)预防措施　保持饲养场光照充足,通风良好,干燥。对患病犬、猫及早隔离治疗。对同群的犬、猫进行预防性杀螨。被污染的场所及用具用杀螨剂处理。

(2)治疗措施　治疗螨虫的药物很多,在施用药物治疗前,应先用温肥皂水刷洗患部,除去污垢和痂皮。

①伊维菌素　每千克体重0.2毫克,一次皮下注射,间隔10天再注射1次。

②5%溴氰菊酯　配成0.005%～0.008%溶液,局部涂擦,间隔7～10天再用1次。

③10%硫黄软膏　涂于患部,每日1次,连用数天。

耳痒螨病

犬、猫的耳痒螨病是由耳痒螨寄生于犬、猫的外耳道内引起的皮肤病。犬、猫感染较普遍,还可感染雪貂和红狐。

【虫体特征及其生活史】　雄螨全部足和雌螨第一、第二对足的末端有吸盘。雌螨第四对足不发达,不能伸出体缘。雄螨的尾突不发达(图7-2)。

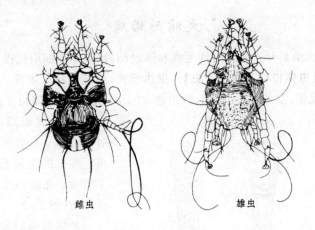

雌虫　　　　雄虫

图7-2　耳痒螨成虫

耳痒螨的发育需经过卵、幼螨、若螨和成螨4个阶段。寄生于犬、猫外耳道,以脱落的上皮细胞为食。整个生活史需3周,通过直接接触进行传播,犬、猫之间可相互传播。

【临床症状】 剧烈瘙痒,病犬或病猫常不断甩头和以前爪挠耳,造成耳部淋巴液外渗或出血,常见耳血肿和淋巴液积聚于皮下,耳部发炎或出现过敏反应,外耳道内有厚的棕黑色痂皮样渗出物堵塞。有时继发细菌性感染,病变可深入到中耳、内耳以及脑膜等处。

【预防和治疗措施】

(1)**预防措施** 隔离患病犬、猫,对同群的所有动物进行药物预防性杀螨虫。

(2)**治疗措施** 在麻醉状态下清除耳道内渗出物。耳内滴注或涂擦杀螨药,同时配合抗生素滴耳液辅助治疗。全身应用杀螨剂,或用伊维菌素,每千克体重 0.2 毫克,一次皮下注射,间隔 10 天再注射 1 次。

犬蠕形螨病

犬蠕形螨寄生于犬的毛囊和淋巴结内,偶尔也能引起猫发病。

【虫体特征及其生活史】 虫体细长,呈蠕虫状。体长 0.25～0.3 毫米,宽约 0.04 毫米,分为前、中、后三部分。口器位于前部,中部有 4 对很短的足,后部细长,上有横纹密布。雄虫的生殖孔开口于背面,雌虫的生殖孔在腹面(图 7-3)。

犬蠕形螨的发育过程包括卵、幼虫、若虫和成虫阶段,全部在犬体上进行。雌虫在毛囊或皮脂腺内产卵,卵孵出

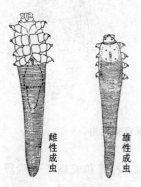

雌性成虫　雄性成虫

图 7-3　犬蠕形螨成虫

幼虫,幼虫蜕皮变为前若虫,再蜕皮变为若虫,最后蜕皮变为成虫。全部发育期为 25～30 天。

【临床症状】　本病多发生于 5～6 月龄的幼年犬。当犬身体瘦弱,缺乏营养或某种维生素时,发病的可能性较大。常寄生于面部与耳部,严重时可蔓延至全身。病部脱毛,皮肤增厚,发红并有糠皮状鳞屑,随后皮肤变为淡蓝色或红铜色,如化脓菌感染,则产生小脓疱,流出脓液和淋巴液,干涸后成为痂皮,重者因贫血及中毒而死亡。

【预防和治疗措施】

(1)预防措施　患病犬隔离治疗,饲养场地用双甲脒、二嗪磷等喷洒处理。

(2)治疗措施

①5％碘酊　外用,每日 6～8 次。

②苯甲酸苄酯　取 33 毫升,软肥皂 16 克,95％酒精 51 毫升,混合,每天涂擦 2 次,中间间隔 1 小时,连用 3 天。

③伊维菌素　每千克体重 0.2 毫克,皮下注射,间隔 10 天再注射 1 次。

对重症病犬除局部应用杀虫剂外,还应全身应用抗生素,防止细菌继发感染。

蚤　病

犬、猫常见的寄生蚤有犬栉首蚤和猫栉首蚤。犬栉首蚤只寄生于犬及野生犬科动物身上,猫栉首蚤主要寄生于犬、猫,有时也寄生于其他多种温血动物。寄生时,常引起犬、猫皮炎,同时也是犬绦虫的传播者。

【虫体特征及其生活史】　虫体呈深褐色,雄虫长不足 1 毫米,雌虫长可超过 2.5 毫米(图 7-4)。栉首蚤的发育包括卵、幼虫、蛹、成虫 4 个阶段。雌蚤在宿主被毛上产卵,卵从毛上掉下来,在适宜

图 7-4　犬栉首蚤

条件下经 2～4 天孵化为幼虫，大约 2 周后化为蛹，再经 3～4 天变为成蚤。整个发育期需 18～21 天或更长时间。成蚤在低温、高湿条件下，不摄食也能存活 1 年或更长时间，但在高温、低湿条件下，几天后死亡。

【临床症状】　由于蚤寄生时刺激皮肤，引起瘙痒，犬、猫不停蹭痒引起皮肤炎症，出现脱毛和皮肤破溃。被毛上有蚤的黑色排出物，下腹部和脊柱部位有粟粒大小的结痂。

【预防和治疗措施】

(1) 预防措施　及时清扫犬、猫饲养场所，保持干净、干燥；对周围环境用杀虫剂喷雾除虫；对病犬、病猫进行驱虫治疗。

(2) 治疗措施　临床上许多有机磷酸盐类制剂、氨基甲酸酯类制剂对蚤类都非常有效，但都具有一定的毒性，使用时一定要谨慎，特别是猫对其很敏感，使用时更要小心。

除虫菊酯类毒性较小，可用于幼犬、幼猫。伊维菌素和阿维菌素类药物毒性较小，是目前较好的杀蚤药。

虱　病

虱病是由虱虫寄生于犬、猫体表引起的以瘙痒和过敏性皮炎为主要特征的寄生虫病。

【虫体特征及其生活史】　虱虫寄生有严格的宿主特性，寄生于犬体的是犬毛虱和犬长颚虱，寄生于猫体的是腹嘴猫虱。

虫体背腹扁平，无翅，体长一般为 1～3 毫米，呈灰白色或灰黑色,足粗短(图 7-5)。卵呈卵圆形,灰白色,半透明,产出后粘在被毛上。

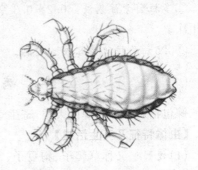

图 7-5　犬　虱

雌虱交配后产卵于犬被毛基部,1～2 周后孵化,幼虫蜕皮 3 次,经 2 周发育为成虱,成熟的雌虱可以存活 30 天左右,它以组织碎片为食,离开犬身体后 3 天左右即死亡。

犬、猫虱虫感染多发生于秋、冬季节和圈舍拥挤、饲养管理与卫生条件较差的犬、猫群。

【临床症状】　因为犬毛虱以毛和表皮鳞屑为食,故可造成犬瘙痒和不安,犬啃咬瘙痒处而自我损伤,引起脱毛,继发湿疹、丘疹、水疱、脓疱等;严重时食欲差,影响睡眠,造成营养不良,可见被毛粗乱、消瘦和皮肤损伤。长颚虱吸血时分泌有毒的液体,刺激犬的神经末梢,产生痒感。患病犬、猫表现为烦躁不安,大量感染时引起化脓性皮炎,可见脱毛或掉毛。病犬、病猫精神沉郁、体弱,因慢性失血而导致贫血,对其他疾病的抵抗力差。

【预防和治疗措施】

(1)预防措施　与蚤类感染的防治措施相似,从加强饲养管理和药物杀虫两方面着手。对虱虫有效的杀虫药物有苄氯菊酯、除虫菊酯、鱼藤酮、甲氰菊酯、二嗪磷、马拉硫磷和敌百虫等。也可通过给犬、猫佩戴除虱颈圈防治虱害。

(2)治疗措施

①伊维菌素注射液　0.2～0.3 毫克/千克体重,皮下注射,每周 1 次。

②多拉菌素注射液　0.2～0.3毫克/千克体重,皮下注射,每周1次。

③0.5%马拉硫磷溶液　喷洒。

蜱　病

蜱包括硬蜱和软蜱两大类,寄生于许多种动物的体表。

【虫体特征及其生活史】

(1)硬蜱　又称草爬子、狗豆子、壁虱、扁虱,是犬的一种重要外寄生虫。寄生于犬身上的硬蜱主要有血红扇头蜱、二棘血蜱、长角血蜱、草原革蜱和微小牛蜱等。下面以血红扇头蜱为例进行说明。

图7-6　硬　蜱

血红扇头蜱雄虫长2.7～3.3毫米,宽1.6～1.9毫米。雌虫长约2.8毫米,宽约1.6毫米。呈长椭圆形,背腹扁平,由假头与躯体两部分组成。假头基呈三角形,盾板无花斑,有眼,气门板呈逗点状,有肛后沟。雄蜱腹面有肛侧板(图7-6)。

硬蜱是不完全变态的节肢动物,其发育过程包括卵、幼虫、若虫和成虫4个阶段。一般硬蜱在动物体上进行交配,交配后,吸饱血的雌蜱离开宿主落地,爬到缝隙内或土块下静伏不动,经4～8天,待血液消化和卵发育后,开始产卵,经过2～3周或1个月以上,幼虫孵出。幼虫爬到宿主体上吸血,经过2～7天吸饱血后落到地面,蜕化变为若虫。若虫再侵袭动物,吸饱血后再落到地面,蛰伏数十天,蜕化变为性成熟的成蜱。雌虫产卵后1～2周内死亡,雄虫一般能活1个月左右。

血红扇头蜱主要生活在农区和野地,活动季节为每年的4～9月份。

(2) 软蜱　寄生于犬体表的软蜱主要有拉合尔钝缘蜱和乳突钝缘蜱等。软蜱呈卵圆形,躯体背面无盾板,由弹性的革状外皮构成,上有乳头状、颗粒状或圆的凹陷或星形的皱褶等结构。假头隐于虫体前端之下,背面看不到;大多无眼,腹面有肛前沟、肛后沟和生殖沟(图7-7)。

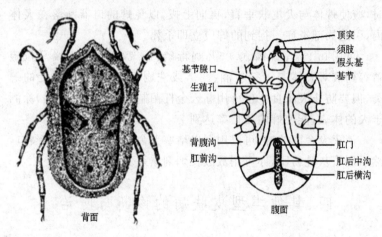

背面　　　　腹面

顶突
须肢
假头基
基节
基节腺口
生殖孔
背腹沟
肛前沟
肛门
肛后中沟
肛后横沟

图7-7　软　蜱

其发育过程也包括卵、幼虫、若虫和成虫4个阶段,幼虫和若虫在犬体上吸血和蜕化,若虫阶段有1～7期,最后一期若虫吸饱血后离开犬体表蜕化变为成虫。整个发育过程一般需要10～12个月,寿命可达15～25年。耐饥饿能力强。

【临床症状】　硬蜱、软蜱均是吸血动物,当它们寄生在动物体表时,损伤皮肤,病犬出现痛痒、烦躁不安,经常摩擦、抓挠或啃咬皮肤,导致寄生部位出血、水肿、发炎和角质增生,或继发伤口蛆病。

由于大量吸食血液,引起病犬贫血、消瘦、发育不良等。如大量寄生于犬后肢时,可引起后肢麻痹;如寄生在趾间,可引起跛行。蜱在寄生过程中,还能传播病毒性、细菌性传染病和某些原虫病,如出血热、布鲁氏菌病、巴贝斯虫病、埃利希氏病等,可直接或间接地造成人和动物死亡。

【预防和治疗措施】 消灭犬体上的蜱,可用手捉或用煤油、凡士林等油类涂于寄生部位,使蜱窒息后用镊子将其拔除。拔出蜱时,应使蜱体与犬皮肤垂直,再向上拔,以免蜱的口器断落在犬体内,引起局部炎症。捉到的蜱应立即杀死。

可用0.1%辛硫磷、0.05%蝇毒磷、1%敌百虫、0.5%马拉硫磷等药液对犬体表进行喷洒、药浴或洗刷,均能杀灭犬体上的蜱类,但要防止犬舔食。也可用苏云金杆菌制剂——内晶菌灵,涂洒于犬的体表,能使蜱的死亡率达到70%～90%。

消灭犬舍内的蜱,可以用泥巴堵塞犬舍内所有的缝隙和裂口,然后用石灰乳粉刷,亦可用敌敌畏烟剂熏杀。

四、其他类型皮肤病的诊断与防治

湿 疹

湿疹是皮肤表皮细胞对致敏物质所引起的一种炎症反应。其特点是患部皮肤出现红斑、血疹、水疱、糜烂、结痂和鳞屑等损害,并伴有热、痛、痒等症状。春、夏季多发。

【病 因】 引起湿疹的病因较多,也较复杂,至今仍不十分清楚,常有以下因素。

(1)外界因素 因皮肤不洁,污垢蓄积于被毛中,使皮肤受到直接的刺激。犬舍、猫舍过于潮湿、各种化学物质的刺激、强烈日光照射、昆虫的叮咬、长期被脓性分泌物浸渍等都可导致湿疹的发生。

(2)内在因素　因消化道疾病，肠道腐败分解的产物被机体吸收，摄入致敏食物，某些抗原等均可引起机体的变态反应，导致湿疹发生。也有因潮湿、日光、药物等引起的变态反应所致。营养失调、维生素缺乏、代谢紊乱等是诱发湿疹的主要因素。

【**临床症状**】　按病程和皮肤损伤可分为急性湿疹和慢性湿疹2种。

(1)急性湿疹　多开始于耳下、颈部、背脊、腹外侧和肩部。病初在患部呈较小的圆形疹面，经1～2天融汇成手掌大或更大的疹面。疹面界限明显，呈橙黄色或红色，边缘有新鲜的血疹和小水疱，再外侧为一较暗的红色圈。在疹面中央有一层黄绿色的薄痂，分泌浆液性至脓性渗出物。动物表现疼痛和极痒，由于搔、擦、舔、抓的机械刺激，使炎症向真皮深部、皮下蔓延。皮肤肿胀，如不及时正确地处理，极易发生脓疱或脓肿。

(2)慢性湿疹　常发生背部、鼻、颊、眼眶等部位，犬尤易发生鼻梁湿疹。慢性湿疹表现被毛稀疏，皮肤出现不一致增厚而皱起、剧痒，病程较长。发生在鼻镜时，在鼻镜一侧或两侧出现无毛、干燥、呈灰色颗粒状。腕部和蹠部的慢性湿疹主要表现痒感和形成鳞屑。阴囊、包皮或阴门湿疹可出现水疱、发痒。趾间湿疹开始时形成水疱，以后流水、疼痛，病程较长。也有在耳郭和外耳道发生湿疹的病例。

【**治疗措施**】　治疗原则是除去病因、脱敏止痒、消炎等。

(1)除去病因　保持皮肤清洁和干净，动物舍内应通风良好、阳光充足、清洁和干燥。经常运动，及时治疗发生的疾病。

(2)脱敏止痒　口服或注射盐酸异丙嗪(每千克体重0.2～1毫克)或盐酸苯海拉明(口服，每千克体重2～4毫克；皮下注射，每千克体重 5~50 毫克)。

(3)消除炎症 根据湿疹的不同时期,采用不同的治疗方法。急性期无渗出时,剪去被毛,用炉甘石洗剂(炉甘石 15 克、氧化锌 5 克、甘油 5 毫升,加水至 100 毫升)或麻油与石灰水等量混合涂于患部。有糜烂渗出时,小面积者可涂搽皮质类固醇软膏,也可选用生理盐水或 3%硼酸溶液冷湿敷。当渗出液减少后,可外用氧化锌滑石粉(1∶1)、碘仿鞣酸粉(1∶9)或 20%~40%氧化锌油等。慢性湿疹病例一般选用焦油类药物较好,如煤焦油软膏、5%糖馏油等,也可用含有抗生素的皮质类固醇软膏。

皮　炎

皮炎是指皮肤真皮和表皮的炎症。临床上以红斑、水疱、湿润、结痂、瘙痒等为特征。

【病　因】 皮炎的病因多种多样。外伤性皮炎是由于皮肤受到机械性的刺激,如犬颈环摩擦,经常搔痒抓伤引起;化学性皮炎是皮肤接触化学物质引起的,如给犬涂搽刺激性药物,洗澡用的洗涤剂、肥皂、洗衣粉等;物理性皮炎多因热伤、冻伤、日光及射线的损伤引起。另外,某些细菌、真菌、寄生虫以及变态反应等也可引起皮炎。

【临床症状】 皮炎的特点是先在接触部位发生病变。皮损的性质、疹形、范围和严重程度取决于机体的反应性,接触物的性质、浓度、接触方法和接触时间长短。皮肤损伤轻者局部呈红斑、丘疹并有时肿胀,重则发生水疱、糜烂和坏死等。早期皮损与接触物的部位较一致,呈局限性,表现潮红、轻度肿胀、增温、发痒和疼痛等。由于搔抓、摩擦,皮肤可继发感染,使病情加重。

【治疗措施】 皮炎的治疗原则是对症处理,尽量避免外用刺激性较强和易致敏的药物。症状较轻的红斑阶段可用鱼石脂水杨酸油膏(鱼石脂 10 克、水杨酸 20 克、氧化锌油膏 200 毫升混合),

每日 1 次,局部涂擦。对伴有感染、过度瘙痒的炎性病变,可用苯唑卡因油膏(苯唑卡因 1 克、硼酸 2 克、无水羊毛脂 10 克),亦可用肤轻松软膏局部涂擦,效果较好。继发感染时应用抗生素予以控制。

脱 毛 症

脱毛症是指皮肤在无明显可见病变的情况下发生的局部或全身被毛脱落,许多炎性皮肤疾病也可引起脱毛。

【病　因】　引起脱毛症的病因有先天性和后天性 2 种。

(1)外界因素　因皮肤不洁以及机械性、物理性、化学性、生物性等因素刺激而引起,如 X 线、摩擦、涂脱毛剂等。

(2)继发于全身性疾病

①营养失调　如碘、维生素、脂肪酸等物质的缺乏。

②神经性、内分泌性疾病　如甲状腺、垂体和性功能失调等。

③热性疾病　如肺炎、某些传染病(某些细菌病、真菌病)。

④慢性病　如寄生虫病和慢性消化器官疾病。

⑤慢性中毒病　如碘、汞、铊、甲醛。

⑥其他　如恶病质等。

【临床症状】　一般从局部开始脱毛,逐渐扩大,然后几个局部互相融合,变成较大面积的脱毛。常伴有皮屑脱落。如果是神经性、内分泌性疾病引起的脱毛,则多呈对称性,其发痒的程度不一。

【治疗措施】　查明病因,根据致病原因消除病因和对症治疗。

加强营养,补充某些缺乏的物质。注意动物卫生,特别是皮肤的卫生。

如甲状腺功能减退,应口服甲状腺制剂;性功能失调者应用性激素药物。

局部治疗效果不确实,且只能使用无刺激性并能迅速干燥的洗剂。常用间苯二酚 5 毫升、蓖麻油 5 毫升、乙醇 200 毫升,混合后涂搽;也可用水杨酸 5 毫升、橄榄油 50 毫升、秘鲁香脂 3 毫升,混合后涂搽患部;或用水杨酸 18 毫升、鞣酸 18 毫升、乙醇 600 毫升,混合后涂搽患部。

第八章　宠物常用外科保健手术

去 势 术

【适应症】　雄性犬、猫去势可使其行为更温驯,消除雄性犬、猫因发情造成的不良性行为,治疗睾丸和阴囊感染、睾丸癌、创伤及雄性激素分泌过剩等疾病。

【术前准备】　术前停食、停水 6～8 小时,进行血常规、生化检查。全身麻醉,仰卧保定,充分暴露会阴部,术部清洗,局部剃毛、消毒。

【手术操作】　术者用拇指、食指、中指将犬或猫的睾丸挤入阴囊底部,使两个睾丸位于阴囊缝际两侧,切口位于上侧睾丸距阴囊缝际 0.3～1 厘米处,依次切开阴囊皮肤、内膜和总鞘膜。将睾丸挤出并分离精索和血管。在睾丸上 3～5 厘米处结扎精索及血管,在结扎线下方 1 厘米处切断精索、血管,摘除睾丸。将精索、血管断端退入鞘膜管内。按相同方法在同一切口摘除另侧睾丸,术部清理后消毒。

犬也可将切口确定于腹正中线阴囊上方 3～5 厘米处,将睾丸分别挤至切口,按上述方法分别摘除。切口做皮肤内缝合后涂以 2%碘酊,着装腹绷带,7～10 天拆线。

【术后护理】　术后停食、停水 12 小时,补液,观察术部是否有出血,如有较多出血表明结扎线松脱,需找出断端重新结扎止血。

术后犬、猫主人将犬、猫带回家的途中,如动物仍处于麻醉状态,要确保其呼吸道畅通,防止窒息死亡。回家后,不要给犬、猫灌喂药物、食物、水等,防止误入气管。

术后为犬、猫滴少量低刺激性眼药以防角膜过分干燥,导致角膜发炎。

为防止继发感染,连续使用抗生素5～7天。

卵巢摘除术

【适应症】 常用于使母犬、母猫绝育,也适用于卵巢囊肿、卵巢肿瘤等疾病的治疗。

【术前准备】 术前停食、停水6～8小时,进行血常规、生化检查,全身麻醉,仰卧保定,术部清洗,局部剃毛、消毒。

【手术操作】 猫由脐后0.5厘米处沿腹白线向后做1.5～3厘米长的切口,犬由脐孔处沿腹白线向后做3～10厘米长的切口。用食指或拉钩进行腹腔探查。左、右卵巢分别位于左、右肾脏后方的腰沟内。用食指或小钝钩将卵巢或输卵管钩住并拉至创口,用两把止血钳穿过子宫阔韧带无血管处,夹住卵巢两侧的输卵管和卵巢系膜,分别结扎输卵管、部分子宫阔韧带及卵巢系膜,另一部分子宫阔韧带,摘除卵巢。用同样的方法摘除另一侧卵巢。常规方法闭合腹壁,着装腹绷带。

【术后护理】 术后进行全身抗感染处置,其他护理要求同去势术。

剖宫产术

【适应症】 难产或经助产后仍无法解决时,需立即实施剖宫产。

【术前准备】 术前血常规、生化检查,仰卧保定,全身麻醉,母体衰竭时应局部麻醉。术部清洗,局部剃毛、消毒。

【手术操作】 犬由脐上2.5～3厘米处沿腹正中线向下切开5～20厘米,猫由脐孔处沿腹正中线向下切开5～10厘米。常规切开腹壁皮肤、肌肉、腹膜各层组织,用手缓缓拉出两侧子宫角,用消毒纱布与切口隔离。在最靠近子宫体胎儿处的子宫角大弯处纵行切开子宫 4～6 厘米。轻轻挤压靠近切口处的胎儿,当胎儿被推至切口处时将之拉出并一同拉出胎膜,结扎或挫断脐带。依次取出该侧胎儿,另侧子宫角的胎儿最好也在此切口取出。胎儿数多或子宫收缩强烈时,也可切开对侧子宫。胎盘完全清除后缝合子宫,黏膜层连续缝合,浆膜层做包埋缝合,用温青霉素生理盐水冲洗子宫后还纳腹腔。常规方法闭合腹腔,并包扎腹绷带。

【术后护理】 犬、猫苏醒后再与幼仔放在一起,注意包扎腹绷带时要露出乳头。连续应用抗生素 5～7 天,10 天后拆线。

眼睑内翻整复术

【适应症】 部分眼睑内翻会刺激眼球,常见于松狮等品种犬。

【术前准备】 侧卧保定,固定头部。全身麻醉,眼周围剃毛、消毒。

【手术操作】 在距离眼睑缘 1.5～2.5 厘米与眼睑平行部位进行第一切口。切口的长度要比内翻部的两端稍长为合适。然后再从第一切口与眼睑缘之间做一个半月状第二切口,其长度与第一切口长度相同。其半圆最大宽度应根据内翻的程度而定。将已切开的皮肤瓣包括眼轮肌的一部分一起剥离切除,而后将切口两缘拉拢,结节缝合。

【术后护理】 术后防止犬、猫抓挠伤口,10 天后拆线。

眼球摘除术

【适应症】 化脓性眼球炎治疗无效、眼球内肿瘤、高度角膜变形、眼球严重损伤无治愈希望等。

【术前准备】 侧卧保定,全身麻醉,配合眼球周围浸润麻醉或眼窝裂沟传导麻醉。

【手术操作】 用创巾钳开张上、下眼睑,以镊子夹住巩膜固定眼球,用眼科弯剪沿眼球周围做环形切口,剪开球结膜,用钳子或锐钩牵拉眼球,同时分离结膜下脂肪组织及眼直肌附着部,用弯剪伸至球后剪断眼球肌及视神经,取出眼球后,立即用适量纱布塞入眶内,进行压迫止血,然后将上下眼睑做间断缝合,装眼绷带。

【术后护理】 术后肌内注射抗生素5～7天,1周后拆除眼睑缝合线,取出眼内纱布。

犬外耳道外侧壁切除术

【适应症】 患外耳炎时耳道增生,药物治疗无效,引起软骨性外耳道狭窄以及肿瘤、外耳道先天性畸形等。

【术前准备】 患耳在上,侧卧保定,全身麻醉。

【手术操作】 彻底清理外耳道,耳基部、耳郭两面都要剪毛消毒,将耳提起做四角形覆盖。后方由耳屏间切迹起,前方则由耳轮切痕开始,从下方切开并渐渐向中央会合,使成U形切创。可将耳屏牵引向背侧以便于切创。将软骨垂直部剪成两半,并随着耳道方向向前后切一小切创,结节缝合,将外耳道软骨创缘与同侧皮肤创缘结节缝合。

【术后护理】 全身应用抗生素、镇痛药,7～10天拆线。

唾液腺切除术

【适应症】 犬唾液腺囊肿。犬的唾液腺包括腮腺、颌下腺、舌下腺、颧骨腺及一些小的腺体。常发生囊肿的唾液腺主要是颌下腺和舌下腺。颌下腺呈近似于圆形、黄白色的腺体,周围被纤维囊包裹,位于颌外静脉与颈静脉的交汇处,上面被腮腺覆盖,其余部分位于皮下浅层。

【术前准备】 全身麻醉,仰卧保定,颈下垫以沙袋。头稍侧转,将颈部伸展,颌下腺、舌下腺位于上方。术部常规剃毛、消毒。

【手术操作】 术部位置在唾液腺囊肿处。切开皮肤、皮下组织,钝性分离颈阔肌、脂肪组织,继续分离,暴露出颌下腺纤维囊,切开纤维囊,暴露颌下腺及舌下腺,将腺体与囊壁分离,在腺体腹侧分离动、静脉并结扎、切断,分离整个腺体至二腹肌下面,钝性分离二腹肌和茎突舌骨肌,把腺体经二腹肌拉向一侧,再分离覆盖腺导管的下颌舌骨肌,双重结扎腺导管及舌静脉并切断,摘除腺体,于纤维囊内安置引流管,连续缝合颈阔肌及腺体囊壁,结节缝合皮下组织和皮肤,并固定引流管。

【术后护理】 术后连续应用抗生素 5～7 天,术后 3～5 天除去引流管,引流孔可不做处理。

声 带 摘 除 术

【适应症】 消除或降低犬的叫声。

【术前准备】 仰卧保定,头颈伸展,头的位置应低于喉部。由口腔切除喉室声带则用开口器将犬的口腔打开。全身麻醉。

【手术操作】 以甲状软骨凸起为手术切开部位,可分为两种路径。

(1)口腔摘除法 不切开喉,在口腔内摘除声带。首先用压舌板压低会厌软骨尖端,暴露喉的入口,V 形的声带位于喉口里边的喉腹面的基部,用一弯形长止血钳,钳夹声带的背面、腹面和后面,剪开钳夹处黏膜并切除,电灼止血或用纱布压迫止血。术后要将犬的头部位置放低,并尽量减少引起动物咳嗽的因素。

(2)喉切开摘除法 颈部腹侧正中线上皮肤常规剃毛、消毒。以甲状软骨凸起处为切口中心,向上下切开皮肤 3 厘米,分离胸骨舌骨肌至喉腹正中线两侧,充分暴露环甲软骨韧带和喉的甲状软骨,并充分止血。以甲状软骨凸起为中点切开甲状软骨 2～3 厘米,暴露喉室、声带。用镊子夹持声带黏膜,用手术剪完整地剪除声带。手术中应尽量避开声带背面附近的喉动脉分支,如果喉动脉分支发生出血,可结扎止血。彻底止血后,间断缝合甲状软骨,全层连续缝合胸骨舌骨肌,再结节缝合皮肤。

【术后护理】 术后为防止声带创面出血,可注射止血药,并将其头部放低,10 天后拆线。

气管切开术

【适应症】 各种病因引起的犬、猫上呼吸道完全或不完全阻塞危及生命时。

【术前准备】 侧卧或仰卧保定,使颈伸直,局部浸润麻醉或全身麻醉。

【手术操作】 在颈侧上 1/3 与中 1/3 交界处,颈腹正中线上做切口。即沿正中线 5～7 厘米的皮肤切口,切开浅筋膜、皮肌,用创钩扩开创口,进行止血并清洗创内积血,在创口的深部寻找两侧胸骨舌骨肌之间的白线,用外科刀切开,张开肌肉,再切深层气管筋膜,则气管完全暴露。在气管切开之前再度止血,以防创口血液流入气管。将两个相邻的气管环上各切一半圆形切口,即形成一椭圆创口(深度不超过气管环宽度的 1/2),合成一个近圆形的孔。切气管环时要用镊子牢固夹住,避免软骨片落入气管中。然后将准备好的气导管正确地插入气管内,用线或绷带固定于颈部。皮肤切口上、下角各做 1～2 针结节缝合,有助于气管的固定。若没有气导管时,可用铁丝制成双 W 形代替气导管。为防止灰尘、蚊蝇、异物吸入气管内,可用纱布覆盖气导管的外口。

【术后护理】 气管切开后要注意观察护理,防止犬摩擦术部或用爪抓掉气导管。每天清洗气导管,除去附着的分泌物和干涸血痂。注意气导管气流声音的变化,如有异常立即纠正。根据上部呼吸道疾病病势的情况,若确认已痊愈,可将气管环取下,创口做一般处理,皮肤做结节缝合。如有感染,则等待第二期愈合。10 天后拆线。

胃切开术

【适应症】　取出胃内异物,摘除胃内肿瘤。

【术前准备】　仰卧保定,全身麻醉,术部消毒。

【手术操作】　术部位置在剑状软骨与脐连线的腹正中线上。于剑状软骨与脐连线的腹正中线切开腹壁腹膜。将胃的大半部轻轻拉出。胃的周围用大隔离巾与腹腔和腹壁隔离,以防切开胃时污染腹腔。切开胃大弯部(要注意避开血管),创缘用舌钳牵拉固定,防止胃内容物进入腹腔。必要时扩大切口,取出胃内异物或探查胃内各部(贲门、胃底、幽门窦、幽门)进行其他手术。用温青霉素溶液、生理盐水冲洗或擦拭胃壁切口,然后做全层连续缝合及第二层的连续内翻水平褥式浆膜肌层缝合,再用温青霉素溶液、生理盐水冲洗胃壁,然后将其还纳于腹,腹壁常规闭合。

【术后护理】　术后静脉补液,48 小时后开始给予少量易消化的流食。连续应用抗生素 5～7 天,10 天后拆线。

肠管切除及肠吻合术

【适应症】　各种疾病造成肠管坏死时。

【术前准备】　仰卧保定,全身麻醉,术部消毒。

【手术操作】　术部位置在脐下腹中线上。于脐下 1～2 厘米腹中线上切开腹壁各层组织,剪开腹膜。全层切开腹壁后,腹腔探查,轻轻拉出病变肠段,经鉴定已发生坏死后,将病变肠管隔离,确定切除范围,双向结扎向切除段肠管供血的肠系膜动脉及其边缘分支,用肠钳夹住预定切除线外 1 厘米处的健康肠段,预定切除线应成一定角度以保证肠管有良好的血液供应。切除病变肠段,用剪刀剪去结扎线之间的肠系膜,剪去外翻的肠黏膜,进行断端缝合,常采用肠壁全层连续缝合。浆膜肌层用丝线做间断内翻缝合。接着将肠黏膜做螺旋连续缝合,用温生理盐水冲洗后送入腹腔,最后闭合腹壁切口,装着腹绷带。

【术后护理】 术后禁食 48 小时,然后给予少量流食,充分饮水,水中加入适量的食盐,并注意维生素的补充,术后 5～7 天内应用抗生素,10 天后拆线。

膀胱切开术

【适应症】 膀胱结石、膀胱肿瘤。

【术前准备】 仰卧固定,全身麻醉。

【手术操作】 雌性从耻骨前缘向脐部在腹白线上切开 5～10 厘米,雄性在阴茎侧方 2～3 厘米做腹中线的平行切口。切开皮肤,将腹直肌与皮肤同方向切开达腹膜,用外科镊子夹住腹膜切一小口,用组织钳把腹膜固定在腹直肌上,以防止腹膜滑脱,再继续切开腹膜,切口与皮肤创同长,用创钩向左右拉开,手指伸入腹腔探查,膀胱内充满尿液时,易触及膀胱体。若膀胱空虚退到骨盆腔内,手指伸向骨盆腔,触到核桃大表面有皱襞感的即为膀胱。将膀胱拉至创口。如充满尿液时,用装有细针头的注射器,避开膀胱血管刺入膀胱尖吸出尿液,膀胱缩小后用组织钳固定膀胱尖并向上牵拉,避开或钳住膀胱壁血管,在膀胱尖切开 2～3 厘米,用麦粒钳或锐匙除去结石。若有膀胱肿瘤的,可在膀胱尖或膀胱体切开 4～6 厘米,翻转膀胱黏膜面,除去肿瘤。探查结束后,用生理盐水冲洗膀胱腔,以肠线连续缝合膀胱切口的全层,再做浆膜肌层内翻缝合,常规闭合腹腔。

【术后护理】 术后按常规给予抗生素,10 天后拆线。

腹股沟疝手术

【适应症】 腹腔脏器小肠、大网膜、子宫、膀胱等经腹股沟环脱出至腹股沟处。

【术前准备】 仰卧保定,全身麻醉,术部消毒。

【手术操作】　在腹股沟管外环处做一4～8厘米长的纵切口，钝性分离总鞘膜周围的结缔组织，使总鞘膜全部游离，还纳其中的内容物，将总鞘膜和睾丸一起沿精索的纵轴扭转360°～480°，用7号双股丝线在近内环处贯穿结扎总鞘膜和精索，在结扎线下方1厘米处，切断总鞘膜和精索，除去睾丸。将结扎线的线尾固定缝合在内环两侧缘上，以闭塞内环口，防止内脏再脱出。同时，在靠近内环附近的疝轮缝合1～2针，最后缝合皮肤。

【术后护理】　术后按常规给予抗生素，10天后拆线。

尿道切开术

【适应症】　尿道结石、尿道新生物。

【术前准备】　仰卧保定，全身麻醉，术部消毒。

【手术操作】　因结石所在部位不同，可分为尿道上部和尿道下部切口。犬下部尿道结石发生较多，上部结石发生较少。

（1）尿道下部切口　尿道内插入导管，在阴茎骨后方正中线上切开3～4厘米，依次切开皮下结缔组织、阴茎后提肌、尿道海绵体和尿道黏膜，做1～2厘米的尿道创口，用小锐匙插入尿道内除去结石，由创孔将插管插入深部尿道，检查是否疏通。创口可以开放或用细肠线缝合，留置尿道插管。对于阴茎伸出包皮的可以不做皮肤创口。

（2）尿道上部切口　保定后两后肢向前方，露出会阴部。术部为坐骨弓与阴囊中间，切开皮肤4～6厘米。出血多时结扎血管止血，其他与前法相同。

【术后护理】　术后注意观察排尿情况，如发生尿闭或排尿困难时，应及时拆线。

犬肛门囊摘除术

【适应症】　慢性肛门囊炎、肛门囊脓肿、肛门囊瘘、肿瘤等。

【术前准备】 俯卧保定,尾部抬起固定,暴露肛门部,全身麻醉。术前 24 小时禁食,灌肠,防止粪便污染手术部位,清空肛门囊内容物,并用 0.1% 新洁尔灭溶液清洗肛门部周围,术部消毒。

【手术操作】 手术位置在肛门侧下方 1～2 厘米处。用探针插入肛门囊底部作为标记,沿着探针切开皮肤、肛门囊,用止血钳夹住囊壁,分离肛门囊与周围的结缔组织,将肛门囊、导管及其开口完整摘除,充分止血,从创腔底部开始缝合,勿留死腔,结节缝合皮肤,局部消毒。用同样方法摘除另一侧肛门囊。

【术后护理】 术后全身、局部连续应用抗菌药物防止感染,佩戴颈圈,防止啃咬,7 天后拆线。

断尾术

【适应症】 美容以及尾部肿瘤、溃疡、外伤等。

【术前准备】 俯卧保定,全身麻醉,术部消毒。

【手术操作】 为了美容而断尾的,一般选在第二至第三尾椎。在尾根上装止血带,于切断处尾椎关节的背面和腹侧面做一 V 形切口,用剪刀将该处的软组织与关节软骨切断,止血,间断结节缝合两皮瓣。装置尾绷带。

【术后护理】 避免舔咬术部,以防感染,7～10 天后拆线。

猫截爪术

【适应症】 猫截爪术是指切除猫第三指(趾)节骨和爪壳的一种手术。截爪后其爪终生不长,以防止猫爪损伤家具、衣服和抓伤人的皮肤。猫的前肢爪尖锐、损伤性大,故常截除前肢爪,后肢爪一般不截除,其后肢爪在行走时起与地面牢固接触的作用,以利行走稳定和敏捷。截爪一般在 6～12 周龄为宜,其优点是出血少,术后并发症少,手术相对快捷简便。

【术前准备】 俯卧保定,全身麻醉。麻醉后用止血带在肘上方绑扎,由助手将前肢分别握于手中保定,局部剃毛、消毒。

【手术操作】

(1)幼龄猫截爪　术者用一手的食指和拇指向后推压爪背皮肤和指垫,充分暴露第三指,另一手持截爪钳,套入第三指,在两关节间将三指节骨剪除。切除时,应将爪嵴全部切除,因为爪的生发层在近端爪嵴,如果爪嵴切除不完全,术后可能再生长,同时注意不能损伤指垫,否则会引起局部出血和术后疼痛。松开止血带,如有出血,可电烙或烧烙止血,充分止血后,结节缝合创缘,包扎压迫绷带。用同法截除另一侧指爪。

(2)成年猫截爪术　术者一手持止血钳夹住爪部向枕部曲转,使背侧关节紧张。另一手持手术刀在爪嵴与第二指骨间隙向下切开皮肤和背侧韧带,暴露关节面,再沿第三指关节面向前、向下,将关节两侧皮肤、侧韧带、屈肌腱及其他软组织切断。当切到掌面时,再沿第三指节骨掌面向前切割,这样可避开指垫。第三指节骨切除后,按上述方法止血、缝合和包扎。

【术后护理】　连续使用抗生素 5～7 天,术后 2～3 天可拆除绷带,将猫关在干燥清洁的室内,防止创口污染。

附 录

附表1 犬、猫正常生理值

项 目	参 考 值	
	犬	猫
寿 命	10～20 岁	8～20 岁
性成熟	雄性 10～12 月龄	雄性 7～9 月龄
	雌性 7～9 月龄	雌性 5～8 月龄
繁殖适龄期限	1～2 岁	10～12 个月
繁殖期	6 年	6 年
发情持续时间	4～13 天	3～10 天
排卵时间	发情后 2～3 天	多在交配刺激后 24 小时
妊娠期	58～63 天	8～63 天
产仔数	1～20 只	3～6 只
新生仔体重	200～500 克	90～140 克
哺乳期	50～60 天	45～60 天
体温（股内侧）	37.5℃～39℃	38℃～39℃
呼吸数	10～30 次/分	20～30 次/分
心 率	70～120 次/分	120～140 次/分
成年犬脉搏数	60～80 次/分	
幼龄犬脉搏数	80～120 次/分	
成年猫脉搏数		120～140 次/分
幼龄猫脉搏数		160 次/分

附表 2　犬、猫血液常规检验项目及正常值

血液项目和单位	参考值	
	犬	猫
红细胞($\times 10^9$/毫升)	5.5~8.5	5~10
红细胞比容（毫升/毫升）	0.37~0.55	0.24~0.45
血红蛋白(毫克/毫升)	120~180	80~150
平均红细胞容积(10^{-12}毫升)	60~77	39~55
血红蛋白(10^{15}毫克)	19.5~24.5	13~17
平均红细胞血红蛋白浓度（克/分升）	32~36	30~36
白细胞($\times 10^9$ 毫克/毫升)	6~17	5.5~19.5
叶状中性粒细胞(%)	60~77	35~75
杆状中性粒细胞(%)	0~3	0~3
单核细胞(%)	3~10	0~4
淋巴细胞(%)	12~30	20~55
嗜酸性粒细胞(%)	2~10	0~12
嗜碱性粒细胞(%)	少　见	少　见
血小板(%)	200~900	300~700

附表3 犬、猫血液生化常规检验项目及正常值

生化项目和单位	参考值	
	犬	猫
总蛋白(毫克/毫升)	54～78	58～78
白蛋白(毫克/毫升)	24～38	26～41
丙氨酸氨基转移酶(单位/升)	4～66	1～64
天门冬氨酸氨基转移酶(单位/升)	8～38	0～20
碱性磷酸酶(单位/升)	0～80	2.2～37.8
肌酸激酶(单位/升)	8～60	50～100
淀粉酶(单位/升)	185～700	502～1843
脂肪酶(30℃单位/升)	0～258	0～143
r-谷氨酰转移酶(单位/升)	1.2～6.4	1.3～5.1
葡萄糖(毫摩/升)	3.3～6.7	3.9～7.5
总胆红素(微摩/升)	2～15	2～10
直接胆红素(微摩/升)	2～5	0～2
尿素氮(毫摩/升)	1.8～10.4	5.4～13.6
肌酐(微摩/升)	60～110	62～190
胆固醇(毫摩/升)	3.9～7.8	1.9～6.9
甘油三酯(毫摩/升)	<1.35	<1.8
甲状腺素(微克/分升)	1.208～3.476	2.582～6.842
碘甲状腺原氨酸(微克/分升)	52.81～118.4	71.39～219
钙(毫摩/升)	2.57～2.97	2.09～2.74
磷(毫摩/升)	0.81～1.87	1.23～2.07
氯(毫摩/升)	104～116	110～123
钠(毫摩/升)	138～156	147～156
钾(毫摩/升)	3.8～5.8	3.8～4.6
镁(毫摩/升)	0.79～1.06	0.62～1.03

附表 4　犬、猫常用药物

药物类别	常用药物	主要作用	每千克体重用量	用　法
抗生素	青霉素 G 钠	抗革兰氏阳性菌及少数阴性菌	5 万单位	肌内注射或静脉滴注,每日 2 次
	氨苄西林	抗革兰氏阳性菌及阴性菌	25～40 毫克	肌内注射或静脉滴注,每日 2 次
	头孢氨苄	对革兰氏阳性菌及大肠杆菌作用较强	25～50 毫克	肌内注射或静脉滴注,每日 2 次
	头孢唑啉钠	抗革兰氏阳性菌及阴性菌	25～50 毫克	肌内注射或静脉滴注,每日 2 次
	头孢拉定	同头孢唑啉钠,低毒高效	25～50 毫克	肌内注射或静脉注射,每日 2 次
	红霉素	主要用于革兰氏阳性菌感染	10～20 毫克	口服或静脉滴注,每日 2 次
	林可霉素	主要用于革兰氏阳性菌感染	10～20 毫克	肌内注射或静脉注射,每日 2 次
	卡那霉素	广谱抗生素	2 万～3 万单位	肌内注射,每日 2 次
	庆大霉素	广谱抗生素	0.5 万单位	肌内注射,每日 2 次
	四环素	广谱抗生素	20～30 毫克	肌内注射或静脉注射,每日 2 次
	土霉素	广谱抗生素	25～40 毫克	口服,每日 2 次

续附表 4

药物类别	常用药物	主要作用	每千克体重用量	用 法
磺胺类药	磺胺嘧啶	对大多数革兰氏阳性菌及阴性菌有抑制作用	50～80 毫克	口服或静脉滴注,每日 2 次
	磺胺二甲氧嘧啶	长效磺胺类药物,抗菌谱同磺胺嘧啶	25～50 毫克	口服,每日 1 次
	磺胺-5-甲氧嘧啶	同磺胺嘧啶,抗菌作用更强	50 毫克	口服,每日 1 次
	增效联磺片	同磺胺-5-甲氧嘧啶	50 毫克	口服,每日 2 次
	复方新诺明	同磺胺嘧啶,抗菌作用更强	10～20 毫克	口服,每日 2 次
呋喃类及其他抗真菌药	呋喃妥因	用于泌尿系统感染	10 毫克	口服,每日 2 次
	吡哌酸	用于泌尿系统感染、肠炎	30 毫克	口服,每日 2 次
	诺氟沙星	用于泌尿系统感染、肠炎	20 毫克	口服,每日 2 次
	黄连素	多用于肠炎	15 毫克	口服,每日 2 次
	灰黄霉素	用于各类皮肤真菌病	15 毫克	口服,每日 2 次
	制霉菌素	用于各种真菌感染	10 万单位	口服,每日 2 次
	斯皮仁诺	用于各种真菌感染	50 毫克	口服,每日 1 次
	两性霉素 B	用于各种真菌感染	10 毫克	静脉滴注,隔日 1 次
	克霉唑	多外用,用于皮肤真菌病		外 用
	达克宁软膏	外用,用于皮肤真菌病		外 用

续附表 4

药物类别	常用药物	主要作用	每千克体重用量	用　法
驱虫药	左旋咪唑	驱肠道线虫	10 毫克	口服，每日 1 次，连用 3 天
	丙硫苯咪唑	驱肠道线虫	10～20 毫克	口服，每日 1 次，连用 3 天
	氯硝柳胺(灭绦灵)	驱绦虫	100 毫克	口服，每日 1 次，2～3 周后再服 1 次
	吡喹酮	驱吸虫、绦虫	5～10 毫克	口服 1 次，5 天后再服 1 次
	乙胺嗪(海群生)	驱丝虫	50 毫克	口服，每日 1 次
	伊维菌素	广谱驱虫药	1%浓度，0.05 毫升	皮下注射，每 7 天使用 1 次
	阿维菌素	广谱驱虫药	0.1～0.2 毫克	口服，每 7 天使用 1 次
全身麻醉剂和局部麻醉剂	846 复合麻醉剂(速眠新)	全身麻醉剂	0.04～0.2 毫升	肌内注射
	盐酸氯胺酮	全身麻醉剂	10～30 毫克	肌内注射
	硫喷妥钠	短效麻醉剂	15～20 毫克	静脉注射
	复方噻胺酮	全身麻醉剂	5 毫克	肌内注射
	戊巴比妥钠	全身麻醉剂	20～35 毫克	静脉注射
			2～4 毫克	口　服
	水合氯醛	全身麻醉剂	0.08～0.1 毫克	静脉注射
	乙　醚	全身吸入麻醉剂	3%浓度	吸入麻醉
	氟　烷	全身麻醉剂	3%浓度	吸入麻醉
	甲氧氟烷	全身麻醉剂	3%浓度	吸入麻醉
	普鲁卡因	局部麻醉、传导麻醉	0.25%～0.5%浓度	浸润麻醉
			2%浓度	传导麻醉
	利多卡因	表面麻醉、浸润麻醉	1%～2%浓度	表面麻醉
			0.25%～0.5%浓度	浸润麻醉

续附表 4

药物类别	常用药物	主要作用	每千克体重用量	用法
镇静及抗惊厥药	盐酸二甲苯胺噻唑(静松灵)	镇静、肌松	1.5～2毫克	肌内注射
	盐酸氯丙嗪(冬眠灵)	镇静	3毫克	口服
			2～3毫克	肌内注射
			0.5～1.0毫克	静脉注射
	芬太尼	安定	0.02～0.04毫克	肌内注射或静脉注射
	苯巴比妥	镇静、抗惊厥	0.2毫克	肌内注射
	苯妥英钠	镇静、抗癫痫	0.1～0.2克/次	口服
			5～10毫克	肌内注射
	抗癫灵	抗癫痫	30毫克	口服,每日1次
	扑癫酮	抗癫痫	10毫克	口服,每日2次
解热镇痛及抗风湿药	阿司匹林(乙酰水杨酸)	退热	30毫克	口服,每日2次
	安痛定	镇痛,退热	0.1毫升	肌内注射,每日2次
	安乃近	镇痛,退热	5～10毫克	肌内注射
	骨宁	抗炎镇痛	0.2毫升	肌内注射,每日1次
	柴胡注射液	退热	0.2毫升	肌内注射,每日2次
	保泰松	镇痛	10～30毫克	口服,每日1次
	炎痛静	消炎,退热,镇痛	2～3毫克	口服,每日2次
	炎痛喜康	抗炎,镇痛,抗风湿	1毫克	口服,每日1次
	布洛芬	抗炎,镇痛,解热,抗风湿	6～10毫克	口服,每日2次

续附表 4

药物类别	常用药物	主要作用	每千克体重用量	用　法
中枢神经兴奋药	苯甲酸钠咖啡因（安钠咖）	兴奋呼吸中枢	0.2～0.5 克	口　服
			20 毫克	肌内注射或静脉注射
	尼可刹米	兴奋呼吸中枢	20 毫克	肌内注射或静脉注射
	回苏灵	用于麻醉过量,促进苏醒	0.8 毫克	肌内注射或静脉注射
	硝酸士的宁	中枢神经兴奋药	0.1 毫克	皮下注射
拟胆碱药	毛果芸香碱	兴奋胆碱受体,收缩平滑肌,用于肠道弛缓、肠道麻痹及青光眼	10～20 毫克	皮下注射
			1% 溶液	点　眼
	新斯的明	用于重症肌无力,肠麻痹	0.03 毫克	皮下或肌内注射,1～2 次/天
抗胆碱药	阿托品	解除平滑肌痉挛,抑制腺体分泌,瞳孔放大,用于有机磷农药中毒,麻醉前给药,散瞳及止吐止泻作用	0.05 毫克	口服,每日 1～2 次
	颠茄	作用同阿托品,但药效较弱	0.5～1 毫克	口服,每日 2 次
	东莨菪碱	抑制腺体分泌作用较强,用于镇静、麻醉前给药、有机磷农药中毒	0.1 毫克	口服,每日 1～2 次

续附表 4

药物类别	常用药物	主要作用	每千克体重用量	用 法
强心药	盐酸肾上腺素	抢救过敏性休克及心脏骤停	0.05 毫克	皮下或肌内注射,心内注射
	去甲肾上腺素	用于各种休克	0.1 毫克	混入 5% 葡萄糖注射液中静脉滴注
	多巴胺	用于各种休克	1 毫克	混入 5% 葡萄糖注射液中缓慢静脉滴注
	洋地黄	强 心	5 毫克	口 服
	毒毛旋花子苷 K	强 心	0.01 毫克	混入 5% 葡萄糖注射液中缓慢静脉滴注
	毛花苷 C(西地兰)	用于急性心力衰竭	0.05 毫克	口 服
抗心律失常药	普拉洛尔(心得宁)	用于心律失常	0.3~0.6 毫克	口服,每日 3 次
	心得安	用于心律失常	1~2 毫克	口服,每日 3 次
	戍脉安	用于心律失常,心动过速	4~6 毫克	口服,每日 3 次
	利血平	用于心律失常	0.015 毫克	口服,每日 2 次
			0.005~0.01毫克	肌内注射或静脉注射,每日 2 次
	卡马西平	用于心律失常	5~8 毫克	口服,每日 3 次
	奎尼丁	用于心律失常	10~20 毫克	口服或肌内注射,每日 3 次

续附表 4

药物类别	常用药物	主要作用	每千克体重用量	用 法
健胃与助消化药	龙胆酊	用于消化不良,消化系统疾病恢复期	1～5 毫升/次	口服,每日 3 次
	复方龙胆酊	用于消化不良,消化系统疾病恢复期	1～5 毫升/次	口服,每日 3 次
	胃蛋白酶	用于消化不良	0.1～0.5 毫克/次	口服,每日 3 次
	乳酶生	用于消化不良	30 毫克	口服,每日 3 次
	多酶片	用于消化不良	10～50 毫克	口服,每日 3 次
	复合维生素 B	用于消化不良,B 族维生素缺乏症	5～10 毫克/次	口服,每日 1 次
泻药	果导片	促进肠蠕动	3 毫克	口服,每日 2～3 次
	甘油(50%)	润滑肠道,软化粪便	2～10 毫升	灌 肠
	开塞露	刺激直肠,引起排便	2～10 毫升	灌 肠
	肥皂水	刺激直肠,引起排便	2～10 毫升	灌 肠
	液状石蜡	润滑肠道	10～30 毫升/次	口服、灌肠
止泻药	鞣酸蛋白	收敛止泻	25～50 毫克	口服,每日 3 次
	药用炭	吸附、收敛作用	0.3～0.5 克/次	口服,每日 3 次
	思密达	保护胃肠黏膜	1～3 克/次	口服,每日 3 次
	次硝酸铋	保护胃肠黏膜	30 毫克	口服,每日 3 次

续附表 4

药物类别	常用药物	主要作用	每千克体重用量	用 法
止咳祛痰平喘药	氯化铵	用于干咳	30～50毫克	口服,每日2次
	碘化钾	祛 痰	0.2～1克/次	口服,每日3次
	蛇胆川贝液	止咳平喘	5～10毫升/次	口服,每日3次
	咳必清	镇 咳	1～2毫克	口服,每日2次
	磷酸可待因	镇 咳	1～2毫克	口服,每日3次
	复方甘草片	润肺止咳	30毫克	口服,每日2次
	咳平	镇 咳	1～2毫克	口服,每日2次
	氨茶碱	解除支气管平滑肌痉挛	5～10毫克	口服,每日2次
	喘定	解除支气管平滑肌痉挛	10毫克	口服,每日2次
利尿药和脱水药	呋塞米(速尿)	各种原因造成的水肿	1～3毫克	口服,每日2次
				肌内注射,每日1次
	氢氯噻嗪(双氢克尿噻)	心性、肾性水肿	2～4毫克	口服,每日2次
	汞撒利	心性、肝性水肿	5毫克	肌内注射,每周1次
	甘露醇	用于治疗脑水肿	1～2克	静脉注射
	50%葡萄糖注射液	用于治疗脑水肿	1～4毫升	静脉注射

续附表 4

药物类别	常用药物	主要作用	每千克体重用量	用　法
激素类药	氢化可的松	抗炎、抗过敏、抗毒素	1～2毫克	静脉滴注，每日1次
	醋酸可的松（可的松）	抗炎、抗过敏、抗毒素	0.2～0.4毫克	肌内注射，每日2次
			2～4毫克	口服，每日2次
	醋酸泼尼松（强的松）	作用同醋酸可的松，抗炎作用更强	0.5毫克	口服，每日2次
	地塞米松	抗炎、抗过敏、抗毒素	0.2～1毫克	口服、肌内注射
	肤轻松软膏	用于治疗各种皮肤病	0.025％膏剂	外　用
性激素类药	己烯雌酚（乙烯雌酚）	用于子宫内膜炎、胎衣不下、催情	0.1毫克	口服，每日1次
				肌内注射，每日1次
	雌二醇	用于子宫出血、退奶	0.2毫克	肌内注射，每日1次
	黄体酮（孕酮）	保　胎	0.1毫克	肌内注射，每日1次
	甲睾酮	促进雄性器官发育，对抗雌激素，抑制发情	1～2毫克	口服，每日1次
	丙酸睾酮	作用同甲睾酮，功效更强，作用时间更持久	2～5毫克	肌内注射，每周2次
	三合激素	促进发情	0.1毫克	肌内注射，每日1次
	缩宫素（催产素）	促进子宫收缩	5～30单位/次	肌内注射或静脉注射

续附表 4

药物类别	常用药物	主要作用	每千克体重用量	用法
解毒药	解磷定	胆碱酯酶复活剂,用于有机磷中毒的解毒	40 毫克	静脉滴注
	氯磷定	同解磷定	15~30 毫克	静脉滴注
	解氟灵	用于氟乙酰胺中毒	100 毫克	肌内注射
	硫代硫酸钠	用于氰化物中毒	1.5 毫克	静脉注射,每日1次
	亚甲蓝	氧化还原剂,小剂量用于亚硝酸盐中毒解毒;大剂量用于氰化物中毒的解毒	1%浓度,0.1~1 毫升	静脉滴注
	二巯基丁二酸钠	用于汞、锑、铅、砷、镉、铜的中毒的解毒	25 毫克	肌内注射或静脉注射,每日2次
	阿托品	用于有机磷中毒的解毒	0.1 毫克	肌内注射,每日1~2次
抗过敏药	扑尔敏	用于各种过敏性疾病	0.3 毫克	口服或肌内注射,每日2次
	盐酸苯海拉明	有抗组胺作用,用于各种过敏性疾病	1~2 毫克	口服或肌内注射,每日2次
	葡萄糖酸钙	用于过敏性疾病	0.1~0.2 克	静脉注射,每日1次

续附表 4

药物类别	常用药物	主要作用	每千克体重用量	用　法
止血药	酚磺乙胺（止血敏）	止血药,可使血小板增加,缩短凝血时间	25 毫克	手术前后肌内注射
	凝血质	可促使凝血酶原转变为凝血酶	0.5 毫克	肌内注射,每日 2 次
	维生素 K_1	参与凝血酶原的合成	0.5 毫克	肌内注射,每日 2 次
	维生素 K_3	参与凝血酶原的合成	0.2 毫克	肌内注射,每日 2 次
	安络血	降低毛细血管通透性,用于渗出性出血	0.2 毫克	口服,每日 3 次
			0.5 毫克	肌内注射,每日 2 次
	明胶海绵	可促进血凝过程,用于局部止血		填塞、压迫止血
抗贫血药	硫酸亚铁	用于缺铁性贫血	30～60 毫克	口服,每日 3 次
	叶　酸	促进红细胞生成	0.5～1 毫克	口服或肌内注射,每日 1 次
	维生素 B_{12}	促进造血功能	0.1～0.2 毫克/次	肌内注射,每日 1 次
	肌　苷	用于白细胞减少症	40 毫克	口服,每日 1 次

续附表 4

药物类别	常用药物	主要作用	每千克体重用量	用 法
维生素类药	维生素 A	用于维生素 A 缺乏症	2000 单位	口服,每日 2 次
	维生素 D	用于佝偻病、骨软症	1000~2000 单位	口服,每日 2 次
	维生素 E	增强生殖系统功能,用于肌营养不良、流产及不育症	5~10 毫克	口服,每日 2 次
				肌内注射,每日 1 次
	维生素 C	加速血凝,刺激造血功能,提高抗病能力	10 毫克	口服,每日 3 次
				静脉滴注,每日 1 次
	维生素 B₁	维持心脏、神经及消化系统的正常功能	0.5 毫克	口服,每日 2 次
				肌内注射,每日 1 次
	维生素 B₆	用于呕吐、皮肤病、白细胞减少症、脂溢性皮炎	1~2 毫克	口服,每日 2 次
	烟酰胺	用于皮肤病、口炎	5~10 毫克	口服,每日 2 次
促进代谢药	三磷酸腺苷	参与脂肪、蛋白质、糖、核酸的代谢,用于心力衰竭、心肌炎、肌肉萎缩	1~2 毫克	肌内注射或静脉滴注,每日 1 次
	辅酶 A	对糖、蛋白质、脂肪的代谢起重要作用,用于白细胞减少症及肝、肾疾病	5 单位	肌内注射或静脉滴注,每日 1 次

续附表 4

药物类别	常用药物	主要作用	每千克体重用量	用 法
促进代谢药	细胞色素 C	细胞呼吸激活剂,用于因组织缺氧所引起的疾患	15~20 毫克	肌内注射或静脉滴注,每日 1 次
	辅酶 Q_{10}	增强免疫系统功能,改善心肌代谢	1 毫克	口服或肌内注射,每日 2 次
	复合酶	用于肝炎、再生障碍性贫血、白细胞减少症及皮肤病的治疗	10 毫克	口服,每日 2 次
调节水、电解质及酸碱平衡药	葡萄糖	用于补充水分、能量,还可利尿	25%浓度,4 毫升	静脉滴注,每日 1~2 次
	碳酸氢钠	用于酸中毒	5%浓度,5 毫升	静脉滴注,每日 1 次
	乳酸林格氏液	用于脱水及酸中毒	25 毫升	静脉滴注,每日 1 次
	生理盐水	用于脱水	25 毫升	静脉滴注,每日 1 次
	氯化钾	低血钾症	10%~15%浓度,0.5 毫升	静脉滴注,每日 1 次
	葡萄糖酸钙	用于低血钙症及过敏症	10%浓度,5~40 毫升/次	静脉滴注,每日 1 次
	17 种氨基酸	用于营养不良及蛋白质缺乏症	2 毫升	静脉滴注,每日 1 次